U0389173

约束力学系统的梯度表示(下)

Gradient Representations of Constrained Mechanical Systems

Volume Ⅱ

梅凤翔　吴惠彬　著

科 学 出 版 社

北　京

内 容 简 介

本书系统全面地论述约束力学系统的梯度表示，下册包括约束力学系统与组合梯度系统、约束力学系统与广义梯度系统(Ⅰ)、约束力学系统与广义梯度系统(Ⅱ)，以及逆问题的提法和解法等。每章均有典型例题，并附有习题和参考文献。

本书可作为力学、数学等专业的学生和教师的参考书。

图书在版编目(CIP)数据

约束力学系统的梯度表示. 下/梅凤翔，吴惠彬著. —北京：科学出版社，2016. 2

ISBN 978-7-03-047000-3

Ⅰ. ①约… Ⅱ. ①梅… ②吴… Ⅲ. ①约束力 Ⅳ. ①O31

中国版本图书馆 CIP 数据核字(2016) 第 009789 号

责任编辑：刘信力／责任校对：钟 洋
责任印制：肖 兴／封面设计：陈 敬

科学出版社 出版
北京东黄城根北街 16 号
邮政编码：100717
http://www.sciencep.com

北京通州皇家印刷厂 印刷
科学出版社发行 各地新华书店经销
*
2016 年 3 月第 一 版 开本：720 × 1000 1/16
2016 年 3 月第一次印刷 印张：20
字数：385 000

定价：128.00 元

(如有印装质量问题，我社负责调换)

前　　言

梯度系统是一类数学系统. 梯度系统的微分方程是一阶的, 其左端是变量的时间导数, 其右端是一矩阵与某函数梯度的乘积. 梯度系统特别适合研究稳定性. 本书的目的是将各类约束力学系统在一定条件下化成各类梯度系统, 并利用其性质来研究约束力学系统的稳定性.

全书共 9 章. 第 1 章梯度系统, 讨论各类梯度系统及其性质. 将梯度系统分成不含时间的通常梯度系统、斜梯度系统、具有对称负定矩阵的梯度系统、具有半负定矩阵的梯度系统、组合梯度系统, 以及包含时间的广义梯度系统 (Ⅰ) 和广义梯度系统 (Ⅱ). 第 2 章约束力学系统与通常梯度系统, 给出 Lagrange 系统、Hamilton 系统、广义坐标下一般完整系统、带附加项的 Hamilton 系统、准坐标下完整系统、相对运动动力学系统、变质量力学系统、事件空间中动力学系统、Chetaev 型非完整系统、非 Chetaev 型非完整系统、Birkhoff 系统、广义 Birkhoff 系统、广义 Hamilton 系统等十三类约束力学系统成为通常梯度系统的条件, 并借助梯度系统来研究这些力学系统的积分和解的稳定性. 第 3 章约束力学系统与斜梯度系统, 给出十三类约束力学系统成为斜梯度系统的条件, 并利用斜梯度系统的性质来研究这些力学系统的积分和解的稳定性. 第 4 章约束力学系统与具有对称负定矩阵的梯度系统, 给出十三类约束力学系统成为这类梯度系统的条件, 并利用这类梯度系统的性质来研究这些力学系统的解及其稳定性. 第 5 章约束力学系统与具有半负定矩阵的梯度系统, 给出十三类约束力学系统成为这类梯度系统的条件, 并利用这类梯度系统的性质来研究这些力学系统的解及其稳定性. 第 6 章约束力学系统与组合梯度系统. 组合梯度系统是由前四类梯度系统两两组合而成的, 共六类. 本章给出十三类约束力学系统成为这六类组合梯度系统的条件, 并利用组合梯度系统的性质来研究这些力学系统的解及其稳定性. 第 7 章约束力学系统与广义梯度系统 (Ⅰ). 广义梯度系统 (Ⅰ) 是指矩阵不含时间而函数包含时间的梯度系统, 共十类. 本章给出十三类约束力学系统成为这十类广义梯度系统的条件, 并利用这些广义梯度系统的性质来研究这些力学系统的解及其稳定性. 第 8 章约束力学系统与广义梯度系统 (Ⅱ). 广义梯度系统 (Ⅱ) 是指矩阵和函数都包含时间的梯度系统, 共九类. 本章给出十三类约束力学系统成为这九类广义梯度系统的条件, 并利用这些广义梯度系统的性质来研究这些力学系统的解及其稳定性. 第 9 章逆问题. 将约束力学系统化成梯度系统, 称为正问题; 反之, 将梯度系统化成约束力学系统, 称为逆问题. 本章给出各类逆问题的提法和解法. 每章均有较多典型例题, 并附有习题和参考文献.

本书内容的框架如下图

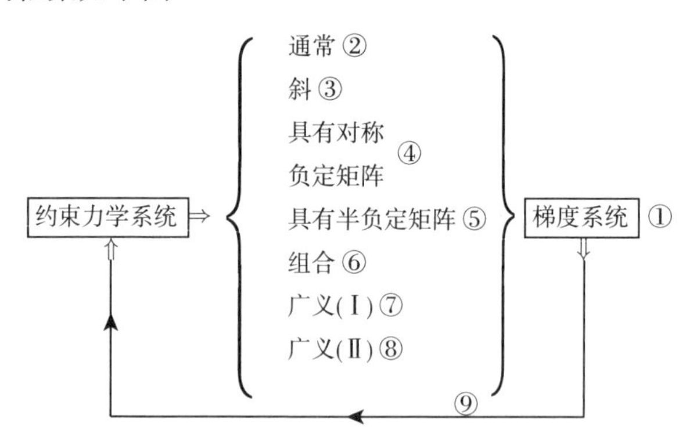

本书的基本工作是在国家自然科学基金项目 (10932002, 11272050) 的支持下完成的. 在本书写作过程中得到北京理工大学宇航学院和数学学院同事们的关心和支持. 对此一并表示感谢.

限于作者水平, 书中难免有疏漏, 敬请读者指正.

作 者

2015 年仲冬

目　录

第 6 章　约束力学系统与组合梯度系统

本章研究各类约束力学系统的组合梯度表示, 给出力学系统成为组合梯度系统的条件, 利用组合梯度系统的性质来研究力学系统的解及其稳定性.

6.1　组合梯度系统及其性质

本节将组合梯度系统分成六类, 给出六类组合梯度系统的方程及其性质.

6.1.1　组合梯度系统的微分方程

组合梯度系统是指, 将四类基本梯度系统: 通常梯度系统、斜梯度系统、具有对称负定矩阵的梯度系统, 以及具有半负定矩阵的梯度系统, 两两组合而成的梯度系统, 共有六类.

1) 组合梯度系统 I

由通常梯度系统与斜梯度系统组合而成, 其微分方程为

$$\dot{x}_i = -\frac{\partial V(\boldsymbol{X})}{\partial x_i} + b_{ij}(\boldsymbol{X})\frac{\partial V(\boldsymbol{X})}{\partial x_j} \quad (i,j=1,2,\cdots,m) \tag{6.1.1}$$

其中 $b_{ij}(\boldsymbol{X}) = -b_{ji}(\boldsymbol{X})$.

2) 组合梯度系统 II

由通常梯度系统与具有对称负定矩阵的梯度系统组合而成, 其微分方程为

$$\dot{x}_i = -\frac{\partial V(\boldsymbol{X})}{\partial x_i} + s_{ij}(\boldsymbol{X})\frac{\partial V(\boldsymbol{X})}{\partial x_j} \quad (i,j=1,2,\cdots,m) \tag{6.1.2}$$

其中 $(s_{ij}(\boldsymbol{X}))$ 为对称负定矩阵.

3) 组合梯度系统III

由通常梯度系统与具有半负定矩阵的梯度系统组合而成, 其微分方程为

$$\dot{x}_i = -\frac{\partial V(\boldsymbol{X})}{\partial x_i} + a_{ij}(\boldsymbol{X})\frac{\partial V(\boldsymbol{X})}{\partial x_j} \quad (i,j=1,2,\cdots,m) \tag{6.1.3}$$

其中 $(a_{ij}(\boldsymbol{X}))$ 为半负定矩阵.

4) 组合梯度系统IV

由斜梯度系统与具有对称负定矩阵的梯度系统组合而成, 其微分方程为

$$\dot{x}_i = b_{ij}(\boldsymbol{X})\frac{\partial V((\boldsymbol{X}))}{\partial x_j} + s_{ij}(\boldsymbol{X})\frac{\partial V(\boldsymbol{X})}{\partial x_j} \quad (i,j=1,2,\cdots,m) \tag{6.1.4}$$

其中 $b_{ij}(\boldsymbol{X})=-b_{ji}(\boldsymbol{X}),(s_{ij}(\boldsymbol{X}))$ 为对称负定矩阵.

5) 组合梯度系统 V

由斜梯度系统与具有半负定矩阵的梯度系统组合而成, 其微分方程为

$$\dot{x}_i=b_{ij}(\boldsymbol{X})\frac{\partial V(\boldsymbol{X})}{\partial x_j}+a_{ij}(\boldsymbol{X})\frac{\partial V(\boldsymbol{X})}{\partial x_j}\quad(i,j=1,2,\cdots,m)\tag{6.1.5}$$

其中 $b_{ij}(\boldsymbol{X})=-b_{ji}(\boldsymbol{X}),(a_{ij}(\boldsymbol{X}))$ 为半负定矩阵.

6) 组合梯度系统Ⅵ

由具有半负定矩阵与具有对称负定矩阵的梯度系统组合而成, 其微分方程为

$$\dot{x}_i=a_{ij}(\boldsymbol{X})\frac{\partial V(\boldsymbol{X})}{\partial x_j}+s_{ij}(\boldsymbol{X})\frac{\partial V(\boldsymbol{X})}{\partial x_j}\quad(i,j=1,2,\cdots,m)\tag{6.1.6}$$

其中 $(a_{ij}(\boldsymbol{X}))$ 为半负定矩阵, 而 $(s_{ij}(\boldsymbol{X}))$ 为对称负定矩阵.

6.1.2　组合梯度系统的性质

组合梯度系统的矩阵, 或为对称负定的, 或为非对称负定的, 或为半负定的. 因此, 组合梯度系统更便于研究系统解的稳定性.

1) 组合梯度系统 I

组合后系统的矩阵是负定的. 按方程 (6.1.1) 求 $\dot{V}$, 得

$$\dot{V}=-\frac{\partial V}{\partial x_i}\frac{\partial V}{\partial x_i}+\frac{\partial V}{\partial x_i}b_{ij}\frac{\partial V}{\partial x_j}=-\frac{\partial V}{\partial x_i}\frac{\partial V}{\partial x_i}\tag{6.1.7}$$

它是负定的. 如果

$$\frac{\partial V}{\partial x_i}=0\quad(i=1,2,\cdots,m)\tag{6.1.8}$$

有解

$$x_i=x_{i0}\quad(i=1,2,\cdots,m)\tag{6.1.9}$$

且 V 在解的邻域内正定, 那么解 (6.1.9) 是渐近稳定的.

2) 组合梯度系统Ⅱ

组合后系统的矩阵是对称负定的. 按方程 (6.1.2) 求 $\dot{V}$, 得

$$\dot{V}=-\frac{\partial V}{\partial x_i}\frac{\partial V}{\partial x_i}+\frac{\partial V}{\partial x_i}s_{ij}\frac{\partial V}{\partial x_j}\tag{6.1.10}$$

它是负定的. 因此, 如果 V 在解的邻域内正定, 那么解是渐近稳定的.

3) 组合梯度系统Ⅲ

组合后系统的矩阵是对称负定的或负定的. 按方程 (6.1.3) 求 $\dot{V}$, 得

$$\dot{V}=-\frac{\partial V}{\partial x_i}\frac{\partial V}{\partial x_i}+\frac{\partial V}{\partial x_i}a_{ij}\frac{\partial V}{\partial x_j}\tag{6.1.11}$$

它是负定的. 因此, 如果 V 在解的邻域内正定, 那么解是渐近稳定的.

4) 组合梯度系统Ⅳ

组合后系统的矩阵是负定的. 按方程 (6.1.4) 求 $\dot{V}$, 得

$$\dot{V}=\frac{\partial V}{\partial x_i}b_{ij}\frac{\partial V}{\partial x_j}+\frac{\partial V}{\partial x_i}s_{ij}\frac{\partial V}{\partial x_j}=\frac{\partial V}{\partial x_i}s_{ij}\frac{\partial V}{\partial x_j} \tag{6.1.12}$$

它是负定的. 因此, 如果 V 在解的邻域内正定, 那么解是渐近稳定的.

5) 组合梯度系统Ⅴ

组合后系统的矩阵是半负定的. 按方程 (6.1.5) 求 $\dot{V}$, 得

$$\dot{V}=\frac{\partial V}{\partial x_i}b_{ij}\frac{\partial V}{\partial x_j}+\frac{\partial V}{\partial x_i}a_{ij}\frac{\partial V}{\partial a^j}=\frac{\partial V}{\partial x_i}a_{ij}\frac{\partial V}{\partial x_j} \tag{6.1.13}$$

它是半负定的. 因此, 如果 V 在解的邻域内正定, 那么解是稳定的.

6) 组合梯度系统Ⅵ

组合后系统的矩阵是对称负定的或负定的. 按方程 (6.1.6) 求 $\dot{V}$, 得

$$\dot{V}=\frac{\partial V}{\partial x_i}a_{ij}\frac{\partial V}{\partial x_j}+\frac{\partial V}{\partial x_i}s_{ij}\frac{\partial V}{\partial x_j} \tag{6.1.14}$$

它是负定的. 因此, 如果 V 在解的邻域内正定, 那么解是渐近稳定的.

6.1.3 组合梯度系统的 2×2 矩阵简例

1) 组合梯度系统Ⅰ

组合矩阵为

$$\begin{pmatrix}-1 & 0\\ 0 & -1\end{pmatrix}+\begin{pmatrix}0 & 1\\ -1 & 0\end{pmatrix}=\begin{pmatrix}-1 & 1\\ -1 & -1\end{pmatrix} \tag{6.1.15}$$

它是负定的.

2) 组合梯度系统Ⅱ

组合矩阵为

$$\begin{pmatrix}-1 & 0\\ 0 & -1\end{pmatrix}+\begin{pmatrix}-1 & 1\\ 1 & -2\end{pmatrix}=\begin{pmatrix}-2 & 1\\ 1 & -3\end{pmatrix} \tag{6.1.16}$$

它是对称负定的.

3) 组合梯度系统Ⅲ

组合矩阵为

$$\begin{pmatrix}-1 & 0\\ 0 & -1\end{pmatrix}+\begin{pmatrix}-1 & 1\\ 1 & -1\end{pmatrix}=\begin{pmatrix}-2 & 1\\ 1 & -2\end{pmatrix} \tag{6.1.17}$$

它是对称负定的.

4) 组合梯度系统Ⅳ

组合矩阵为

$$\begin{pmatrix} 0 & 1 \\ -1 & 0 \end{pmatrix} + \begin{pmatrix} -1 & 1 \\ 1 & -2 \end{pmatrix} = \begin{pmatrix} -1 & 2 \\ 0 & -2 \end{pmatrix} \tag{6.1.18}$$

它是负定的.

5) 组合梯度系统Ⅴ

组合矩阵为

$$\begin{pmatrix} 0 & -1 \\ 1 & 0 \end{pmatrix} + \begin{pmatrix} 0 & 1 \\ -1 & -1 \end{pmatrix} = \begin{pmatrix} 0 & 0 \\ 0 & -1 \end{pmatrix} \tag{6.1.19}$$

它是半负定的.

6) 组合梯度系统Ⅵ

组合矩阵为

$$\begin{pmatrix} 0 & 1 \\ -1 & -1 \end{pmatrix} + \begin{pmatrix} -1 & 0 \\ 0 & -2 \end{pmatrix} = \begin{pmatrix} -1 & 1 \\ -1 & -3 \end{pmatrix} \tag{6.1.20}$$

它是负定的.

以上六例显示, 组合梯度系统的矩阵中有五类是负定的或对称负定的, 仅一类是半负定的.

6.2 Lagrange 系统与组合梯度系统

本节研究定常 Lagrange 系统的组合梯度表示, 给出系统成为组合梯度系统的条件, 利用组合梯度系统的性质来研究 Lagrange 系统的解及其稳定性.

6.2.1 系统的运动微分方程

研究定常双面理想完整系统, 其微分方程为

$$\frac{\mathrm{d}}{\mathrm{d}t}\frac{\partial L}{\partial \dot{q}_s} - \frac{\partial L}{\partial q_s} = 0 \quad (s = 1, 2, \cdots, n) \tag{6.2.1}$$

假设系统非奇异, 即设

$$\det\left(\frac{\partial^2 L}{\partial \dot{q}_s \partial \dot{q}_k}\right) \neq 0 \tag{6.2.2}$$

则由方程 (6.2.1) 可解出所有广义加速度, 记作

$$\ddot{q}_s = \alpha_s(\boldsymbol{q}, \dot{\boldsymbol{q}}) \quad (s = 1, 2, \cdots, n) \tag{6.2.3}$$

令

$$a^s = q_s, \quad a^{n+s} = \dot{q}_s \quad (s = 1, 2, \cdots, n) \tag{6.2.4}$$

则方程 (6.2.3) 可写成一阶形式

$$\dot{a}^\mu = F_\mu(\boldsymbol{a}) \quad (\mu = 1, 2, \cdots, 2n) \tag{6.2.5}$$

其中

$$F_s = a^{n+s}, \quad F_{n+s} = \alpha_s \tag{6.2.6}$$

引进广义动量 p_s 和 Hamilton 函数 H, 方程 (6.2.1) 可写成形式

$$\dot{a}^\mu = \omega^{\mu\nu} \frac{\partial H}{\partial a^\nu} \quad (\mu, \nu = 1, 2, \cdots, 2n) \tag{6.2.7}$$

其中

$$\begin{aligned} &a^s = q_s, \quad a^{n+s} = p_s \\ &(\omega^{\mu\nu}) = \begin{pmatrix} 0_{n\times n} & 1_{n\times n} \\ -1_{n\times n} & 0_{n\times n} \end{pmatrix} \end{aligned} \tag{6.2.8}$$

6.2.2 系统的组合梯度表示

对方程 (6.2.5), 如果存在矩阵 $(b_{\mu\nu}(\boldsymbol{a})), (s_{\mu\nu}(\boldsymbol{a})), (a_{\mu\nu}(\boldsymbol{a}))$ 和函数 $V = V(\boldsymbol{a})$ 满足以下各式

$$F_\mu = -\frac{\partial V}{\partial a^\mu} + b_{\mu\nu} \frac{\partial V}{\partial a^\nu} \quad (\mu, \nu = 1, 2, \cdots, 2n) \tag{6.2.9}$$

$$F_\mu = -\frac{\partial V}{\partial a^\mu} + s_{\mu\nu} \frac{\partial V}{\partial a^\nu} \tag{6.2.10}$$

$$F_\mu = -\frac{\partial V}{\partial a^\mu} + a_{\mu\nu} \frac{\partial V}{\partial a^\nu} \tag{6.2.11}$$

$$F_\mu = b_{\mu\nu} \frac{\partial V}{\partial a^\nu} + s_{\mu\nu} \frac{\partial V}{\partial a^\nu} \tag{6.2.12}$$

$$F_\mu = b_{\mu\nu} \frac{\partial V}{\partial a^\nu} + a_{\mu\nu} \frac{\partial V}{\partial a^\nu} \tag{6.2.13}$$

$$F_\mu = a_{\mu\nu} \frac{\partial V}{\partial a^\nu} + s_{\mu\nu} \frac{\partial V}{\partial a^\nu} \tag{6.2.14}$$

那么它可分别成为组合梯度系统 Ⅰ, Ⅱ, Ⅲ, Ⅳ, Ⅴ, Ⅵ.

对方程 (6.2.7), 如果以下各式成立

$$\omega^{\mu\nu} \frac{\partial H}{\partial a^\nu} = -\frac{\partial V}{\partial a^\mu} + b_{\mu\nu} \frac{\partial V}{\partial a^\nu} \tag{6.2.15}$$

$$\omega^{\mu\nu} \frac{\partial H}{\partial a^\nu} = -\frac{\partial V}{\partial a^\mu} + s_{\mu\nu} \frac{\partial V}{\partial a^\nu} \tag{6.2.16}$$

$$\omega^{\mu\nu}\frac{\partial H}{\partial a^\nu}=-\frac{\partial V}{\partial a^\mu}+a_{\mu\nu}\frac{\partial V}{\partial a^\nu} \tag{6.2.17}$$

$$\omega^{\mu\nu}\frac{\partial H}{\partial a^\nu}=b_{\mu\nu}\frac{\partial V}{\partial a^\nu}+s_{\mu\nu}\frac{\partial V}{\partial a^\nu} \tag{6.2.18}$$

$$\omega^{\mu\nu}\frac{\partial H}{\partial a^\nu}=b_{\mu\nu}\frac{\partial V}{\partial a^\nu}+a_{\mu\nu}\frac{\partial V}{\partial a^\nu} \tag{6.2.19}$$

$$\omega^{\mu\nu}\frac{\partial H}{\partial a^\nu}=a_{\mu\nu}\frac{\partial V}{\partial a^\nu}+s_{\mu\nu}\frac{\partial V}{\partial a^\nu} \tag{6.2.20}$$

那么它可分别成为组合梯度系统 Ⅰ, Ⅱ, Ⅲ, Ⅳ, Ⅴ, Ⅵ.

值得注意的是, 如果以上各式不成立, 还不能断定它不是组合梯度系统, 因为这与方程 (6.2.1) 的一阶形式选取相关.

6.2.3　解及其稳定性

Lagrange 系统化成组合梯度系统后, 便可利用组合梯度系统的性质来研究系统的解及其稳定性.

6.2.4　应用举例

例 1　Lagrange 系统为

$$L=\frac{1}{2}\dot{q}^2+q^2 \tag{6.2.21}$$

试将其化成组合梯度系统 Ⅰ.

解　运动微分方程为

$$\ddot{q}=2q$$

令

$$a^1=q$$
$$a^2=-q-\dot{q}$$

则有

$$\dot{a}^1=-a^1-a^2$$
$$\dot{a}^2=-a^1+a^2$$

它可写成形式

$$\begin{pmatrix}\dot{a}^1\\ \dot{a}^2\end{pmatrix}=\left(\begin{pmatrix}-1&0\\0&-1\end{pmatrix}+\begin{pmatrix}0&1\\-1&0\end{pmatrix}\right)\begin{pmatrix}\dfrac{\partial V}{\partial a^1}\\ \dfrac{\partial V}{\partial a^2}\end{pmatrix}$$

其中矩阵为通常梯度的和斜梯度的组合而成, 而函数 V 为

$$V=\frac{1}{2}(a^1)^2-\frac{1}{2}(a^2)^2$$

它是变号的, 还不能成为 Lyapunov 函数. 为研究解的稳定性, 需研究特征方程的根, 其特征方程为

$$\begin{vmatrix} \lambda+1 & 1 \\ 1 & \lambda-1 \end{vmatrix}=\lambda^2-2=0$$

它有一正根, 因此, 零解 $a^1=a^2=0$ 是不稳定的.

例 2 单自由度系统的 Lagrange 函数为

$$L=\frac{1}{2}\dot{q}^2+3q^2 \tag{6.2.22}$$

试将其化成组合梯度系统Ⅱ.

解 微分方程为

$$\ddot{q}=6q$$

令

$$a^1=q$$
$$a^2=\frac{1}{2}\dot{q}$$

则有

$$\dot{a}^1=2a^2$$
$$\dot{a}^2=3a^1$$

它可写成形式

$$\begin{pmatrix} \dot{a}^1 \\ \dot{a}^2 \end{pmatrix}=\left(\begin{pmatrix} -1 & 0 \\ 0 & -1 \end{pmatrix}+\begin{pmatrix} -1 & 1 \\ 1 & -2 \end{pmatrix}\right)\begin{pmatrix} \dfrac{\partial V}{\partial a^1} \\ \dfrac{\partial V}{\partial a^2} \end{pmatrix}$$

其中矩阵为通常梯度的和对称负定的组合而成, 而函数 V 为

$$V=-\frac{3}{10}(a^1)^2-\frac{6}{5}a^1a^2-\frac{1}{5}(a^2)^2$$

它是变号的, 还不能成为 Lyapunov 函数.

以上两例表明, 定常 Lagrange 系统可化成组合梯度系统, 但函数 V 还不能成为 Lyapunov 函数. 定常 Lagrange 系统是一类斜梯度系统, 组合后梯度系统的矩阵已消失了反对称性, 因此, 会有以上结果.

6.3 Hamilton 系统与组合梯度系统

本节研究定常 Hamilton 系统的组合梯度表示, 给出系统成为组合梯度系统的条件, 利用组合梯度系统的性质来研究系统的解及其稳定性.

6.3.1 系统的运动微分方程

定常 Hamilton 系统的微分方程为

$$\dot{a}^{\mu} = \omega^{\mu\nu}\frac{\partial H}{\partial a^{\nu}} \quad (\mu, \nu = 1, 2, \cdots, 2n) \tag{6.3.1}$$

其中

$$\begin{aligned} &a^{s} = q_{s}, \quad a^{n+s} = p_{s}, \quad H = H(\boldsymbol{a}) \\ &(\omega^{\mu\nu}) = \begin{pmatrix} 0_{n\times n} & 1_{n\times n} \\ -1_{n\times n} & 0_{n\times n} \end{pmatrix} \end{aligned} \tag{6.3.2}$$

6.3.2 系统的组合梯度表示

系统 (6.3.1) 一般不能成为组合梯度系统. 对系统 (6.3.1), 如果成立以下各式

$$\omega^{\mu\nu}\frac{\partial H}{\partial a^{\nu}} = -\frac{\partial V}{\partial a^{\mu}} + b_{\mu\nu}\frac{\partial V}{\partial a^{\nu}} \quad (\mu, \nu = 1, 2, \cdots, 2n) \tag{6.3.3}$$

$$\omega^{\mu\nu}\frac{\partial H}{\partial a^{\nu}} = -\frac{\partial V}{\partial a^{\mu}} + s_{\mu\nu}\frac{\partial V}{\partial a^{\nu}} \tag{6.3.4}$$

$$\omega^{\mu\nu}\frac{\partial H}{\partial a^{\nu}} = -\frac{\partial V}{\partial a^{\mu}} + a_{\mu\nu}\frac{\partial V}{\partial a^{\nu}} \tag{6.3.5}$$

$$\omega^{\mu\nu}\frac{\partial H}{\partial a^{\nu}} = b_{\mu\nu}\frac{\partial V}{\partial a^{\nu}} + s_{\mu\nu}\frac{\partial V}{\partial a^{\nu}} \tag{6.3.6}$$

$$\omega^{\mu\nu}\frac{\partial H}{\partial a^{\nu}} = b_{\mu\nu}\frac{\partial V}{\partial a^{\nu}} + a_{\mu\nu}\frac{\partial V}{\partial a^{\nu}} \tag{6.3.7}$$

$$\omega^{\mu\nu}\frac{\partial H}{\partial a^{\nu}} = a_{\mu\nu}\frac{\partial V}{\partial a^{\nu}} + s_{\mu\nu}\frac{\partial V}{\partial a^{\nu}} \tag{6.3.8}$$

那么它可分别成为组合梯度系统 I, II, III, IV, V, VI.

6.3.3 解及其稳定性

对 Hamilton 系统, 如能化成组合梯度系统, 那么就可利用组合梯度系统的性质来研究这类力学系统的解及其稳定性.

6.3.4 应用举例

例 1　单自由度系统的 Hamilton 函数为

$$H = \frac{1}{2}p^{2} + \frac{1}{2}q^{2} \tag{6.3.9}$$

试将其化成组合梯度系统Ⅲ.

解 微分方程为

$$\dot{a}^1 = a^2$$
$$\dot{a}^2 = -a^1$$

其中

$$a^1 = q$$
$$a^2 = p$$

方程可写成形式

$$\begin{pmatrix} \dot{a}^1 \\ \dot{a}^2 \end{pmatrix} = \left(\begin{pmatrix} -1 & 0 \\ 0 & -1 \end{pmatrix} + \begin{pmatrix} -1 & 1 \\ 1 & -1 \end{pmatrix} \right) \begin{pmatrix} \dfrac{\partial V}{\partial a^1} \\ \dfrac{\partial V}{\partial a^2} \end{pmatrix}$$

其中矩阵为通常梯度的和半负定的组合而成, 而函数 V 为

$$V = \frac{1}{6}(a^1)^2 - \frac{1}{3}a^1 a^2 - \frac{1}{6}(a^2)^2$$

它是变号的, 还不能成为 Lyapunov 函数.

例 2 Hamilton 函数为

$$H = \frac{1}{4}p^2 - \frac{1}{2}q^2 \tag{6.3.10}$$

试将其化成组合梯度系统Ⅳ.

解 微分方程为

$$\dot{a}^1 = \frac{1}{2}a^2$$
$$\dot{a}^2 = a^1$$

其中

$$a^1 = q$$
$$a^2 = p$$

方程可写成形式

$$\begin{pmatrix} \dot{a}^1 \\ \dot{a}^2 \end{pmatrix} = \left(\begin{pmatrix} 0 & 1 \\ -1 & 0 \end{pmatrix} + \begin{pmatrix} -1 & 1 \\ 1 & -2 \end{pmatrix} \right) \begin{pmatrix} \dfrac{\partial V}{\partial a^1} \\ \dfrac{\partial V}{\partial a^2} \end{pmatrix}$$

其中矩阵为斜梯度的和对称负定的组合而成, 而函数 V 为

$$V=-\frac{1}{2}(a^1)^2-\frac{1}{2}a^1a^2$$

它还不能成为 Lyapunov 函数.

以上两例表明, 定常 Hamilton 系统可以成为组合梯度系统, 但函数 V 不能成为 Lyapunov 函数.

6.4 广义坐标下一般完整系统与组合梯度系统

本节研究广义坐标下一般定常完整系统的组合梯度表示, 给出系统成为组合梯度系统的条件, 并利用组合梯度系统的性质来研究这类力学系统的解及其稳定性.

6.4.1 系统的运动微分方程

定常完整系统的微分方程有形式

$$\frac{\mathrm{d}}{\mathrm{d}t}\frac{\partial L}{\partial \dot{q}_s}-\frac{\partial L}{\partial q_s}=Q_s \quad (s=1,2,\cdots,n) \tag{6.4.1}$$

其中 $L=L(\boldsymbol{q},\dot{\boldsymbol{q}})$ 为系统的 Lagrange 函数, $Q_s=Q_s(\boldsymbol{q},\dot{\boldsymbol{q}})$ 为非势广义力. 对非奇异系统

$$\det\left(\frac{\partial^2 L}{\partial \dot{q}_s\partial \dot{q}_k}\right)\neq 0 \tag{6.4.2}$$

可由方程 (6.4.1) 求出所有广义加速度, 记作

$$\ddot{q}_s=\alpha_s(\boldsymbol{q},\dot{\boldsymbol{q}}) \quad (s=1,2,\cdots,n) \tag{6.4.3}$$

令

$$a^s=q_s, \quad a^{n+s}=\dot{q}_s \quad (s=1,2,\cdots,n) \tag{6.4.4}$$

则方程 (6.4.3) 可写成一阶形式

$$\dot{a}^\mu=F_\mu(\boldsymbol{a}) \quad (\mu=1,2,\cdots,2n) \tag{6.4.5}$$

其中

$$F_s=a^{n+s}, \quad F_{n+s}=\alpha_s(\boldsymbol{a}) \tag{6.4.6}$$

引进广义动量 p_s 和 Hamilton 函数 H

$$\begin{aligned}p_s&=\frac{\partial L}{\partial \dot{q}_s}\\ H&=p_s\dot{q}_s-L\end{aligned} \tag{6.4.7}$$

则方程 (6.4.1) 可用正则变量表示为

$$\dot{q}_s = \frac{\partial H}{\partial p_s}, \quad \dot{p}_s = -\frac{\partial H}{\partial q_s} + \widetilde{Q}_s \quad (s = 1, 2, \cdots, n) \tag{6.4.8}$$

其中

$$\widetilde{Q}_s(\boldsymbol{q}, \boldsymbol{p}) = Q_s(\boldsymbol{q}, \dot{\boldsymbol{q}}(\boldsymbol{q}, \boldsymbol{p})) \tag{6.4.9}$$

方程 (6.4.8) 还可写成形式

$$\dot{a}^\mu = \omega^{\mu\nu}\frac{\partial H}{\partial a^\nu} + \Lambda_\mu \quad (\mu, \nu = 1, 2, \cdots, 2n) \tag{6.4.10}$$

其中

$$\begin{aligned} &a^s = q_s, \quad a^{n+s} = p_s \\ &(\omega^{\mu\nu}) = \begin{pmatrix} 0_{n\times n} & 1_{n\times n} \\ -1_{n\times n} & 0_{n\times n} \end{pmatrix} \\ &\Lambda_s = 0, \quad \Lambda_{n+s} = \widetilde{Q}_s \end{aligned} \tag{6.4.11}$$

6.4.2 系统的组合梯度表示

对系统 (6.4.5), 如果存在矩阵 $(b_{\mu\nu}(\boldsymbol{a})), (s_{\mu\nu}(\boldsymbol{a})), (a_{\mu\nu}(\boldsymbol{a}))$ 和函数 $V = V(\boldsymbol{a})$ 满足以下各式

$$F_\mu = -\frac{\partial V}{\partial a^\mu} + b_{\mu\nu}\frac{\partial V}{\partial a^\nu} \quad (\mu, \nu = 1, 2, \cdots, 2n) \tag{6.4.12}$$

$$F_\mu = -\frac{\partial V}{\partial a^\mu} + s_{\mu\nu}\frac{\partial V}{\partial a^\nu} \tag{6.4.13}$$

$$F_\mu = -\frac{\partial V}{\partial a^\mu} + a_{\mu\nu}\frac{\partial V}{\partial a^\nu} \tag{6.4.14}$$

$$F_\mu = b_{\mu\nu}\frac{\partial V}{\partial a^\nu} + s_{\mu\nu}\frac{\partial V}{\partial a^\nu} \tag{6.4.15}$$

$$F_\mu = b_{\mu\nu}\frac{\partial V}{\partial a^\nu} + a_{\mu\nu}\frac{\partial V}{\partial a^\nu} \tag{6.4.16}$$

$$F_\mu = a_{\mu\nu}\frac{\partial V}{\partial a^\nu} + s_{\mu\nu}\frac{\partial V}{\partial a^\nu} \tag{6.4.17}$$

那么它可分别成为组合梯度系统 I, II, III, IV, V, VI.

对系统 (6.4.10), 如果以下各式成立

$$\omega^{\mu\nu}\frac{\partial H}{\partial a^\nu} + \Lambda_\mu = -\frac{\partial V}{\partial a^\mu} + b_{\mu\nu}\frac{\partial V}{\partial a^\nu} \quad (\mu, \nu = 1, 2, \cdots, 2n) \tag{6.4.18}$$

$$\omega^{\mu\nu}\frac{\partial H}{\partial a^\nu} + \Lambda_\mu = -\frac{\partial V}{\partial a^\mu} + s_{\mu\nu}\frac{\partial V}{\partial a^\nu} \tag{6.4.19}$$

$$\omega^{\mu\nu}\frac{\partial H}{\partial a^\nu} + \Lambda_\mu = -\frac{\partial V}{\partial a^\mu} + a_{\mu\nu}\frac{\partial V}{\partial a^\nu} \tag{6.4.20}$$

$$\omega^{\mu\nu}\frac{\partial H}{\partial a^\nu}+\Lambda_\mu=b_{\mu\nu}\frac{\partial V}{\partial a^\nu}+s_{\mu\nu}\frac{\partial V}{\partial a^\nu} \tag{6.4.21}$$

$$\omega^{\mu\nu}\frac{\partial H}{\partial a^\nu}+\Lambda_\mu=b_{\mu\nu}\frac{\partial V}{\partial a^\nu}+a_{\mu\nu}\frac{\partial V}{\partial a^\nu} \tag{6.4.22}$$

$$\omega^{\mu\nu}\frac{\partial H}{\partial a^\nu}+\Lambda_\mu=a_{\mu\nu}\frac{\partial V}{\partial a^\nu}+s_{\mu\nu}\frac{\partial V}{\partial a^\nu} \tag{6.4.23}$$

那么它可分别成为组合梯度系统 Ⅰ, Ⅱ, Ⅲ, Ⅳ, Ⅴ, Ⅵ.

6.4.3　解及其稳定性

一般完整系统化成各类组合梯度系统时, 总希望函数 V 能够成为 Lyapunov 函数, 这样就可利用组合梯度系统的性质来研究这类力学系统的解的稳定性.

6.4.4　应用举例

例 1　单自由度完整系统为

$$\begin{aligned}&L=\frac{1}{2}\dot{q}-q^2-\frac{2}{3}q^3\\&Q=-2\dot{q}-2q\dot{q}\end{aligned} \tag{6.4.24}$$

试将其化成组合梯度系统 Ⅰ.

解　微分方程为

$$\ddot{q}=-2q-2q^2-2\dot{q}-2q\dot{q}$$

令

$$\begin{aligned}&a^1=q\\&a^2=-q-q^2-\dot{q}\end{aligned}$$

则有

$$\begin{aligned}&\dot{a}^1=-a^1-(a^1)^2-a^2\\&\dot{a}^2=a^1+(a^1)^2-a^2\end{aligned}$$

它可写成形式

$$\begin{pmatrix}\dot{a}^1\\ \dot{a}^2\end{pmatrix}=\left(\begin{pmatrix}-1&0\\0&-1\end{pmatrix}+\begin{pmatrix}0&-1\\1&0\end{pmatrix}\right)\begin{pmatrix}\dfrac{\partial V}{\partial a^1}\\ \dfrac{\partial V}{\partial a^2}\end{pmatrix}$$

其中矩阵为通常梯度系统的和反对称的组合而成, 而函数 V 为

$$V=\frac{1}{2}(a^1)^2+\frac{1}{2}(a^2)^2+\frac{1}{3}(a^1)^3$$

因此, 解 $a^1 = a^2 = 0$ 是渐近稳定的.

例 2 完整系统为

$$L = \frac{1}{2}\dot{q}^2 - \frac{15}{2}q^2 - \frac{10}{3}q^3$$
$$Q = -12\dot{q} - 4q\dot{q} \tag{6.4.25}$$

试将其化成组合梯度系统II.

解 微分方程为

$$\ddot{q} = -15q - 10q^2 - 12\dot{q} - 4q\dot{q}$$

令

$$a^1 = q$$
$$a^2 = \frac{1}{4}(\dot{q} + 5q + 2q^2)$$

则有

$$\dot{a}^1 = -5a^1 - 2(a^1)^2 + 4a^2$$
$$\dot{a}^2 = 5a^1 + (a^1)^2 - 7a^2$$

它可写成如下组合梯度系统II

$$\begin{pmatrix} \dot{a}^1 \\ \dot{a}^2 \end{pmatrix} = \left(\begin{pmatrix} -1 & 0 \\ 0 & -1 \end{pmatrix} + \begin{pmatrix} -1 & 1 \\ 1 & -2 \end{pmatrix}\right)\begin{pmatrix} \dfrac{\partial V}{\partial a^1} \\ \dfrac{\partial V}{\partial a^2} \end{pmatrix}$$

其中组合矩阵是对称负定的, 而函数 V 为

$$V = \frac{1}{2}(a^1)^2 + \frac{1}{2}(a^2)^2$$

因此, 解 $a^1 = a^2 = 0$ 是渐近稳定的.

例 3 单自由度系统为

$$L = \frac{1}{2}\dot{q}^2 - \frac{3}{2}q^2 - \frac{3}{4}q^4$$
$$Q = -4\dot{q} - 6q^2\dot{q} \tag{6.4.26}$$

试将其化成组合梯度系统III.

解 微分方程为

$$\ddot{q} = -3q - 3q^3 - 4\dot{q} - 6q^2\dot{q}$$

令

$$a^1 = \dot{q} + 2q + 2q^3$$

$$a^2 = q$$

则有

$$\begin{aligned}\dot{a}^1 &= -2a^1 + a^2 + (a^2)^3\\ \dot{a}^2 &= a^1 - 2a^2 - 2(a^2)^3\end{aligned}$$

它可化成组合梯度系统III, 有

$$\begin{pmatrix}\dot{a}^1\\ \dot{a}^2\end{pmatrix} = \left(\begin{pmatrix}-1 & 0\\ 0 & -1\end{pmatrix} + \begin{pmatrix}-1 & 1\\ 1 & -1\end{pmatrix}\right)\begin{pmatrix}\dfrac{\partial V}{\partial a^1}\\ \dfrac{\partial V}{\partial a^2}\end{pmatrix}$$

其中组合矩阵是对称负定的, 而函数 V 为

$$V = \frac{1}{2}(a^1)^2 + \frac{1}{2}(a^2)^2 + \frac{1}{4}(a^2)^4$$

因此, 解 $a^1 = a^2 = 0$ 是渐近稳定的.

例 4 完整系统为

$$\begin{aligned}L &= \frac{1}{2}\dot{q}^2\\ Q &= -q(8\exp q + 4q^2\exp q - 2) - \dot{q}(2\exp q + 4q\exp q + q^2\exp q + 6)\end{aligned} \tag{6.4.27}$$

试将其化成组合梯度系统IV.

解 微分方程为

$$\ddot{q} = -q(8\exp q + 4q^2\exp q - 2) - \dot{q}(2\exp q + 4q\exp q + q^2\exp q + 6)$$

令

$$\begin{aligned}a^1 &= q\\ a^2 &= \frac{1}{5}(\dot{q} + 2q\exp q + q^2\exp q + 2q)\end{aligned}$$

则有

$$\begin{aligned}\dot{a}^1 &= -2a^1\exp a^1 - (a^1)^2\exp a^1 - 2a^1 + 5a^2\\ \dot{a}^2 &= 2a^1 - 4a^2\end{aligned}$$

它可化成一个组合梯度系统IV, 有

$$\begin{pmatrix}\dot{a}^1\\ \dot{a}^2\end{pmatrix} = \left(\begin{pmatrix}0 & 1\\ -1 & 0\end{pmatrix} + \begin{pmatrix}-1 & 1\\ 1 & -2\end{pmatrix}\right)\begin{pmatrix}\dfrac{\partial V}{\partial a^1}\\ \dfrac{\partial V}{\partial a^2}\end{pmatrix}$$

其中组合矩阵是负定的, 而函数 V 为

$$V=(a^1)^2\exp a^1+(a^2)^2-a^1a^2$$

它在 $a^1=a^2=0$ 的邻域内是正定的, 因此, 零解 $a^1=a^2=0$ 是渐近稳定的.

例 5 完整系统为

$$\begin{aligned}&L=\frac{1}{2}\dot{q}^2-\int q(3+\cos q)^2\mathrm{d}q\\&Q=-\dot{q}-\frac{\dot{q}^2\sin q}{3+\cos q}\end{aligned}\tag{6.4.28}$$

试将其化成组合梯度系统 V.

解 微分方程为

$$\ddot{q}=-q(3+\cos q)^2-\dot{q}-\frac{\dot{q}^2\sin q}{3+\cos q}$$

令

$$\begin{aligned}&a^1=q\\&a^2=\frac{\dot{q}}{3+\cos q}\end{aligned}$$

则有

$$\begin{aligned}&\dot{a}^1=a^2(3+\cos a^1)\\&\dot{a}^2=-a^1(3+\cos a^1)-a^2\end{aligned}$$

它可写成组合梯度系统V, 有

$$\begin{pmatrix}\dot{a}^1\\\dot{a}^2\end{pmatrix}=\left(\begin{pmatrix}0&2+\cos a^1\\-(2+\cos a^1)&0\end{pmatrix}+\begin{pmatrix}0&1\\-1&-1\end{pmatrix}\right)\begin{pmatrix}\dfrac{\partial V}{\partial a^1}\\\dfrac{\partial V}{\partial a^2}\end{pmatrix}$$

其中组合矩阵是半负定的, 而函数 V 为

$$V=\frac{1}{2}(a^1)^2+\frac{1}{2}(a^2)^2$$

因此, 解 $a^1=a^2=0$ 是稳定的.

例 6 完整系统为

$$L=\frac{1}{2}\dot{q}^2-\frac{3}{2}q^2-\int q(2+\sin q)^2\mathrm{d}q$$

$$Q = -4\dot{q} + \frac{\dot{q}(q+\dot{q})}{2+\sin q}\cos q \tag{6.4.29}$$

试将其化成组合梯度系统Ⅵ.

解　微分方程为

$$\ddot{q} = -q[3+(2+\sin q)^2] - 4\dot{q} + \frac{\dot{q}(q+\dot{q})}{2+\sin q}\cos q$$

令

$$a^1 = q$$
$$a^2 = \frac{q+\dot{q}}{2+\sin q}$$

则有

$$\dot{a}^1 = -a^1 + a^2(2+\sin a^1)$$
$$\dot{a}^2 = -a^1(2+\sin a^1) - 3a^2$$

它可写成一个组合梯度系统Ⅵ, 有

$$\begin{pmatrix} \dot{a}^1 \\ \dot{a}^2 \end{pmatrix} = \left(\begin{pmatrix} 0 & 2+\sin a^1 \\ -(2+\sin a^1) & -1 \end{pmatrix} + \begin{pmatrix} -1 & 0 \\ 0 & -2 \end{pmatrix} \right) \begin{pmatrix} \dfrac{\partial V}{\partial a^1} \\ \dfrac{\partial V}{\partial a^2} \end{pmatrix}$$

其中组合矩阵是负定的, 而函数 V 为

$$V = \frac{1}{2}(a^1)^2 + \frac{1}{2}(a^2)^2$$

因此, 零解 $a^1 = a^2 = 0$ 是渐近稳定的.

6.5　带附加项的 Hamilton 系统与组合梯度系统

本节研究带附加项的 Hamilton 系统的组合梯度表示, 得到系统成为组合梯度系统的条件, 利用组合梯度系统的性质来研究这类力学系统的解的稳定性.

6.5.1　系统的运动微分方程

带附加项的定常 Hamilton 系统的运动微分方程有形式

$$\dot{a}^\mu = \omega^{\mu\nu}\frac{\partial H}{\partial a^\nu} + \Lambda_\mu \quad (\mu,\nu = 1,2,\cdots,2n) \tag{6.5.1}$$

其中

$$a^s = q_s, \quad a^{n+s} = p_s, \quad H = H(\boldsymbol{a})$$
$$(\omega^{\mu\nu}) = \begin{pmatrix} 0_{n\times n} & 1_{n\times n} \\ -1_{n\times n} & 0_{n\times n} \end{pmatrix} \tag{6.5.2}$$
$$\Lambda_s = 0, \quad \Lambda_{n+s} = \widetilde{Q}_s(\boldsymbol{a})$$

6.5.2 系统的组合梯度表示

如果系统 (6.5.1) 满足以下各式

$$\omega^{\mu\nu}\frac{\partial H}{\partial a^\nu}+\Lambda_\mu=-\frac{\partial V}{\partial a^\mu}+b_{\mu\nu}\frac{\partial V}{\partial a^\nu}\quad(\mu,\nu=1,2,\cdots,2n)\tag{6.5.3}$$

$$\omega^{\mu\nu}\frac{\partial H}{\partial a^\nu}+\Lambda_\mu=-\frac{\partial V}{\partial a^\mu}+s_{\mu\nu}\frac{\partial V}{\partial a^\nu}\tag{6.5.4}$$

$$\omega^{\mu\nu}\frac{\partial H}{\partial a^\nu}+\Lambda_\mu=-\frac{\partial V}{\partial a^\mu}+a_{\mu\nu}\frac{\partial V}{\partial a^\nu}\tag{6.5.5}$$

$$\omega^{\mu\nu}\frac{\partial H}{\partial a^\nu}+\Lambda_\mu=b_{\mu\nu}\frac{\partial V}{\partial a^\nu}+s_{\mu\nu}\frac{\partial V}{\partial a^\nu}\tag{6.5.6}$$

$$\omega^{\mu\nu}\frac{\partial H}{\partial a^\nu}+\Lambda_\mu=b_{\mu\nu}\frac{\partial V}{\partial a^\nu}+a_{\mu\nu}\frac{\partial V}{\partial a^\nu}\tag{6.5.7}$$

$$\omega^{\mu\nu}\frac{\partial H}{\partial a^\nu}+\Lambda_\mu=a_{\mu\nu}\frac{\partial V}{\partial a^\nu}+s_{\mu\nu}\frac{\partial V}{\partial a^\nu}\tag{6.5.8}$$

那么它可分别成为组合梯度系统 Ⅰ, Ⅱ, Ⅲ, Ⅳ, Ⅴ, Ⅵ.

6.5.3 解及其稳定性

在将带附加项的 Hamilton 系统化成各类组合梯度系统时, 总希望函数 V 能够成为 Lyapunov 函数, 这样就可利用组合梯度系统的性质来研究这类力学系统的稳定性.

6.5.4 应用举例

例 1 单自由度系统 Hamilton 函数和附加项分别为

$$\begin{aligned}&H=-\frac{1}{2}p^2-pq-\frac{3}{2}q^2\\&\widetilde{Q}=-4p\end{aligned}\tag{6.5.9}$$

试将其化成组合梯度系统 Ⅰ.

解 微分方程为

$$\begin{aligned}&\dot q=-q-p\\&\dot p=3q-3p\end{aligned}$$

令

$$\begin{aligned}&a^1=q\\&a^2=p\end{aligned}$$

则它可写成形式

$$\begin{pmatrix} \dot{a}^1 \\ \dot{a}^2 \end{pmatrix} = \left(\begin{pmatrix} -1 & 0 \\ 0 & -1 \end{pmatrix} + \begin{pmatrix} 0 & -1 \\ 1 & 0 \end{pmatrix} \right) \begin{pmatrix} \dfrac{\partial V}{\partial a^1} \\ \dfrac{\partial V}{\partial a^2} \end{pmatrix}$$

其中矩阵为通常梯度的和斜梯度的组合而成, 是负定的, 而函数 V 为

$$V = (a^1)^2 + (a^2)^2 - a^1 a^2$$

它在 $a^1 = a^2 = 0$ 的邻域内是正定的, 因此, 解 $a^1 = a^2 = 0$ 是渐近稳定的.

例 2　Hamilton 函数和附加项分别为

$$\begin{aligned} H &= \frac{1}{2}p^2(2+\sin q) - 4pq - q^2 - \sin q + q\cos q \\ \widetilde{Q} &= -9p + \frac{1}{2}p^2 \cos q \end{aligned} \tag{6.5.10}$$

试将其化成组合梯度系统 II.

解　微分方程为

$$\begin{aligned} \dot{q} &= -4q + p(2+\sin q) \\ \dot{p} &= q(2+\sin q) - 5p \end{aligned}$$

令

$$\begin{aligned} a^1 &= q \\ a^2 &= p \end{aligned}$$

它可写成形式

$$\begin{pmatrix} \dot{a}^1 \\ \dot{a}^2 \end{pmatrix} = \left(\begin{pmatrix} -1 & 0 \\ 0 & -1 \end{pmatrix} + \begin{pmatrix} -3 & 2+\sin a^1 \\ 2+\sin a^1 & -4 \end{pmatrix} \right) \begin{pmatrix} \dfrac{\partial V}{\partial a^1} \\ \dfrac{\partial V}{\partial a^2} \end{pmatrix}$$

其中矩阵为由通常梯度的和对称负定的组合而成, 是对称负定的, 而函数 V 为

$$V = \frac{1}{2}(a^1)^2 + \frac{1}{2}(a^2)^2$$

因此, 零解 $a^1 = a^2 = 0$ 是渐近稳定的.

例 3　Hamilton 函数和附加项分别为

$$\begin{aligned} H &= p^2 - 2pq(2+\sin q) - q^2 p\cos q + 2\int q(2+\sin q)\mathrm{d}q + \int q^2 \cos q\mathrm{d}q \\ \widetilde{Q} &= -2p(2+\sin q) - 4pq\cos q + q^2 p\sin q - 4p \end{aligned} \tag{6.5.11}$$

试将其化成组合梯度系统III.

解 微分方程为

$$\dot{q} = 2p - 2q(2+\sin q) - q^2\cos q$$
$$\dot{p} = -2q(2+\sin q) - q^2\cos q - 4p$$

令

$$a^1 = q$$
$$a^2 = p$$

它可写成形式

$$\begin{pmatrix} \dot{a}^1 \\ \dot{a}^2 \end{pmatrix} = \left(\begin{pmatrix} -1 & 0 \\ 0 & -1 \end{pmatrix} + \begin{pmatrix} 0 & 1 \\ -1 & -1 \end{pmatrix} \right) \begin{pmatrix} \dfrac{\partial V}{\partial a^1} \\ \dfrac{\partial V}{\partial a^2} \end{pmatrix}$$

其中矩阵为通常梯度系统的和半负定的组合而成, 是负定的, 而函数 V 为

$$V = (a^1)^2(2+\sin a^1) + (a^2)^2$$

它在 $a^1 = a^2 = 0$ 的邻域内正定, 因此, 解 $a^1 = a^2 = 0$ 是渐近稳定的.

例 4 Hamilton 函数和附加项分别为

$$\begin{aligned} H &= 4\int p(2+\cos p)\mathrm{d}p - 2\int p^2 \sin p \mathrm{d}p - 2pq \\ \widetilde{Q} &= -2p - 4p(2+\cos p) + 2p^2 \sin p \end{aligned} \tag{6.5.12}$$

试将其化成组合梯度系统IV.

解 微分方程为

$$\dot{q} = -2q + 4p(2+\cos p) - 2p^2 \sin p$$
$$\dot{p} = -4p(2+\cos p) + 2p^2 \sin p$$

令

$$a^1 = q$$
$$a^2 = p$$

则它可写成形式

$$\begin{pmatrix} \dot{a}^1 \\ \dot{a}^2 \end{pmatrix} = \left(\begin{pmatrix} 0 & 1 \\ -1 & 0 \end{pmatrix} + \begin{pmatrix} -1 & 1 \\ 1 & -2 \end{pmatrix} \right) \begin{pmatrix} \dfrac{\partial V}{\partial a^1} \\ \dfrac{\partial V}{\partial a^2} \end{pmatrix}$$

其中矩阵为由斜梯度系统的和对称负定的组合而成, 是负定的, 而函数 V 为

$$V=(a^1)^2+(a^2)^2(2+\sin a^2)$$

它在 $a^1=a^2=0$ 的邻域内正定, 因此, 零解 $a^1=a^2=0$ 是渐近稳定的.

例 5　Hamilton 函数和附加项分别为

$$\begin{aligned} H&=p^2-\frac{1}{2}p\sin q-\frac{1}{2}pq\cos q \\ \widetilde{Q}&=-p-p\cos q+\frac{1}{2}pq\sin q \end{aligned} \tag{6.5.13}$$

试将其化成组合梯度系统Ⅴ.

解　微分方程为

$$\begin{aligned} \dot{q}&=-\frac{1}{2}\sin q-\frac{1}{2}q\cos q+2p \\ \dot{p}&=-p \end{aligned}$$

令

$$\begin{aligned} a^1&=q \\ a^2&=p \end{aligned}$$

则它可写成形式

$$\begin{pmatrix} \dot{a}^1 \\ \dot{a}^2 \end{pmatrix}=\left(\begin{pmatrix} 0 & 1 \\ -1 & 0 \end{pmatrix}+\begin{pmatrix} -1 & 1 \\ 1 & -1 \end{pmatrix}\right)\begin{pmatrix} \dfrac{\partial V}{\partial a^1} \\ \dfrac{\partial V}{\partial a^2} \end{pmatrix}$$

其中矩阵为由斜梯度系统的和半负定的组合而成, 是半负定的, 而函数 V 为

$$V=\frac{1}{2}a^1\sin a^1+\frac{1}{2}(a^2)^2$$

它在 $a^1=a^2=0$ 的邻域内正定, 因此, 零解是稳定的.

例 6　Hamilton 函数和附加项分别为

$$\begin{aligned} H&=-4pq+2\int F(p)\mathrm{d}p-2q^2 \\ F(p)&=\frac{2p(2+\sin p)-p^2\cos p}{(2+\sin p)^2} \\ \widetilde{Q}&=-4p-3F(p) \end{aligned} \tag{6.5.14}$$

试将其化成组合梯度系统Ⅵ.

解 微分方程为

$$\dot{q}=-4q+2F(p)$$
$$\dot{p}=4q-3F(p)$$

令

$$a^1=q$$
$$a^2=p$$

则它可写成形式

$$\begin{pmatrix}\dot{a}^1\\ \dot{a}^2\end{pmatrix}=\left(\begin{pmatrix}-1 & 1\\ 1 & -1\end{pmatrix}+\begin{pmatrix}-1 & 1\\ 1 & -2\end{pmatrix}\right)\begin{pmatrix}\dfrac{\partial V}{\partial a^1}\\ \dfrac{\partial V}{\partial a^2}\end{pmatrix}$$

其中矩阵为由半负定的和对称负定的组合而成, 是对称负定的, 而函数 V 为

$$V=(a^1)^2+\frac{(a^2)^2}{2+\sin a^2}$$

它在 $a^1=a^2=0$ 的邻域内正定, 因此, 零解 $a^1=a^2=0$ 是渐近稳定的.

与 6.4 节相比较, 带附加项的 Hamilton 系统比广义坐标下一般完整系统容易实现组合梯度化.

6.6 准坐标下完整系统与组合梯度系统

本节研究准坐标下完整系统的组合梯度表示, 得到系统成为组合梯度系统的条件. 化成组合梯度系统后, 便可利用梯度系统的性质来研究这类力学系统的解的稳定性.

6.6.1 系统的运动微分方程

准坐标下完整系统的运动微分方程为式 (2.6.4), 即

$$\frac{\mathrm{d}}{\mathrm{d}t}\frac{\partial L^*}{\partial\omega_s}-\frac{\partial L^*}{\partial\pi_s}+\frac{\partial L^*}{\partial\omega_k}\gamma_{rs}^k\omega_r=P_s^*\quad(s,k,r=1,2,\cdots,n)\tag{6.6.1}$$

设系统非奇异, 即设

$$\det\left(\frac{\partial^2L^*}{\partial\omega_s\partial\omega_k}\right)\neq0\tag{6.6.2}$$

则由方程 (6.6.1) 可解出所有 $\dot{\omega}_s$, 记作

$$\dot{\omega}_s = \alpha_s(t, \boldsymbol{q}, \boldsymbol{\omega}) \quad (s = 1, 2, \cdots, n) \tag{6.6.3}$$

它与以下关系

$$\dot{q}_s = b_{sk}(\boldsymbol{q})\omega_k \quad (s, k = 1, 2, \cdots, n) \tag{6.6.4}$$

联合可求解运动. 假设方程 (6.6.3) 中不含时间 t. 现将方程表示为一阶形式, 有多种选择, 例如, 可取

$$a^s = q_s, \quad a^{n+s} = \omega_s \tag{6.6.5}$$

则方程 (6.6.3) 和 (6.6.4) 可写成统一形式

$$\dot{a}^\mu = F_\mu(\boldsymbol{a}) \quad (\mu = 1, 2, \cdots, 2n) \tag{6.6.6}$$

其中

$$F_s = b_{sk}a^{n+k}, \quad F_{n+s} = \alpha_s \tag{6.6.7}$$

6.6.2 系统的组合梯度表示

一般说, 系统 (6.6.6) 不是组合梯度系统. 对系统 (6.6.6), 如果存在矩阵 $(b_{\mu\nu}(\boldsymbol{a}))$, $(s_{\mu\nu}(\boldsymbol{a})), (a_{\mu\nu}(\boldsymbol{a}))$ 和函数 $V = V(\boldsymbol{a})$ 满足以下各式

$$F_\mu = -\frac{\partial V}{\partial a^\mu} + b_{\mu\nu}\frac{\partial V}{\partial a^\nu} \quad (\mu, \nu = 1, 2, \cdots, 2n) \tag{6.6.8}$$

$$F_\mu = -\frac{\partial V}{\partial a^\mu} + s_{\mu\nu}\frac{\partial V}{\partial a^\nu} \tag{6.6.9}$$

$$F_\mu = -\frac{\partial V}{\partial a^\mu} + a_{\mu\nu}\frac{\partial V}{\partial a^\nu} \tag{6.6.10}$$

$$F_\mu = b_{\mu\nu}\frac{\partial V}{\partial a^\nu} + s_{\mu\nu}\frac{\partial V}{\partial a^\nu} \tag{6.6.11}$$

$$F_\mu = b_{\mu\nu}\frac{\partial V}{\partial a^\nu} + a_{\mu\nu}\frac{\partial V}{\partial a^\nu} \tag{6.6.12}$$

$$F_\mu = a_{\mu\nu}\frac{\partial V}{\partial a^\nu} + s_{\mu\nu}\frac{\partial V}{\partial a^\nu} \tag{6.6.13}$$

那么它可分别成为组合梯度系统 Ⅰ, Ⅱ, Ⅲ, Ⅳ, Ⅴ, Ⅵ.

值得注意的是, 如果以上各式不成立, 还不能断定它不是组合梯度系统, 因为这与方程的一阶形式选取相关.

6.6.3 解及其稳定性

准坐标下完整系统化成组合梯度系统后, 便可利用组合梯度系统的性质来研究这类力学系统的解的稳定性. 问题的困难在于, 需求出以上各式中的矩阵 $(b_{\mu\nu}(\boldsymbol{a}))$, $(s_{\mu\nu}(\boldsymbol{a})), (a_{\mu\nu}(\boldsymbol{a}))$ 和函数 $V = V(\boldsymbol{a})$. 有时, 一阶方程 (6.6.6) 不能实现梯度化, 还需采用其他方法.

6.6.4 应用举例

例 二自由度系统准速度下的 Lagrange 函数为

$$L=\frac{1}{2}(\omega_1^2+\omega_2^2)+\frac{1}{2}q_1^2-q_2^2$$

其中

$$\dot{q}_1=q_1\omega_1$$
$$\dot{q}_2=\omega_2$$

而广义力为

$$P_1^*=0$$
$$P_2^*=-2\omega_2$$

试将其化成组合梯度系统.

解 准坐标下的微分方程给出

$$\dot{\omega}_1=q_1^2$$
$$\dot{\omega}_2=-2q_2-2\omega_2$$

现将第二个方程化成组合梯度系统. 令

$$a^2=q_2$$
$$a^4=-q_2-\omega_2$$

则有

$$\dot{a}^2=-a^2-a^4$$
$$\dot{a}^4=a^2-a^4$$

它可写成形式

$$\begin{pmatrix}\dot{a}^2\\ \dot{a}^4\end{pmatrix}=\left(\begin{pmatrix}-1 & 0\\ 0 & -1\end{pmatrix}+\begin{pmatrix}0 & -1\\ 1 & 0\end{pmatrix}\right)\begin{pmatrix}\dfrac{\partial V}{\partial a^2}\\ \dfrac{\partial V}{\partial a^4}\end{pmatrix}$$

这是一个组合梯度系统 I , 其中

$$V=\frac{1}{2}(a^2)^2+\frac{1}{2}(a^4)^2$$

因此, 解 $a^2=a^4=0$ 是渐近稳定的.

6.7 相对运动动力学系统与组合梯度系统

本节研究相对运动动力学系统的组合梯度表示, 给出系统成为组合梯度系统的条件. 化成组合梯度系统后, 可用其性质来研究这类力学系统的解及其稳定性.

6.7.1 系统的运动微分方程

双面理想定常完整系统的相对运动动力学方程有形式 [1,2]

$$\frac{\mathrm{d}}{\mathrm{d}t}\frac{\partial L_r}{\partial \dot{q}_s}-\frac{\partial L_r}{\partial q_s}=Q_s''+Q_s^{\dot{\omega}}+\varGamma_s \quad (s=1,2,\cdots,n) \tag{6.7.1}$$

其中

$$L_r=T_r-V-V^0-V^{\omega} \tag{6.7.2}$$

为相对运动的 Lagrange 函数. 设系统非奇异, 即设

$$\det\left(\frac{\partial^2 L_r}{\partial \dot{q}_s\partial \dot{q}_k}\right)\neq 0 \tag{6.7.3}$$

则由式 (6.7.1) 可解出所有广义加速度, 记作

$$\ddot{q}_s=\alpha_s(\boldsymbol{q},\dot{\boldsymbol{q}}) \quad (s=1,2,\cdots,n) \tag{6.7.4}$$

令

$$a^s=q_s,\quad a^{n+s}=\dot{q}_s \tag{6.7.5}$$

则方程 (6.7.4) 可写成一阶形式

$$\dot{a}^{\mu}=F_{\mu}(\boldsymbol{a}) \quad (\mu=1,2,\cdots,2n) \tag{6.7.6}$$

其中

$$F_s=a^{n+s},\quad F_{n+s}=\alpha_s \quad (s=1,2,\cdots,n) \tag{6.7.7}$$

引进广义动量 p_s 和 Hamilton 函数 H

$$\begin{aligned} p_s&=\frac{\partial L_r}{\partial \dot{q}_s} \\ H&=p_s\dot{q}_s-L_r \end{aligned} \tag{6.7.8}$$

则方程 (6.7.1) 可写成如下形式

$$\dot{a}^{\mu}=\omega^{\mu\nu}\frac{\partial H}{\partial a^{\nu}}+P_{\mu} \quad (\mu,\nu=1,2,\cdots,2n) \tag{6.7.9}$$

其中

$$
\begin{aligned}
& a^s = q_s, \quad a^{n+s} = p_s \\
& (\omega^{\mu\nu}) = \begin{pmatrix} 0_{n\times n} & 1_{n\times n} \\ -1_{n\times n} & 0_{n\times n} \end{pmatrix} \\
& P_s = 0, \quad P_{n+s} = \widetilde{Q}_s + \widetilde{Q}_s^{\dot{\omega}} + \widetilde{\Gamma}_s
\end{aligned} \tag{6.7.10}
$$

这里 $\widetilde{Q}_s, \widetilde{Q}_s^{\dot{\omega}}, \widetilde{\Gamma}_s$ 为用 $\boldsymbol{a}$ 表示的 $Q_s, Q_s^{\dot{\omega}}, \Gamma_s$.

6.7.2 系统的组合梯度表示

系统 (6.7.6) 或系统 (6.7.9) 一般都不能成为组合梯度系统. 对系统 (6.7.6), 如果存在矩阵 $(b_{\mu\nu}(\boldsymbol{a})), (s_{\mu\nu}(\boldsymbol{a})), (a_{\mu\nu}(\boldsymbol{a}))$ 和函数 $V = V(\boldsymbol{a})$ 满足以下各式

$$F_\mu = -\frac{\partial V}{\partial a^\mu} + b_{\mu\nu}\frac{\partial V}{\partial a^\nu} \quad (\mu, \nu = 1, 2, \cdots, 2n) \tag{6.7.11}$$

$$F_\mu = -\frac{\partial V}{\partial a^\mu} + s_{\mu\nu}\frac{\partial V}{\partial a^\nu} \tag{6.7.12}$$

$$F_\mu = -\frac{\partial V}{\partial a^\mu} + a_{\mu\nu}\frac{\partial V}{\partial a^\nu} \tag{6.7.13}$$

$$F_\mu = b_{\mu\nu}\frac{\partial V}{\partial a^\nu} + s_{\mu\nu}\frac{\partial V}{\partial a^\nu} \tag{6.7.14}$$

$$F_\mu = b_{\mu\nu}\frac{\partial V}{\partial a^\nu} + a_{\mu\nu}\frac{\partial V}{\partial a^\nu} \tag{6.7.15}$$

$$F_\mu = a_{\mu\nu}\frac{\partial V}{\partial a^\nu} + s_{\mu\nu}\frac{\partial V}{\partial a^\nu} \tag{6.7.16}$$

那么它可分别成为组合梯度系统 I, II, III, IV, V, VI.

对系统 (6.7.9), 如果存在矩阵 $(b_{\mu\nu}(\boldsymbol{a})), (s_{\mu\nu}(\boldsymbol{a})), (a_{\mu\nu}(\boldsymbol{a}))$ 和函数 $V = V(\boldsymbol{a})$ 满足以下各式

$$\omega^{\mu\nu}\frac{\partial H}{\partial a^\nu} + P_\mu = -\frac{\partial V}{\partial a^\mu} + b_{\mu\nu}\frac{\partial V}{\partial a^\nu} \quad (\mu, \nu = 1, 2, \cdots, 2n) \tag{6.7.17}$$

$$\omega^{\mu\nu}\frac{\partial H}{\partial a^\nu} + P_\mu = -\frac{\partial V}{\partial a^\mu} + s_{\mu\nu}\frac{\partial V}{\partial a^\nu} \tag{6.7.18}$$

$$\omega^{\mu\nu}\frac{\partial H}{\partial a^\nu} + P_\mu = -\frac{\partial V}{\partial a^\mu} + a_{\mu\nu}\frac{\partial V}{\partial a^\nu} \tag{6.7.19}$$

$$\omega^{\mu\nu}\frac{\partial H}{\partial a^\nu} + P_\mu = b_{\mu\nu}\frac{\partial V}{\partial a^\nu} + s_{\mu\nu}\frac{\partial V}{\partial a^\nu} \tag{6.7.20}$$

$$\omega^{\mu\nu}\frac{\partial H}{\partial a^\nu} + P_\mu = b_{\mu\nu}\frac{\partial V}{\partial a^\nu} + a_{\mu\nu}\frac{\partial V}{\partial a^\nu} \tag{6.7.21}$$

$$\omega^{\mu\nu}\frac{\partial H}{\partial a^\nu} + P_\mu = a_{\mu\nu}\frac{\partial V}{\partial a^\nu} + s_{\mu\nu}\frac{\partial V}{\partial a^\nu} \tag{6.7.22}$$

那么它可分别成为组合梯度系统 I, II, III, IV, V, VI.

6.7.3 解及其稳定性

相对运动动力学系统的组合梯度表示, 需要求出各矩阵 $(b_{\mu\nu}(\boldsymbol{a})), (s_{\mu\nu}(\boldsymbol{a})), (a_{\mu\nu}(\boldsymbol{a}))$ 以及函数 $V=V(\boldsymbol{a})$, 并尽可能地使 V 在解的邻域内正定. 化成组合梯度系统后, 便可利用组合梯度系统的性质来研究这类力学系统的解及其稳定性.

6.7.4 应用举例

例 1 单自由度相对运动动力学系统为

$$\begin{aligned}&T_r=\frac{1}{2}\dot{q}^2\\&V^\omega+V=-2\cos^2 q,\quad V^0=Q^{\dot{\omega}}=\varGamma=0\\&Q=\dot{q}(2\sin^2 q-2\cos^2 q-1)\end{aligned}\tag{6.7.23}$$

其中量已无量纲化, 试将其化成组合梯度系统.

解 微分方程为

$$\ddot{q}=-4\sin q\cos q+\dot{q}(2\sin^2 q-2\cos^2 q-1)$$

令

$$\begin{aligned}&a^1=q\\&a^2=\dot{q}+2\sin q\cos q\end{aligned}$$

则有

$$\begin{aligned}&\dot{a}^1=a^2-2\sin a^1\cos a^1\\&\dot{a}^2=-a^2-2\sin a^1\cos a^1\end{aligned}$$

它可写成如下形式

$$\begin{pmatrix}\dot{a}^1\\\dot{a}^2\end{pmatrix}=\left(\begin{pmatrix}-1&0\\0&-1\end{pmatrix}+\begin{pmatrix}0&1\\-1&0\end{pmatrix}\right)\begin{pmatrix}\dfrac{\partial V}{\partial a^1}\\\dfrac{\partial V}{\partial a^2}\end{pmatrix}$$

其中矩阵为由通常梯度的和斜梯度的组合而成, 是负定的, 而函数 V 为

$$V=\sin^2 a^1+\frac{1}{2}(a^2)^2$$

这是一个组合梯度系统 I. 函数 V 在 $a^1=a^2=0$ 的邻域内正定, 因此, 零解 $a^1=a^2=0$ 是渐近稳定的.

例 2 相对运动动力学系统为

$$
\begin{aligned}
&T_r = \frac{1}{2}\dot{q}^2, \quad V^\omega + V = 9q^2 + 4q^3 \\
&V^0 = Q^{\dot{\omega}} = \Gamma = 0, \quad Q = -10\dot{q} - 4q\dot{q}
\end{aligned}
\tag{6.7.24}
$$

试将其化成组合梯度系统.

解 微分方程为

$$
\ddot{q} = -18q - 12q^2 - 10\dot{q} - 4q\dot{q}
$$

令

$$
\begin{aligned}
a^1 &= q \\
a^2 &= \frac{1}{2}(\dot{q} + 4q + 2q^2)
\end{aligned}
$$

则有

$$
\begin{aligned}
\dot{a}^1 &= 2a^2 - 4a^1 - 2(a^1)^2 \\
\dot{a}^2 &= 3a^1 - 6a^2
\end{aligned}
$$

它可写成形式

$$
\begin{pmatrix} \dot{a}^1 \\ \dot{a}^2 \end{pmatrix} = \left(\begin{pmatrix} -1 & 0 \\ 0 & -1 \end{pmatrix} + \begin{pmatrix} -1 & 0 \\ 0 & -2 \end{pmatrix} \right) \begin{pmatrix} \dfrac{\partial V}{\partial a^1} \\ \dfrac{\partial V}{\partial a^2} \end{pmatrix}
$$

其中矩阵为通常梯度的和对称负定的组合而成, 是对称负定的, 而函数 V 为

$$
V = (a^1)^2 + (a^2)^2 - a^1 a^2 + \frac{1}{3}(a^1)^3
$$

这是一个组成梯度系统Ⅱ. V 在 $a^1 = a^2 = 0$ 的邻域内正定, 因此, 零解 $a^1 = a^2 = 0$ 是渐近稳定的.

例 3 相对运动动力学系统为

$$
\begin{aligned}
&T_r = \frac{1}{2}\dot{q}^2, \quad V + V^\omega = \int q \exp q \mathrm{d}q + \frac{1}{2}\int q^2 \exp q \mathrm{d}q \\
&Q^{\dot{\omega}} = \Gamma = V^0 = 0, \quad Q = -\dot{q}
\end{aligned}
\tag{6.7.25}
$$

试将其化成组合梯度系统.

解 微分方程为

$$
\ddot{q} = -q \exp q - \frac{1}{2}q^2 \exp q - \dot{q}
$$

令

$$a^1 = q$$
$$a^2 = -\dot{q}$$

则有

$$\dot{a}^1 = -a^2$$
$$\dot{a}^2 = a^1 \exp a^1 + \frac{1}{2}(a^1)^2 \exp a^1 - a^2$$

它可写成形式

$$\begin{pmatrix} \dot{a}^1 \\ \dot{a}^2 \end{pmatrix} = \left(\begin{pmatrix} 0 & -1 \\ 1 & 0 \end{pmatrix} + \begin{pmatrix} 0 & 0 \\ 0 & -1 \end{pmatrix} \right) \begin{pmatrix} \dfrac{\partial V}{\partial a^1} \\ \dfrac{\partial V}{\partial a^2} \end{pmatrix}$$

其中矩阵由斜梯度的和半负定的组合而成, 是半负定的, 而函数 V 为

$$V = \frac{1}{2}(a^1)^2 \exp a^1 + \frac{1}{2}(a^2)^2$$

这是一个组合梯度系统V. V 在 $a^1 = a^2 = 0$ 的邻域内正定, 因此, 解 $a^1 = a^2 = 0$ 是稳定的.

6.8 变质量力学系统与组合梯度系统

本节研究变质量完整系统的组合梯度表示, 给出系统成为组合梯度系统的条件, 化成梯度系统后便可利用其性质来研究这类力学系统的解的稳定性.

6.8.1 系统的运动微分方程

变质量系统的 Lagrange 方程有形式 [3]

$$\frac{\mathrm{d}}{\mathrm{d}t}\frac{\partial L}{\partial \dot{q}_s} - \frac{\partial L}{\partial q_s} = Q_s + P_s \quad (s = 1, 2, \cdots, n) \tag{6.8.1}$$

其中 $L = L(t, \boldsymbol{q}, \dot{\boldsymbol{q}})$ 为系统的 Lagrange 函数, $Q_s = Q_s(t, \boldsymbol{q}, \dot{\boldsymbol{q}})$ 为非势广义力, P_s 为广义反推力, 在假设 $m_i = m_i(t)$ 下有形式

$$P_s = (\boldsymbol{R}_i + \dot{m}_i \dot{\boldsymbol{r}}_i) \cdot \frac{\partial \boldsymbol{r}_i}{\partial q_s} \tag{6.8.2}$$

其中 $\boldsymbol{R}_i$ 为反推力

$$\boldsymbol{R}_i = \dot{m}_i \boldsymbol{u}_i \tag{6.8.3}$$

而 $\boldsymbol{u}_i$ 为由质量分离 (或併入) 的微粒相对质点的速度. 假设系统非奇异, 即设

$$\det\left(\frac{\partial^2 L}{\partial \dot{q}_s \partial \dot{q}_k}\right) \neq 0 \tag{6.8.4}$$

则由方程 (6.8.1) 可解出所有广义加速度, 记作

$$\ddot{q}_s = \alpha_s(t, \boldsymbol{q}, \dot{\boldsymbol{q}}) \quad (s = 1, 2, \cdots, n) \tag{6.8.5}$$

令

$$a^s = q_s, \quad a^{n+s} = \dot{q}_s \quad (s = 1, 2, \cdots, n) \tag{6.8.6}$$

则方程 (6.8.5) 可写成一阶形式

$$\dot{a}^\mu = F_\mu(t, \boldsymbol{a}) \quad (\mu = 1, 2, \cdots, 2n) \tag{6.8.7}$$

其中

$$F_s = a^{n+s}, \quad F_{n+s} = \alpha_s \tag{6.8.8}$$

6.8.2 系统的组合梯度表示

假设系统 (6.8.7) 不含时间 t. 一般说, 系统 (6.8.7) 不是组合梯度系统. 如果存在矩阵 $(b_{\mu\nu}(\boldsymbol{a})), (s_{\mu\nu}(\boldsymbol{a})), (a_{\mu\nu}(\boldsymbol{a}))$ 和函数 $V = V(\boldsymbol{a})$ 满足以下各式

$$F_\mu = -\frac{\partial V}{\partial a^\mu} + b_{\mu\nu}\frac{\partial V}{\partial a^\nu} \quad (\mu, \nu = 1, 2, \cdots, 2n) \tag{6.8.9}$$

$$F_\mu = -\frac{\partial V}{\partial a^\mu} + s_{\mu\nu}\frac{\partial V}{\partial a^\nu} \tag{6.8.10}$$

$$F_\mu = -\frac{\partial V}{\partial a^\mu} + a_{\mu\nu}\frac{\partial V}{\partial a^\nu} \tag{6.8.11}$$

$$F_\mu = b_{\mu\nu}\frac{\partial V}{\partial a^\nu} + s_{\mu\nu}\frac{\partial V}{\partial a^\nu} \tag{6.8.12}$$

$$F_\mu = b_{\mu\nu}\frac{\partial V}{\partial a^\nu} + a_{\mu\nu}\frac{\partial V}{\partial a^\nu} \tag{6.8.13}$$

$$F_\mu = a_{\mu\nu}\frac{\partial V}{\partial a^\nu} + s_{\mu\nu}\frac{\partial V}{\partial a^\nu} \tag{6.8.14}$$

那么它可分别成为组合梯度系统 Ⅰ, Ⅱ, Ⅲ, Ⅳ, Ⅴ, Ⅵ.

容易看出, 对变质量系统的组合梯度表示要比常质量系统的困难得多.

6.8.3 解及其稳定性

化成组合梯度系统后, 便可利用组合梯度系统的性质来研究变质量系统的解及其稳定性.

6.8.4 应用举例

例　研究变质量质点的一维运动, 其动能为 $T=\frac{1}{2}m\dot{q}^2$, 质量变化规律为

$$m=m_0\exp(-t)$$

微粒分离的绝对速度为零, 所受广义力为

$$Q=m(-2q-3\dot{q})$$

试列写系统的运动微分方程, 并将其化成组合梯度系统.

解　微分方程为

$$\frac{\mathrm{d}}{\mathrm{d}t}(m\dot{q})=-m(2q+3\dot{q})$$

将 m 代入上式, 得

$$\ddot{q}=-2q-2\dot{q}$$

令

$$\begin{aligned}a^1&=q\\a^2&=-q-\dot{q}\end{aligned}$$

则有

$$\begin{aligned}\dot{a}^1&=-a^1-a^2\\\dot{a}^2&=a^1-a^2\end{aligned}$$

它可写成形式

$$\begin{pmatrix}\dot{a}^1\\\dot{a}^2\end{pmatrix}=\left(\begin{pmatrix}-1&0\\0&-1\end{pmatrix}+\begin{pmatrix}0&-1\\1&0\end{pmatrix}\right)\begin{pmatrix}\dfrac{\partial V}{\partial a^1}\\\dfrac{\partial V}{\partial a^2}\end{pmatrix}$$

其中矩阵为通常梯度的和斜梯度的组合而成, 是负定的, 而函数 V 为

$$V=\frac{1}{2}(a^1)^2+\frac{1}{2}(a^2)^2$$

这是一个组合梯度系统 I. V 在 $a^1=a^2=0$ 的邻域内正定, 因此, 零解 $a^1=a^2=0$ 是渐近稳定的.

6.9 事件空间中动力学系统与组合梯度系统

本节研究事件空间中完整系统的组合梯度表示, 给出系统成为组合梯度系统的条件, 化成组合梯度系统后便可利用其性质来研究这类力学系统的解及其稳定性.

6.9.1 系统的运动微分方程

研究受有双面理想完整约束的力学系统, 其位形由 n 个广义坐标 $q_s(s=1,2,\cdots,n)$ 来确定. 构造事件空间, 其点的坐标为 q_s 和 t. 引入记号

$$x_s=q_s,\quad x_{n+1}=t\quad(s=1,2,\cdots,n) \tag{6.9.1}$$

令 $x_\alpha=x_\alpha(\tau)$ 是 C^2 类曲线, 使得

$$\frac{\mathrm{d}x_\alpha}{\mathrm{d}\tau}=x'_\alpha\quad(\alpha=1,2,\cdots,n+1) \tag{6.9.2}$$

不同时为零, 有

$$\dot{x}_\alpha=\frac{\mathrm{d}x_\alpha}{\mathrm{d}t}=\frac{x'_\alpha}{x'_{n+1}}\quad(\alpha=1,2,\cdots,n+1) \tag{6.9.3}$$

对给定的 Lagrange 函数 $L=L(q_s,t,\dot{q}_s)$, 事件空间中参数形式的 Lagrange 函数 Λ 为

$$\Lambda(x_\alpha,x'_\alpha)=x'_{n+1}L\left(x_1,x_2,\cdots,x_{n+1},\frac{x'_1}{x'_{n+1}},\frac{x'_2}{x'_{n+1}},\cdots,\frac{x'_n}{x'_{n+1}}\right) \tag{6.9.4}$$

对给定的广义力 $Q_s=Q_s\left(q_k,t,\dot{q}_k\right)$, 事件空间中的广义力 P_α 由下式确定 [2]

$$\begin{aligned}&P_s(x_\alpha,x'_\alpha)=x'_{n+1}Q_s\left(x_1,x_2,\cdots,x_{n+1},\frac{x'_1}{x'_{n+1}},\frac{x'_2}{x'_{n+1}},\cdots,\frac{x'_n}{x'_{n+1}}\right)\\&P_{n+1}(x_\alpha,x'_\alpha)\overset{\mathrm{def}}{=}Q_sx'_s\end{aligned} \tag{6.9.5}$$

事件空间中完整系统的运动微分方程为

$$\frac{\mathrm{d}}{\mathrm{d}\tau}\frac{\partial\Lambda}{\partial x'_\alpha}-\frac{\partial\Lambda}{\partial x_\alpha}=P_\alpha\quad(\alpha=1,2,\cdots,n+1) \tag{6.9.6}$$

注意到, (6.9.6) 中 $n+1$ 个方程不是彼此独立的. 因参数 τ 可任意选取, 当方程中不出现 x_{n+1} 时, 取 $x_{n+1}=\tau$ 会带来方便. 此时有

$$\frac{x'_s}{x'_{n+1}}=\frac{\mathrm{d}x_s}{\mathrm{d}x_{n+1}},\quad\frac{\mathrm{d}}{\mathrm{d}\tau}\left(\frac{x'_s}{x'_{n+1}}\right)=\frac{\mathrm{d}^2x_s}{\mathrm{d}x_{n+1}^2} \tag{6.9.7}$$

假设由式 (6.9.6) 的前 n 个方程可解出 $\mathrm{d}^2x_s/\mathrm{d}x_{n+1}^2$, 记作

$$\frac{\mathrm{d}^2x_s}{\mathrm{d}x_{n+1}^2}=G_s\left(x_k,\frac{\mathrm{d}x_k}{\mathrm{d}x_{n+1}}\right)\quad(s,k=1,2,\cdots,n) \tag{6.9.8}$$

取记号

$$a^{\mu*}=\frac{\mathrm{d}a^\mu}{\mathrm{d}x_{n+1}} \tag{6.9.9}$$

则方程 (6.9.8) 可写成一阶形式

$$a^{\mu *} = H_\mu(\boldsymbol{a}) \quad (\mu = 1, 2, \cdots, 2n) \tag{6.9.10}$$

其中

$$\begin{aligned} &a^s = x_s, \quad a^{n+s} = a^{s*} \\ &H_s = a^{n+s}, \quad H_{n+s} = G_s \end{aligned} \tag{6.9.11}$$

6.9.2 系统的组合梯度表示

系统 (6.9.10) 一般不能成为组合梯度系统. 如果存在矩阵 $(b_{\mu\nu}(\boldsymbol{a})), (s_{\mu\nu}(\boldsymbol{a}))$, $(a_{\mu\nu}(\boldsymbol{a}))$ 和函数 $V = V(\boldsymbol{a})$ 满足以下各式

$$H_\mu = -\frac{\partial V}{\partial a^\mu} + b_{\mu\nu}\frac{\partial V}{\partial a^\nu} \quad (\nu, \mu = 1, 2, \cdots, 2n) \tag{6.9.12}$$

$$H_\mu = -\frac{\partial V}{\partial a^\mu} + s_{\mu\nu}\frac{\partial V}{\partial a^\nu} \tag{6.9.13}$$

$$H_\mu = -\frac{\partial V}{\partial a^\mu} + a_{\mu\nu}\frac{\partial V}{\partial a^\nu} \tag{6.9.14}$$

$$H_\mu = b_{\mu\nu}\frac{\partial V}{\partial a^\nu} + s_{\mu\nu}\frac{\partial V}{\partial a^\nu} \tag{6.9.15}$$

$$H_\mu = b_{\mu\nu}\frac{\partial V}{\partial a^\nu} + a_{\mu\nu}\frac{\partial V}{\partial a^\nu} \tag{6.9.16}$$

$$H_\mu = a_{\mu\nu}\frac{\partial V}{\partial a^\nu} + s_{\mu\nu}\frac{\partial V}{\partial a^\nu} \tag{6.9.17}$$

那么它可分别成为组合梯度系统 Ⅰ, Ⅱ, Ⅲ, Ⅳ, Ⅴ, Ⅵ.

6.9.3 解及其稳定性

将力学系统化成组合梯度系统, 一方面要找到矩阵 $(b_{\mu\nu}(\boldsymbol{a})), (s_{\mu\nu}(\boldsymbol{a})), (a_{\mu\nu}(\boldsymbol{a}))$, 另一方面还要找到函数 $V = V(\boldsymbol{a})$, 并使其为 Lyapunov 函数, 因此, 这是很困难的问题. 一旦化成组合梯度系统, 便可利用其性质来研究这类力学系统的解及其稳定性.

6.9.4 应用举例

例 1　二自由度系统在位形空间中的 Lagrange 函数和广义力分别为

$$\begin{aligned} &L = \frac{1}{2}(\dot{q}_1^2 + \dot{q}_2^2) - q_1^2 \\ &Q_1 = -3\dot{q}_1, \quad Q_2 = -2\dot{q}_2 \end{aligned} \tag{6.9.18}$$

试研究事件空间中系统的组合梯度表示.

解 令

$$x_1 = q_1$$
$$x_2 = q_2$$
$$x_3 = t$$

则事件空间中的 Lagrange 函数和广义力分别为

$$\Lambda = \frac{1}{2}\left[\frac{1}{x_3'}((x_1')^2 + (x_2')^2)\right] - x_3' x_1^2$$
$$P_1 = -3x_1', \quad P_2 = -2x_2'$$

式 (6.9.6) 的前两个方程为

$$\left(\frac{x_1'}{x_3'}\right)' = -2x_3' x_1 - 3x_1', \quad \left(\frac{x_2'}{x_3'}\right)' = -2x_2'$$

取 $x_3 = \tau$, 则有

$$x_1'' = -2x_1 - 3x_1'$$
$$x_2'' = -2x_2'$$

现将第一个方程化成组合梯度系统. 令

$$a^1 = x_1$$
$$a^3 = -3x_1 - x_1'$$

则有

$$(a^1)' = -3a^1 - a^3$$
$$(a^3)' = 2a^1$$

它可写成形式

$$\begin{pmatrix} (a^1)' \\ (a^3)' \end{pmatrix} = \left(\begin{pmatrix} -1 & 0 \\ 0 & -1 \end{pmatrix} + \begin{pmatrix} 0 & -1 \\ 1 & 0 \end{pmatrix}\right)\begin{pmatrix} \dfrac{\partial V}{\partial a^1} \\ \dfrac{\partial V}{\partial a^3} \end{pmatrix}$$

其中矩阵为由通常梯度的和斜梯度的组合而成, 是负定的, 而函数 V 为

$$V = \frac{5}{4}(a^1)^2 + \frac{1}{4}(a^3)^2 + \frac{1}{2}a^1 a^3$$

这是一个组合梯度系统 I. V 在 $a^1 = a^3 = 0$ 的邻域内正定, 因此, 解 $a^1 = a^3 = 0$ 对变量 τ 是渐近稳定的.

对第二个方程, 令

$$
\begin{aligned}
a^2 &= x_2 \\
a^4 &= x_2 + x_2'
\end{aligned}
$$

则有

$$
\begin{pmatrix} (a^2)' \\ (a^4)' \end{pmatrix} = \begin{pmatrix} -1 & 1 \\ 1 & -1 \end{pmatrix} \begin{pmatrix} \dfrac{\partial V}{\partial a^2} \\ \dfrac{\partial V}{\partial a^4} \end{pmatrix}
$$

其中

$$
V = \frac{1}{2}(a^2)^2 + \frac{1}{2}(a^4)^2
$$

这是一个具有半负定矩阵的梯度系统, 解 $a^2 = a^4 = 0$ 对变量 τ 是稳定的.

例 2 二自由度系统在位形空间中的 Lagrange 函数和广义力分别为

$$
\begin{aligned}
&L = \frac{1}{2}(\dot{q}_1^2 + \dot{q}_2^2) \\
&Q_1 = -10F(q_1) - 2\dot{q}_1[3 + F'(q_1)], \quad Q_2 = -2\dot{q}_2 \\
&F(q_1) = 2q_1(2 + \sin q_1) + q_1^2 \cos q_1
\end{aligned} \tag{6.9.19}
$$

试在事件空间中研究它的组合梯度表示.

解 事件空间中的 Lagrange 函数和广义力分别为

$$
\begin{aligned}
&\Lambda = \frac{1}{2}\left[\frac{1}{x_3'}((x_1')^2 + (x_2')^2)\right] \\
&P_1 = x_3'[-10F(x_1)] - 2x_1'[3 + F'(x_1)], \quad P_2 = -2x_2'
\end{aligned}
$$

式 (6.9.6) 的前两个方程为

$$
\begin{aligned}
&\left(\frac{x_1'}{x_3'}\right)' = x_3'[-10F(x_1)] - 2x_1'[3 + F'(x_1)] \\
&\left(\frac{x_2'}{x_3'}\right)' = -2x_2'
\end{aligned}
$$

取 $x_3 = \tau$, 则有

$$
\begin{aligned}
x_1'' &= -10F(x_1) - 2x_1'[3 + F'(x_1)] \\
x_2'' &= -2x_2'
\end{aligned}
$$

现将第一个方程化成组合梯度系统. 令

$$a^1 = x_1$$
$$a^3 = \frac{1}{2}[x_1' + 2F(x_1)]$$

则有

$$(a^1)' = -2F(a^1) + 2a^3$$
$$(a^3)' = F(a^1) - 6a^3$$

它可写成形式

$$\begin{pmatrix} (a^1)' \\ (a^3)' \end{pmatrix} = \left(\begin{pmatrix} -1 & 0 \\ 0 & -1 \end{pmatrix} + \begin{pmatrix} -1 & 1 \\ 1 & -2 \end{pmatrix} \right) \begin{pmatrix} \dfrac{\partial V}{\partial a^1} \\ \dfrac{\partial V}{\partial a^3} \end{pmatrix}$$

其中矩阵为由通常梯度的和对称负定的组合而成, 是对称负定的, 而函数 V 为

$$V = (a^1)^2(2 + \sin a^1) + (a^3)^2$$

这是一个组合梯度系统Ⅱ. V 在 $a^1 = a^3 = 0$ 的邻域内正定, 因此, 零解 $a^1 = a^3 = 0$ 对变量 τ 是渐近稳定的.

6.10 Chetaev 型非完整系统与组合梯度系统

本节研究 Chetaev 型非完整系统的组合梯度表示, 得到系统成为组合梯度系统的条件. 化成组合梯度系统后, 可利用其性质来研究这类力学系统的解及其稳定性.

6.10.1 系统的运动微分方程

设系统的位形由 n 个广义坐标 q_s $(s = 1, 2, \cdots, n)$ 来确定, 它的运动受有 g 个双面理想定常 Chetaev 型非完整约束

$$f_\beta(\boldsymbol{q}, \dot{\boldsymbol{q}}) = 0 \quad (\beta = 1, 2, \cdots, g) \tag{6.10.1}$$

系统的运动微分方程有形式

$$\frac{\mathrm{d}}{\mathrm{d}t}\frac{\partial L}{\partial \dot{q}_s} - \frac{\partial L}{\partial q_s} = Q_s + \lambda_\beta \frac{\partial f_\beta}{\partial \dot{q}_s} \quad (s = 1, 2, \cdots, n) \tag{6.10.2}$$

其中 $L=L(\boldsymbol{q},\dot{\boldsymbol{q}})$ 为系统的 Lagrange 函数, $Q=Q_s(\boldsymbol{q},\dot{\boldsymbol{q}})$ 为非势广义力, λ_β 为约束乘子. 在运动微分方程积分之前, 可由方程 (6.10.1)、(6.10.2) 求出 λ_β 为 $\boldsymbol{q},\dot{\boldsymbol{q}}$ 的函数

$$\lambda_\beta=\lambda_\beta(\boldsymbol{q},\dot{\boldsymbol{q}}) \tag{6.10.3}$$

这里假设系统非奇异. 于是方程 (6.10.2) 可写成形式

$$\frac{\mathrm{d}}{\mathrm{d}t}\frac{\partial L}{\partial \dot{q}_s}-\frac{\partial L}{\partial q_s}=Q_s+\Lambda_s \quad (s=1,2,\cdots,n) \tag{6.10.4}$$

其中

$$\Lambda_s=\Lambda_s(\boldsymbol{q},\dot{\boldsymbol{q}})=\lambda_\beta(\boldsymbol{q},\dot{\boldsymbol{q}})\frac{\partial f_\beta}{\partial \dot{q}_s} \tag{6.10.5}$$

为广义非完整约束力. 称方程 (6.10.4) 为与非完整系统 (6.10.1)、(6.10.2) 相应的完整系统的方程. 如果运动的初始条件满足约束方程 (6.10.1), 那么相应完整系统的解就给出非完整系统的运动. 因此, 只需研究相应完整系统.

在非奇异假设下, 可由方程 (6.10.4) 解出所有广义加速度, 记作

$$\ddot{q}_s=\alpha_s(\boldsymbol{q},\dot{\boldsymbol{q}}) \quad (s=1,2,\cdots,n) \tag{6.10.6}$$

令

$$a^s=q_s,\quad a^{n+s}=\dot{q}_s \tag{6.10.7}$$

则方程 (6.10.6) 可写成一阶形式

$$\dot{a}^\mu=F_\mu(\boldsymbol{a}) \quad (\mu=1,2,\cdots,2n) \tag{6.10.8}$$

其中

$$F_s=a^{n+s},\quad F_{n+s}=\alpha_s \tag{6.10.9}$$

引进广义动量 p_s 和 Hamilton 函数 H

$$\begin{aligned} p_s&=\frac{\partial L}{\partial \dot{q}_s}\\ H&=p_s\dot{q}_s-L \end{aligned} \tag{6.10.10}$$

则方程 (6.10.4) 可用正则变量表示为

$$\dot{q}_s=\frac{\partial H}{\partial p_s},\quad \dot{p}_s=-\frac{\partial H}{\partial q_s}+\widetilde{Q}_s+\widetilde{\Lambda}_s \quad (s=1,2,\cdots,n) \tag{6.10.11}$$

其中 $\widetilde{Q}_s$ 和 $\widetilde{\Lambda}_s$ 为用正则变量表示的 Q_s 和 Λ_s. 进而, 方程 (6.10.11) 还可写成如下形式

$$\dot{a}^\mu=\omega^{\mu\nu}\frac{\partial H}{\partial a^\nu}+P_\mu \quad (\mu,\nu=1,2,\cdots,2n) \tag{6.10.12}$$

其中

$$
\begin{aligned}
& a^s = q_s, \quad a^{n+s} = p_s \\
& (\omega^{\mu\nu}) = \begin{pmatrix} 0_{n\times n} & 1_{n\times n} \\ -1_{n\times n} & 0_{n\times n} \end{pmatrix} \\
& P_s = 0, \quad P_{n+s} = \widetilde{Q}_s + \widetilde{\Lambda}_s
\end{aligned}
\tag{6.10.13}
$$

6.10.2 系统的组合梯度表示

系统 (6.10.8) 或系统 (6.10.12) 一般都不是组合梯度系统. 对系统 (6.10.8), 如果存在矩阵 $(b_{\mu\nu}(\boldsymbol{a})), (s_{\mu\nu}(\boldsymbol{a})), (a_{\mu\nu}(\boldsymbol{a}))$ 和函数 $V = V(\boldsymbol{a})$ 满足以下各式

$$
F_\mu = -\frac{\partial V}{\partial a^\mu} + b_{\mu\nu}\frac{\partial V}{\partial a^\nu} \quad (\mu, \nu = 1, 2, \cdots, 2n) \tag{6.10.14}
$$

$$
F_\mu = -\frac{\partial V}{\partial a^\mu} + s_{\mu\nu}\frac{\partial V}{\partial a^\nu} \tag{6.10.15}
$$

$$
F_\mu = -\frac{\partial V}{\partial a^\mu} + a_{\mu\nu}\frac{\partial V}{\partial a^\nu} \tag{6.10.16}
$$

$$
F_\mu = b_{\mu\nu}\frac{\partial V}{\partial a^\nu} + s_{\mu\nu}\frac{\partial V}{\partial a^\nu} \tag{6.10.17}
$$

$$
F_\mu = b_{\mu\nu}\frac{\partial V}{\partial a^\nu} + a_{\mu\nu}\frac{\partial V}{\partial a^\nu} \tag{6.10.18}
$$

$$
F_\mu = a_{\mu\nu}\frac{\partial V}{\partial a^\nu} + s_{\mu\nu}\frac{\partial V}{\partial a^\nu} \tag{6.10.19}
$$

那么它可分别成为组合梯度系统 I, II, III, IV, V, VI.

对系统 (6.10.12), 如果存在矩阵 $(b_{\mu\nu}(\boldsymbol{a})), (s_{\mu\nu}(\boldsymbol{a})), (a_{\mu\nu}(\boldsymbol{a}))$ 和函数 $V = V(\boldsymbol{a})$ 满足以下各式

$$
\omega^{\mu\nu}\frac{\partial H}{\partial a^\nu} + P_\mu = -\frac{\partial V}{\partial a^\mu} + b_{\mu\nu}\frac{\partial V}{\partial a^\nu} \quad (\mu, \nu = 1, 2, \cdots, 2n) \tag{6.10.20}
$$

$$
\omega^{\mu\nu}\frac{\partial H}{\partial a^\nu} + P_\mu = -\frac{\partial V}{\partial a^\mu} + s_{\mu\nu}\frac{\partial V}{\partial a^\nu} \tag{6.10.21}
$$

$$
\omega^{\mu\nu}\frac{\partial H}{\partial a^\nu} + P_\mu = -\frac{\partial V}{\partial a^\mu} + a_{\mu\nu}\frac{\partial V}{\partial a^\nu} \tag{6.10.22}
$$

$$
\omega^{\mu\nu}\frac{\partial H}{\partial a^\nu} + P_\mu = b_{\mu\nu}\frac{\partial V}{\partial a^\nu} + s_{\mu\nu}\frac{\partial V}{\partial a^\nu} \tag{6.10.23}
$$

$$
\omega^{\mu\nu}\frac{\partial H}{\partial a^\nu} + P_\mu = b_{\mu\nu}\frac{\partial V}{\partial a^\nu} + a_{\mu\nu}\frac{\partial V}{\partial a^\nu} \tag{6.10.24}
$$

$$
\omega^{\mu\nu}\frac{\partial H}{\partial a^\nu} + P_\mu = a_{\mu\nu}\frac{\partial V}{\partial a^\nu} + s_{\mu\nu}\frac{\partial V}{\partial a^\nu} \tag{6.10.25}
$$

那么它可分别成为组合梯度系统 I, II, III, IV, V, VI.

6.10.3　解及其稳定性

Chetaev 型非完整系统化成组合梯度系统后, 便可利用组合梯度系统的性质来研究这类力学系统的解及其稳定性.

6.10.4　应用举例

例 1　非完整系统为

$$\begin{aligned} &L=\frac{1}{2}(\dot{q}_1^2+\dot{q}_2^2)\\ &Q_1=-8\dot{q}_1-12q_1,\quad Q_2=-\dot{q}_2\\ &f=\dot{q}_1+\dot{q}_2+q_2=0 \end{aligned}\tag{6.10.26}$$

其中各量已无量纲化. 试将其化成组合梯度系统.

解　方程 (6.10.2) 给出

$$\begin{aligned} \ddot{q}_1&=-8\dot{q}_1-12q_1+\lambda\\ \ddot{q}_2&=-\dot{q}_2+\lambda \end{aligned}$$

可解得

$$\lambda=4\dot{q}_1+6q_1$$

代入得相应完整系统的方程

$$\begin{aligned} \ddot{q}_1&=-4\dot{q}_1-6q_1\\ \ddot{q}_2&=-\dot{q}_2+4\dot{q}_1+6q_1 \end{aligned}$$

现将第一个方程化成组合梯度系统. 令

$$\begin{aligned} a^1&=q_1\\ a^2&=q_1+\dot{q}_1 \end{aligned}$$

则有

$$\begin{aligned} \dot{a}^1&=-a^1+a^2\\ \dot{a}^2&=-3a^1-3a^2 \end{aligned}$$

它可写成形式

$$\begin{pmatrix}\dot{a}^1\\ \dot{a}^2\end{pmatrix}=\left(\begin{pmatrix}-1&0\\0&-1\end{pmatrix}+\begin{pmatrix}0&1\\-1&0\end{pmatrix}\right)\begin{pmatrix}\dfrac{\partial V}{\partial a^1}\\ \dfrac{\partial V}{\partial a^2}\end{pmatrix}$$

其矩阵为由通常梯度的和斜梯度的组合而成, 是负定的, 而函数 V 为

$$V = (a^1)^2 + (a^2)^2 + a^1 a^2$$

这是一个组合梯度系统 I . V 在 $a^1 = a^2 = 0$ 的邻域内正定, 因此, 解 $a^1 = a^2 = 0$ 是渐近稳定的.

例 2 非完整系统为

$$\begin{aligned} &L = \frac{1}{2}(\dot{q}_1^2 + \dot{q}_2^2) \\ &Q_1 = (1 + q_1^2)(-5q_1 - 5\dot{q}_1), \quad Q_2 = -\dot{q}_2 - \dot{q}_1^2 \\ &f = q_1\dot{q}_1 + \dot{q}_2 + q_2 = 0 \end{aligned} \tag{6.10.27}$$

试将其化成组合梯度系统.

解 方程 (6.10.2) 给出

$$\begin{aligned} \ddot{q}_1 &= (1 + q_1^2)(-5q_1 - 5\dot{q}_1) + \lambda q_1 \\ \ddot{q}_2 &= -\dot{q}_2 - \dot{q}_1^2 + \lambda \end{aligned}$$

由此和约束方程求得

$$\lambda = q_1(5q_1 + 5\dot{q}_1)$$

相应完整系统的方程有形式

$$\begin{aligned} \ddot{q}_1 &= -5q_1 - 5\dot{q}_1 \\ \ddot{q}_2 &= q_1(5q_1 + 5\dot{q}_1) - \dot{q}_2 - \dot{q}_1^2 \end{aligned}$$

现将第一个方程化成组合梯度系统的方程. 令

$$\begin{aligned} a^1 &= q_1 \\ a^2 &= 2q_1 + \dot{q}_1 \end{aligned}$$

则有

$$\begin{aligned} \dot{a}^1 &= -2a^1 + a^2 \\ \dot{a}^2 &= a^1 - 3a^2 \end{aligned}$$

它可写成如下形式

$$\begin{pmatrix} \dot{a}^1 \\ \dot{a}^2 \end{pmatrix} = \left(\begin{pmatrix} -1 & 0 \\ 0 & -1 \end{pmatrix} + \begin{pmatrix} -1 & 1 \\ 1 & -2 \end{pmatrix} \right) \begin{pmatrix} \dfrac{\partial V}{\partial a^1} \\ \dfrac{\partial V}{\partial a^2} \end{pmatrix}$$

其中矩阵为由通常梯度的和对称负定的组合而成, 是对称负定的, 而函数 V 为

$$V = \frac{1}{2}(a^1)^2 + \frac{1}{2}(a^2)^2$$

这是一个组合梯度系统 II, 解 $a^1 = a^2 = 0$ 是渐近稳定的.

例 3 非完整系统为

$$\begin{aligned}
&L = \frac{1}{2}(\dot{q}_1^2 + \dot{q}_2^2) \\
&Q_1 = -20\dot{q}_1 - 18q_1, \quad Q_2 = -\dot{q}_2 \\
&f = \dot{q}_1 + \dot{q}_2 + q_2 = 0
\end{aligned} \tag{6.10.28}$$

试将其化成组合梯度系统.

解 方程 (6.10.2) 给出

$$\begin{aligned}
\ddot{q}_1 &= -20\dot{q}_1 - 18q_1 + \lambda \\
\ddot{q}_2 &= -\dot{q}_2 + \lambda
\end{aligned}$$

可解得

$$\lambda = 10\dot{q}_1 + 9q_1$$

于是有

$$\begin{aligned}
\ddot{q}_1 &= -10\dot{q}_1 - 9q_1 \\
\ddot{q}_2 &= -\dot{q}_2 + 10\dot{q}_1 + 9q_1
\end{aligned}$$

现将第一个方程化成组合梯度系统. 令

$$\begin{aligned}
a^1 &= q_1 \\
a^2 &= \frac{1}{4}(\dot{q}_1 + 5q_1)
\end{aligned}$$

则有

$$\begin{aligned}
\dot{a}^1 &= -5a^1 + 4a^2 \\
\dot{a}^2 &= 4a^1 - 5a^2
\end{aligned}$$

它可写成形式

$$\begin{pmatrix} \dot{a}^1 \\ \dot{a}^2 \end{pmatrix} = \left(\begin{pmatrix} -1 & 0 \\ 0 & -1 \end{pmatrix} + \begin{pmatrix} -1 & 1 \\ 1 & -1 \end{pmatrix} \right) \begin{pmatrix} \dfrac{\partial V}{\partial a^1} \\ \dfrac{\partial V}{\partial a^2} \end{pmatrix}$$

这是一个组合梯度系统III, 矩阵是对称负定的, 而函数 V 为

$$V = (a^1)^2 + (a^2)^2 - a^1 a^2$$

因此, 解 $a^1 = a^2 = 0$ 是渐近稳定的.

例 4 非完整系统为

$$\begin{aligned}
&L = \frac{1}{2}(\dot{q}_1^2 + \dot{q}_2^2)\\
&Q_1 = -16\dot{q}_1 - 48q_1 - 24q_1 \sin q_1 - 12q_1^2 \cos q_1\\
&\qquad -4\dot{q}_1 \sin q_1 - 8q_1\dot{q}_1 \cos q_1 + 2q_1^2\dot{q}_1 \sin q_1\\
&Q_2 = -\dot{q}_2\\
&f = \dot{q}_1 + \dot{q}_2 + q_2 = 0
\end{aligned} \tag{6.10.29}$$

试将其化成组合梯度系统.

解 方程 (6.10.2) 给出

$$\begin{aligned}
\ddot{q}_1 =& -16\dot{q}_1 - 48q_1 - 24q_1 \sin q_1 - 12q_1^2 \cos q_1 - 4\dot{q}_1 \sin q_1\\
& - 8q_1\dot{q}_1 \cos q_1 + 2q_1^2\dot{q}_1 \sin q_1 + \lambda\\
\ddot{q}_2 =& -\dot{q}_2 + \lambda
\end{aligned}$$

解得

$$\lambda = 8\dot{q}_1 + 24q_1 + 12q_1 \sin q_1 + 6q_1^2 \cos q_1 + 2\dot{q}_1 \sin q_1 + 4q_1\dot{q}_1 \cos q_1 - q_1^2\dot{q}_1 \sin q_1$$

于是有

$$\begin{aligned}
\ddot{q}_1 &= -8\dot{q}_1 - 24q_1 - 12q_1 \sin q_1 - 6q_1^2 \cos q_1 - 2\dot{q}_1 \sin q_1 - 4q_1\dot{q}_1 \cos q_1 + q_1^2\dot{q}_1 \sin q_1\\
\ddot{q}_2 &= -\dot{q}_2 + 8\dot{q}_1 + 24q_1 + 12q_1 \sin q_1 + 6q_1^2 \cos q_1 + 2\dot{q}_1 \sin q_1 + 4q_1\dot{q}_1 \cos q_1 - q_1^2\dot{q}_1 \sin q_1
\end{aligned}$$

令

$$\begin{aligned}
a^1 &= q_1\\
a^2 &= \frac{1}{2}[\dot{q}_1 + 2q_1(2 + \sin q_1) + q_1^2 \cos q_1]
\end{aligned}$$

则第一个方程为

$$\dot{a}^1 = -2a^1(2 + \sin a^1) - (a^1)^2 \cos a^1 + 2a^2$$

$$\dot{a}^2 = -2a^1(2 + \sin a^1) - (a^1)^2 \cos a^1 - 4a^2$$

它可写成形式

$$\begin{pmatrix} \dot{a}^1 \\ \dot{a}^2 \end{pmatrix} = \left(\begin{pmatrix} 0 & 1 \\ -1 & 0 \end{pmatrix} + \begin{pmatrix} -1 & 0 \\ 0 & -2 \end{pmatrix} \right) \begin{pmatrix} \dfrac{\partial V}{\partial a^1} \\ \dfrac{\partial V}{\partial a^2} \end{pmatrix}$$

这是一个组合梯度系统Ⅳ, 函数 V 为

$$V = (a^1)^2(2 + \sin a^1) + (a^2)^2$$

它在 $a^1 = a^2 = 0$ 的邻域内正定, 因此, 零解 $a^1 = a^2 = 0$ 是渐近稳定的.

例 5　非完整系统为

$$\begin{aligned} &L = \frac{1}{2}(\dot{q}_1^2 + \dot{q}_2^2) \\ &Q_1 = -6q_1 - 12\dot{q}_1 - 12q_1^2 - 12q_1\dot{q}_1, \quad Q_2 = -\dot{q}_2 \\ &f = \dot{q}_1 + \dot{q}_2 + q_2 = 0 \end{aligned} \tag{6.10.30}$$

试将其化成组合梯度系统.

解　方程 (6.10.2) 给出

$$\begin{aligned} \ddot{q}_1 &= -6q_1 - 12\dot{q}_1 - 12q_1^2 - 12q_1\dot{q}_1 + \lambda \\ \ddot{q}_2 &= -\dot{q}_2 + \lambda \end{aligned}$$

可解得

$$\lambda = 3q_1 + 6\dot{q}_1 + 6q_1^2 + 6q_1\dot{q}_1$$

于是, 相应完整系统的方程为

$$\begin{aligned} \ddot{q}_1 &= -3q_1 - 6\dot{q}_1 - 6q_1^2 - 6q_1\dot{q}_1 \\ \ddot{q}_2 &= -\dot{q}_2 + 3q_1 + 6\dot{q}_1 + 6q_1^2 + 6q_1\dot{q}_1 \end{aligned}$$

现将第一个方程化成组合梯度系统. 令

$$\begin{aligned} a^1 &= q_1 \\ a^2 &= \dot{q}_1 + 2q_1 + 3q_1^2 \end{aligned}$$

则有

$$\begin{aligned} \dot{a}^1 &= -2a^1 - 3(a^1)^2 + a^2 \\ \dot{a}^2 &= 5a^1 + 6(a^1)^2 - 4a^2 \end{aligned}$$

它可写成形式

$$\begin{pmatrix} \dot{a}^1 \\ \dot{a}^2 \end{pmatrix} = \left(\begin{pmatrix} 0 & -1 \\ 1 & 0 \end{pmatrix} + \begin{pmatrix} -1 & 1 \\ 1 & -1 \end{pmatrix} \right) \begin{pmatrix} \dfrac{\partial V}{\partial a^1} \\ \dfrac{\partial V}{\partial a^2} \end{pmatrix}$$

其中矩阵为由斜梯度的和半负定的组合而成, 是半负定的, 而函数 V 为

$$V = (a^1)^2 + (a^2)^2 - a^1 a^2 + (a^1)^3$$

这是一个组合梯度系统V. 函数 V 在 $a^1 = a^2 = 0$ 的邻域内正定, 因此, 零解 $a^1 = a^2 = 0$ 是稳定的.

例 6 非完整系统为

$$\begin{aligned} & L = \frac{1}{2}(\dot{q}_1^2 + \dot{q}_2^2) \\ & Q_1 = (1 + \sin^2 q_1)(-5\dot{q}_1 - 2q_1), \quad Q_2 = -\dot{q}_1 - \dot{q}_1^2 \cos q_1 \\ & f = \dot{q}_1 \sin q_1 + \dot{q}_2 + q_1 = 0 \end{aligned} \tag{6.10.31}$$

试将其化成组合梯度系统.

解 方程 (6.10.2) 给出

$$\begin{aligned} \ddot{q}_1 &= (1 + \sin^2 q_1)(-5\dot{q}_1 - 2q_1) + \lambda \sin q_1 \\ \ddot{q}_2 &= -\dot{q}_1 - \dot{q}_1^2 \cos q_1 + \lambda \end{aligned}$$

由此和约束方程解得约束乘子

$$\lambda = (5\dot{q}_1 + 2q_1) \sin q_1$$

相应完整系统的方程为

$$\begin{aligned} \ddot{q}_1 &= -5\dot{q}_1 - 2q_1 \\ \ddot{q}_2 &= (5\dot{q}_1 + 2q_1) \sin q_1 - \dot{q}_1 - \dot{q}_1^2 \cos q_1 \end{aligned}$$

现将第一个方程化成组合梯度系统. 令

$$\begin{aligned} a^1 &= q_1 \\ a^2 &= q_1 + \frac{1}{2}\dot{q}_1 \end{aligned}$$

则第一个方程写成一阶形式

$$\dot{a}^1 = -2a^1 + 2a^2$$

$$\dot{a}^2 = 2a^1 - 3a^2$$

它可写成形式

$$\begin{pmatrix} \dot{a}^1 \\ \dot{a}^2 \end{pmatrix} = \left(\begin{pmatrix} -1 & 1 \\ 1 & -1 \end{pmatrix} + \begin{pmatrix} -1 & 1 \\ 1 & -2 \end{pmatrix} \right) \begin{pmatrix} \dfrac{\partial V}{\partial a^1} \\ \dfrac{\partial V}{\partial a^2} \end{pmatrix}$$

其中矩阵为由半负定的和对称负定的组合而成, 是对称负定的, 而函数 V 为

$$V = \frac{1}{2}(a^1)^2 + \frac{1}{2}(a^2)^2$$

这是一个组合梯度系统Ⅵ. 因此, 零解 $a^1 = a^2 = 0$ 是渐近稳定的.

以上六例可以看出, 将一个二阶方程化成一阶方程, 再化成组合梯度系统的方程, 直接应用式 (6.10.14)~(6.10.25) 往往不能实现. 例 1~ 例 3, 例 6 属于 $a^1 = q_1, a^2 = Aq_1 + B\dot{q}_1$ 的形式; 例 4, 例 5 属于 $a^1 = q_1, a^2 = A(q_1) + B\dot{q}_1$ 的形式.

6.11 非 Chetaev 型非完整系统与组合梯度系统

本节研究非 Chetaev 型非完整系统的组合梯度表示, 得到系统成为组合梯度系统的条件. 化成组合梯度系统后, 便可利用其性质来研究这类力学系统的解及其稳定性.

6.11.1 系统的运动微分方程

设系统受有双面理想定常非 Chetaev 型非完整约束

$$f_\beta(\boldsymbol{q}, \dot{\boldsymbol{q}}) = 0 \quad (\beta = 1, 2, \cdots, g) \tag{6.11.1}$$

虚位移方程为

$$f_{\beta s}(\boldsymbol{q}, \dot{\boldsymbol{q}})\delta q_s = 0 \quad (\beta = 1, 2, \cdots, g; s = 1, 2, \cdots, n) \tag{6.11.2}$$

系统的运动微分方程有形式

$$\frac{\mathrm{d}}{\mathrm{d}t}\frac{\partial L}{\partial \dot{q}_s} - \frac{\partial L}{\partial q_s} = Q_s + \lambda_\beta f_{\beta s} \quad (s = 1, 2, \cdots, n) \tag{6.11.3}$$

其中 $L = L(\boldsymbol{q}, \dot{\boldsymbol{q}})$ 为系统的 Lagrange 函数, $Q_s = Q_s(\boldsymbol{q}, \dot{\boldsymbol{q}})$ 为非势广义力, λ_β 为约束乘子. 设系统非奇异, 即设

$$\det\left(\frac{\partial^2 L}{\partial \dot{q}_s \partial \dot{q}_k}\right) \neq 0 \tag{6.11.4}$$

则由方程 (6.11.1) 和 (6.11.3) 可求出 λ_β 为 $\boldsymbol{q},\dot{\boldsymbol{q}}$ 的函数, 这样, 方程 (6.11.3) 可写成形式

$$\frac{\mathrm{d}}{\mathrm{d}t}\frac{\partial L}{\partial \dot{q}_s}-\frac{\partial L}{\partial q_s}=Q_s+\Lambda_s \quad (s=1,2,\cdots,n) \tag{6.11.5}$$

其中

$$\Lambda_s=\Lambda_s(\boldsymbol{q},\dot{\boldsymbol{q}})=\lambda_\beta(\boldsymbol{q},\dot{\boldsymbol{q}})f_{\beta s} \tag{6.11.6}$$

称方程 (6.11.5) 为与非完整系统 (6.11.1)、(6.11.3) 相应的完整系统的方程. 如果运动的初始条件满足约束方程 (6.11.1), 那么相应完整系统的解就给出非完整系统的运动. 因此, 只需研究方程 (6.11.5). 在假设 (6.11.4) 下, 由方程 (6.11.5) 可解出所有广义加速度, 记作

$$\ddot{q}_s=\alpha_s(\boldsymbol{q},\dot{\boldsymbol{q}}) \quad (s=1,2,\cdots,n) \tag{6.11.7}$$

令

$$a^s=q_s, \quad a^{n+s}=\dot{q}_s \quad (s=1,2,\cdots,n) \tag{6.11.8}$$

则方程 (6.11.7) 可写成一阶形式

$$\dot{a}^\mu=F_\mu(\boldsymbol{a}) \quad (\mu=1,2,\cdots,2n) \tag{6.11.9}$$

其中

$$F_s=a^{n+s}, \quad F_{n+s}=\alpha_s \tag{6.11.10}$$

引进广义动量 p_s 和 Hamilton 函数 H

$$\begin{aligned} p_s&=\frac{\partial L}{\partial \dot{q}_s}\\ H&=p_s\dot{q}_s-L \end{aligned} \tag{6.11.11}$$

则方程 (6.11.5) 可写成如下一阶形式

$$\dot{a}^\mu=\omega^{\mu\nu}\frac{\partial H}{\partial a^\nu}+P_\mu \quad (\mu,\nu=1,2,\cdots,2n) \tag{6.11.12}$$

其中

$$\begin{aligned} &a^s=q_s, \quad a^{n+s}=p_s\\ &(\omega^{\mu\nu})=\begin{pmatrix} 0_{n\times n} & 1_{n\times n}\\ -1_{n\times n} & 0_{n\times n}\end{pmatrix}\\ &P_s=0, \quad P_{n+s}=\widetilde{Q}_s+\widetilde{\Lambda}_s \end{aligned} \tag{6.11.13}$$

这里 $\widetilde{Q}_s,\widetilde{\Lambda}_s$ 为用 $\boldsymbol{a}$ 表示的 Q_s,Λ_s.

注意到, 方程的一阶形式还有其他选择.

6.11.2 系统的组合梯度表示

系统 (6.11.9) 或系统 (6.11.12) 一般不能成为组合梯度系统. 对系统 (6.11.9), 如果存在矩阵 $(b_{\mu\nu}(\boldsymbol{a})),(s_{\mu\nu}(\boldsymbol{a})),(a_{\mu\nu}(\boldsymbol{a}))$ 和函数 $V=V(\boldsymbol{a})$ 满足以下各式

$$F_\mu=-\frac{\partial V}{\partial a^\mu}+b_{\mu\nu}\frac{\partial V}{\partial a^\nu}\quad(\mu,\nu=1,2,\cdots,2n)\tag{6.11.14}$$

$$F_\mu=-\frac{\partial V}{\partial a^\mu}+s_{\mu\nu}\frac{\partial V}{\partial a^\nu}\tag{6.11.15}$$

$$F_\mu=-\frac{\partial V}{\partial a^\mu}+a_{\mu\nu}\frac{\partial V}{\partial a^\nu}\tag{6.11.16}$$

$$F_\mu=b_{\mu\nu}\frac{\partial V}{\partial a^\nu}+s_{\mu\nu}\frac{\partial V}{\partial a^\nu}\tag{6.11.17}$$

$$F_\mu=b_{\mu\nu}\frac{\partial V}{\partial a^\nu}+a_{\mu\nu}\frac{\partial V}{\partial a^\nu}\tag{6.11.18}$$

$$F_\mu=a_{\mu\nu}\frac{\partial V}{\partial a^\nu}+s_{\mu\nu}\frac{\partial V}{\partial a^\nu}\tag{6.11.19}$$

那么它可分别成为组合梯度系统 Ⅰ, Ⅱ, Ⅲ, Ⅳ, Ⅴ, Ⅵ.

对系统 (6.11.12), 如果存在矩阵 $(b_{\mu\nu}(\boldsymbol{a})),(s_{\mu\nu}(\boldsymbol{a})),(a_{\mu\nu}(\boldsymbol{a}))$ 和函数 $V=V(\boldsymbol{a})$ 满足以下各式

$$\omega^{\mu\nu}\frac{\partial H}{\partial a^\nu}+P_\mu=-\frac{\partial V}{\partial a^\mu}+b_{\mu\nu}\frac{\partial V}{\partial a^\nu}\quad(\mu,\nu=1,2,\cdots,2n)\tag{6.11.20}$$

$$\omega^{\mu\nu}\frac{\partial H}{\partial a^\nu}+P_\mu=-\frac{\partial V}{\partial a^\mu}+s_{\mu\nu}\frac{\partial V}{\partial a^\nu}\tag{6.11.21}$$

$$\omega^{\mu\nu}\frac{\partial H}{\partial a^\nu}+P_\mu=-\frac{\partial V}{\partial a^\mu}+a_{\mu\nu}\frac{\partial V}{\partial a^\nu}\tag{6.11.22}$$

$$\omega^{\mu\nu}\frac{\partial H}{\partial a^\nu}+P_\mu=b_{\mu\nu}\frac{\partial V}{\partial a^\nu}+s_{\mu\nu}\frac{\partial V}{\partial a^\nu}\tag{6.11.23}$$

$$\omega^{\mu\nu}\frac{\partial H}{\partial a^\nu}+P_\mu=b_{\mu\nu}\frac{\partial V}{\partial a^\nu}+a_{\mu\nu}\frac{\partial V}{\partial a^\nu}\tag{6.11.24}$$

$$\omega^{\mu\nu}\frac{\partial H}{\partial a^\nu}+P_\mu=a_{\mu\nu}\frac{\partial V}{\partial a^\nu}+s_{\mu\nu}\frac{\partial V}{\partial a^\nu}\tag{6.11.25}$$

那么它可分别成为组合梯度系统 Ⅰ, Ⅱ, Ⅲ, Ⅳ, Ⅴ, Ⅵ.

如果式 (6.11.14)~(6.11.25) 不满足, 还不能断定它不是组合梯度系统, 因为这与方程的一阶形式选取相关. 可以选其他一阶形式, 使其成为组合梯度系统.

6.11.3 解及其稳定性

组合梯度系统的矩阵或是对称负定的, 或是负定的, 或是半负定的. 化成组合梯度系统后, 如果函数 V 可成为 Lyapunov 函数, 那么系统的解或是渐近稳定的, 或是稳定的.

6.11.4 应用举例

例 1 非 Chetaev 型非完整系统为

$$\begin{aligned}
&L = \frac{1}{2}(\dot{q}_1^2 + \dot{q}_2^2) \\
&Q_1 = 2q_1 + 2\dot{q}_1, \quad Q_2 = -\dot{q}_2 \\
&f = 2\dot{q}_1 + \dot{q}_2 + q_2 = 0, \quad \delta q_1 - \delta q_2 = 0
\end{aligned} \tag{6.11.26}$$

试将其化成组合梯度系统.

解 方程 (6.11.3) 给出

$$\begin{aligned}
&\ddot{q}_1 = 2q_1 + 2\dot{q}_1 + \lambda \\
&\ddot{q}_2 = -\dot{q}_2 - \lambda
\end{aligned}$$

可解得

$$\lambda = -4q_1 - 4\dot{q}_1$$

于是相应完整系统的方程为

$$\begin{aligned}
&\ddot{q}_1 = -2q_1 - 2\dot{q}_1 \\
&\ddot{q}_2 = -\dot{q}_2 + 4q_1 + 4\dot{q}_1
\end{aligned}$$

现将第一个方程化成组合梯度系统. 令

$$\begin{aligned}
&a^1 = q_1 \\
&a^3 = -q_1 - \dot{q}_1
\end{aligned}$$

则有

$$\begin{aligned}
&\dot{a}^1 = -a^1 - a^3 \\
&\dot{a}^3 = a^1 - a^3
\end{aligned}$$

它可写成如下形式

$$\begin{pmatrix} \dot{a}^1 \\ \dot{a}^3 \end{pmatrix} = \left(\begin{pmatrix} -1 & 0 \\ 0 & -1 \end{pmatrix} + \begin{pmatrix} 0 & -1 \\ 1 & 0 \end{pmatrix} \right) \begin{pmatrix} \dfrac{\partial V}{\partial a^1} \\ \dfrac{\partial V}{\partial a^3} \end{pmatrix}$$

其中矩阵为由通常梯度的和斜梯度的组合而成, 是负定的, 而函数 V 为

$$V = \frac{1}{2}(a^1)^2 + \frac{1}{2}(a^3)^2$$

这是一个组合梯度系统 Ⅰ. V 在 $a^1=a^3=0$ 的邻域内正定, 因此, 零解 $a^1=a^3=0$ 是渐近稳定的.

例 2　非 Chetaev 型非完整系统为

$$\begin{aligned}&L=\frac{1}{2}(\dot{q}_1^2+\dot{q}_2^2)\\&Q_1=-\frac{1}{2}\dot{q}_1,\quad Q_2=-18\dot{q}_2-\frac{45}{2}q_2\\&f=2\dot{q}_1-\dot{q}_2+q_1=0,\quad \delta q_1-\delta q_2=0\end{aligned}\tag{6.11.27}$$

试将其化成组合梯度系统.

解　方程 (6.11.3) 给出

$$\begin{aligned}&\ddot{q}_1=-\frac{1}{2}\dot{q}_1+\lambda\\&\ddot{q}_2=-18\dot{q}_2-\frac{45}{2}q_2-\lambda\end{aligned}$$

由此和约束方程可求得

$$\lambda=-6\dot{q}_2-\frac{15}{2}q_2$$

于是, 相应完整系统的方程有形式

$$\begin{aligned}&\ddot{q}_1=-\frac{1}{2}\dot{q}_1-6\dot{q}_2-\frac{15}{2}q_2\\&\ddot{q}_2=-12\dot{q}_2-15q_2\end{aligned}$$

现将第二个方程化成组合梯度系统. 令

$$\begin{aligned}&a^1=q_2\\&a^2=\frac{1}{4}(\dot{q}_2+5q_2)\end{aligned}$$

则有

$$\begin{aligned}&\dot{a}^1=-5a^1+4a^2\\&\dot{a}^2=5a^1-7a^2\end{aligned}$$

它可写成如下形式

$$\begin{pmatrix}\dot{a}^1\\\dot{a}^2\end{pmatrix}=\left(\begin{pmatrix}-1&0\\0&-1\end{pmatrix}+\begin{pmatrix}-1&1\\1&-2\end{pmatrix}\right)\begin{pmatrix}\dfrac{\partial V}{\partial a^1}\\\dfrac{\partial V}{\partial a^2}\end{pmatrix}$$

其中矩阵为通常梯度的和对称负定的组合而成, 是对称负定的, 而函数 V 为

$$V=(a^1)^2+(a^2)^2-a^1a^2$$

这是一个组合梯度系统 II. V 在 $a^1=a^2=0$ 的邻域内是正定的, 因此, 零解 $a^1=a^2=0$ 是渐近稳定的.

例 3 非 Chetaev 型非完整系统为

$$\begin{aligned}&L=\frac{1}{2}(\dot{q}_1^2+\dot{q}_2^2),\quad F(q_1)=\frac{2q_1(2+\sin q_1)-q_1^2\cos q_1}{(2+\sin q_1)^2}\\&Q_1=8F(q_1)+[6+F'(q_1)]\dot{q}_1,\quad Q_2=-\dot{q}_2\\&f=2\dot{q}_1+\dot{q}_2+q_2=0,\quad \delta q_1-\delta q_2=0\end{aligned}\tag{6.11.28}$$

试将其化成组合梯度系统.

解 方程 (6.11.3) 给出

$$\begin{aligned}&\ddot{q}_1=8F(q_1)+[6+F'(q_1)]\dot{q}_1+\lambda\\&\ddot{q}_2=-\dot{q}_2+\lambda\end{aligned}$$

可解得

$$\lambda=-16F(q_1)-2[6+F'(q_1)]\dot{q}_1$$

代入得

$$\begin{aligned}&\ddot{q}_1=-8F(q_1)-[6+F'(q_1)]\dot{q}_1\\&\ddot{q}_2=-\dot{q}_2+16F(q_1)+2[6+F'(q_1)]\dot{q}_1\end{aligned}$$

现将第一个方程化成组合梯度系统. 令

$$\begin{aligned}&a^1=q_1\\&a^2=\frac{1}{2}[\dot{q}_1+F(q_1)]\end{aligned}$$

则有

$$\begin{aligned}&\dot{a}^1=-F(a^1)+2a^2\\&\dot{a}^2=-F(a^1)-6a^2\end{aligned}$$

它可写成形式

$$\begin{pmatrix}\dot{a}^1\\\dot{a}^2\end{pmatrix}=\left(\begin{pmatrix}0&1\\-1&-1\end{pmatrix}+\begin{pmatrix}-1&0\\0&-2\end{pmatrix}\right)\begin{pmatrix}\dfrac{\partial V}{\partial a^1}\\\dfrac{\partial V}{\partial a^2}\end{pmatrix}$$

其中矩阵为由半负定的和对称负定的组合而成, 是负定的, 而函数 V 为

$$V = \frac{(a^1)^2}{2+\sin a^1} + (a^2)^2$$

这是一个组合梯度系统Ⅵ. V 在 $a^1 = a^2 = 0$ 的邻域内正定, 因此, 解 $a^1 = a^2 = 0$ 是渐近稳定的.

6.12 Birkhoff 系统与组合梯度系统

本节研究 Birkhoff 系统的组合梯度表示, 给出系统成为组合梯度系统的条件. 化成组合梯度系统后, 便可利用其性质来研究这类力学系统的解及其稳定性.

6.12.1 系统的运动微分方程

研究自治 Birkhoff 系统, 其运动微分方程为

$$\dot{a}^\mu = \Omega^{\mu\nu}\frac{\partial B}{\partial a^\nu} \quad (\mu, \nu = 1, 2, \cdots, 2n) \tag{6.12.1}$$

其中

$$\begin{aligned} &B = B(\boldsymbol{a}), \quad R_\mu = R_\mu(\boldsymbol{a}) \\ &\Omega_{\mu\nu} = \frac{\partial R_\nu}{\partial a^\mu} - \frac{\partial R_\mu}{\partial a^\nu}, \quad \Omega_{\mu\nu}\Omega^{\nu\rho} = \delta_\mu^\rho \end{aligned} \tag{6.12.2}$$

6.12.2 系统的组合梯度表示

系统 (6.12.1) 一般不能成为组合梯度系统. 对系统 (6.12.1), 如果存在矩阵 $(b_{\mu\nu}(\boldsymbol{a})), (s_{\mu\nu}(\boldsymbol{a})), (a_{\mu\nu}(\boldsymbol{a}))$ 和函数 $V = V(\boldsymbol{a})$ 满足以下各式

$$\Omega^{\mu\nu}\frac{\partial B}{\partial a^\nu} = -\frac{\partial V}{\partial a^\mu} + b_{\mu\nu}\frac{\partial V}{\partial a^\nu} \quad (\mu, \nu = 1, 2, \cdots, 2n) \tag{6.12.3}$$

$$\Omega^{\mu\nu}\frac{\partial B}{\partial a^\nu} = -\frac{\partial V}{\partial a^\mu} + s_{\mu\nu}\frac{\partial V}{\partial a^\nu} \tag{6.12.4}$$

$$\Omega^{\mu\nu}\frac{\partial B}{\partial a^\nu} = -\frac{\partial V}{\partial a^\mu} + a_{\mu\nu}\frac{\partial V}{\partial a^\nu} \tag{6.12.5}$$

$$\Omega^{\mu\nu}\frac{\partial B}{\partial a^\nu} = b_{\mu\nu}\frac{\partial V}{\partial a^\nu} + s_{\mu\nu}\frac{\partial V}{\partial a^\nu} \tag{6.12.6}$$

$$\Omega^{\mu\nu}\frac{\partial B}{\partial a^\nu} = b_{\mu\nu}\frac{\partial V}{\partial a^\nu} + a_{\mu\nu}\frac{\partial V}{\partial a^\nu} \tag{6.12.7}$$

$$\Omega^{\mu\nu}\frac{\partial B}{\partial a^\nu} = a_{\mu\nu}\frac{\partial V}{\partial a^\nu} + s_{\mu\nu}\frac{\partial V}{\partial a^\nu} \tag{6.12.8}$$

那么它可分别成为组合梯度系统Ⅰ, Ⅱ, Ⅲ, Ⅳ, Ⅴ, Ⅵ.

6.12.3 解及其稳定性

Birkhoff 系统化合组合梯度系统, 需要完成两步: 第一步要找到以上各式中的矩阵; 第二步要找到函数 V, 而且使 V 成为 Lyapunov 函数. 因为 Birkhoff 系统本身是一个斜梯度系统, 因此, 第二步很难完成.

6.12.4 应用举例

例 1 Birkhoff 系统为

$$\begin{aligned} &R_1 = a^2, \quad R_2 = 0 \\ &B = a^1 a^2 \end{aligned} \tag{6.12.9}$$

试将其化成组合梯度系统.

解 Birkhoff 方程为

$$\begin{aligned} \dot{a}^1 &= a^1 \\ \dot{a}^2 &= -a^2 \end{aligned}$$

它可写成形式

$$\begin{pmatrix} \dot{a}^1 \\ \dot{a}^2 \end{pmatrix} = \left(\begin{pmatrix} -1 & 0 \\ 0 & -1 \end{pmatrix} + \begin{pmatrix} 0 & -1 \\ 1 & 0 \end{pmatrix} \right) \begin{pmatrix} \dfrac{\partial V}{\partial a^1} \\ \dfrac{\partial V}{\partial a^2} \end{pmatrix}$$

其中矩阵为由通常梯度的和斜梯度的组合而成, 是负定的, 而函数 V 为

$$V = \frac{1}{4}(a^2)^2 - \frac{1}{2}a^1 a^2 - \frac{1}{4}(a^1)^2$$

这是一个组合梯度系统 I, 但是, V 是变号的, 还不能成为 Lyapunov 函数.

例 2 Birkhoff 系统为

$$\begin{aligned} &R_1 = a^2, \quad R_2 = 0 \\ &B = \frac{1}{2}(a^1)^2 - \frac{1}{2}(a^2)^2 \end{aligned} \tag{6.12.10}$$

试将其化成组合梯度系统.

解 微分方程为

$$\begin{aligned} \dot{a}^1 &= -a^2 \\ \dot{a}^2 &= -a^1 \end{aligned}$$

它可写成形式

$$\begin{pmatrix} \dot{a}^1 \\ \dot{a}^2 \end{pmatrix} = \left(\begin{pmatrix} 0 & 1 \\ -1 & 0 \end{pmatrix} + \begin{pmatrix} -1 & 1 \\ 1 & -1 \end{pmatrix} \right) \begin{pmatrix} \dfrac{\partial V}{\partial a^1} \\ \dfrac{\partial V}{\partial a^2} \end{pmatrix}$$

其中矩阵为由斜梯度的和半负定的组合而成, 是负定的, 而函数 V 为

$$V = (a^1)^2 + a^1 a^2$$

这是一个组合梯度系统Ⅴ, 但函数 V 是变号的.

以上两例表明, Birkhoff 系统可以化成组合梯度系统, 但函数 V 还不能成为 Lyapunov 函数.

6.13　广义 Birkhoff 系统与组合梯度系统

本节研究广义 Birkhoff 系统的组合梯度表示, 得到系统成为组合梯度系统的条件. 化成组合梯度系统后, 便可利用其性质来研究这类力学系统的稳定性.

6.13.1　系统的运动微分方程

定常广义 Birkhoff 系统的方程为 [5]

$$\Omega_{\mu\nu}\dot{a}^\nu - \frac{\partial B}{\partial a^\mu} = -\Lambda_\mu \quad (\mu, \nu = 1, 2, \cdots, 2n) \tag{6.13.1}$$

其中 $B = B(\boldsymbol{a}), R_\mu = R_\mu(\boldsymbol{a}), \Lambda_\mu = \Lambda_\mu(\boldsymbol{a})$, 而

$$\Omega_{\mu\nu} = \frac{\partial R_\nu}{\partial a^\mu} - \frac{\partial R_\mu}{\partial a^\nu} \tag{6.13.2}$$

假设

$$\det(\Omega_{\mu\nu}) \neq 0 \tag{6.13.3}$$

由式 (6.13.1) 可解出所有 $\dot{a}^\mu$, 有

$$\dot{a}^\mu = \Omega^{\mu\nu}\left(\frac{\partial B}{\partial a^\nu} - \Lambda_\nu\right) \quad (\mu, \nu = 1, 2, \cdots, 2n) \tag{6.13.4}$$

其中

$$\Omega^{\mu\nu}\Omega_{\nu\rho} = \delta^\mu_\rho \tag{6.13.5}$$

6.13.2 系统的组合梯度表示

对广义 Birkhoff 系统 (6.13.4), 如果存在矩阵 $(b_{\mu\nu}(\boldsymbol{a})),(S_{\mu\nu}(\boldsymbol{a})),(a_{\mu\nu}(\boldsymbol{a}))$ 和函数 $V=V(\boldsymbol{a})$ 满足以下各式

$$\Omega^{\mu\nu}\left(\frac{\partial B}{\partial a^\nu}-\Lambda_\nu\right)=-\frac{\partial V}{\partial a^\mu}+b_{\mu\nu}\frac{\partial V}{\partial a^\nu}\quad(\mu,\nu=1,2,\cdots,2n)\tag{6.13.6}$$

$$\Omega^{\mu\nu}\left(\frac{\partial B}{\partial a^\nu}-\Lambda_\nu\right)=-\frac{\partial V}{\partial a^\mu}+s_{\mu\nu}\frac{\partial V}{\partial a^\nu}\tag{6.13.7}$$

$$\Omega^{\mu\nu}\left(\frac{\partial B}{\partial a^\nu}-\Lambda_\nu\right)=-\frac{\partial V}{\partial a^\mu}+a_{\mu\nu}\frac{\partial V}{\partial a^\nu}\tag{6.13.8}$$

$$\Omega^{\mu\nu}\left(\frac{\partial B}{\partial a^\nu}-\Lambda_\nu\right)=b_{\mu\nu}\frac{\partial V}{\partial a^\nu}+s_{\mu\nu}\frac{\partial V}{\partial a^\nu}\tag{6.13.9}$$

$$\Omega^{\mu\nu}\left(\frac{\partial B}{\partial a^\nu}-\Lambda_\nu\right)=b_{\mu\nu}\frac{\partial V}{\partial a^\nu}+a_{\mu\nu}\frac{\partial V}{\partial a^\nu}\tag{6.13.10}$$

$$\Omega^{\mu\nu}\left(\frac{\partial B}{\partial a^\nu}-\Lambda_\nu\right)=a_{\mu\nu}\frac{\partial V}{\partial a^\nu}+s_{\mu\nu}\frac{\partial V}{\partial a^\nu}\tag{6.13.11}$$

那么它可分别成为组合梯度系统 Ⅰ, Ⅱ, Ⅲ, Ⅳ, Ⅴ, Ⅵ.

6.13.3 解及其稳定性

广义 Birkhoff 系统化成组合梯度系统后, 便可利用组合梯度系统的性质来研究这类力学系统的解及其稳定性.

6.13.4 应用举例

例 1 广义 Birkhoff 系统为

$$\begin{aligned}&R_1=a^2,\quad R_2=0\\&B=-\frac{3}{2}(a^1)^2-\frac{1}{2}(a^2)^2\\&\Lambda_1=-3a^2,\quad \Lambda_2=a^1\end{aligned}\tag{6.13.12}$$

试将其化成组合梯度系统.

解 微分方程为

$$\dot a^1=-a^1-a^2$$

$$\dot a^2=3a^1-3a^2$$

它可写成形式

$$\begin{pmatrix}\dot a^1\\ \dot a^2\end{pmatrix}=\left(\begin{pmatrix}-1&0\\0&-1\end{pmatrix}+\begin{pmatrix}0&-1\\1&0\end{pmatrix}\right)\begin{pmatrix}\dfrac{\partial V}{\partial a^1}\\ \dfrac{\partial V}{\partial a^2}\end{pmatrix}$$

其中矩阵为由通常梯度的和斜梯度的组合而成, 是负定的, 而函数 V 为

$$V=(a^1)^2+(a^2)^2-a^1a^2$$

这是一个组合梯度系统 I . V 在 $a^1=a^2=0$ 的邻域内正定, 因此, 解 $a^1=a^2=0$ 是渐近稳定的.

例 2　广义 Birkhoff 系统为

$$\begin{aligned}&R_1=a^2,\quad R_2=0\\&B=-(a^1)^2+(a^2)^2(1+\exp a^2)\\&\Lambda_1=-6a^2(1+\exp a^2)-3(a^2)^2\exp a^2,\quad \Lambda_2=4a^1\end{aligned}\tag{6.13.13}$$

试将其化成组合梯度系统.

解　微分方程为

$$\begin{aligned}\dot a^1&=-4a^1+2a^2(1+\exp a^2)+(a^2)^2\exp a^2\\\dot a^2&=2a^1-6a^2(1+\exp a^2)-3(a^2)^2\exp a^2\end{aligned}$$

它可写成形式

$$\begin{pmatrix}\dot a^1\\\dot a^2\end{pmatrix}=\left(\begin{pmatrix}-1&0\\0&-1\end{pmatrix}+\begin{pmatrix}-1&1\\1&-2\end{pmatrix}\right)\begin{pmatrix}\dfrac{\partial V}{\partial a^1}\\\dfrac{\partial V}{\partial a^2}\end{pmatrix}$$

其中矩阵为由通常梯度的和对称负定的组合而成, 是对称负定的, 而函数 V 为

$$V=(a^1)^2+(a^2)^2(1+\exp a^2)$$

这是一个组合梯度系统 II . V 在 $a^1=a^2=0$ 的邻域内正定, 因此, 解 $a^1=a^2=0$ 是渐近稳定的.

注意到, 如果没有附加项, 系统是不稳定的. 有了附加项, 系统是渐近稳定的.

例 3　广义 Birkhoff 系统为

$$\begin{aligned}&R_1=a^2,\quad R_2=0\\&B=\frac{1}{2}(a^1)^2+\frac{1}{2}(a^2)^2\\&\Lambda_1=2a^1+(a^1)^2-2a^2,\quad \Lambda_2=2a^1+2(a^1)^2\end{aligned}\tag{6.13.14}$$

试将其化成组合梯度系统.

解 广义 Birkhoff 方程为

$$\begin{aligned}\dot{a}^1 &= a^2 - 2a^1 - 2(a^1)^2\\ \dot{a}^2 &= a^1 + (a^1)^2 - 2a^2\end{aligned}$$

它可写成形式

$$\begin{pmatrix}\dot{a}^1\\ \dot{a}^2\end{pmatrix} = \left(\begin{pmatrix}-1 & 0\\ 0 & -1\end{pmatrix} + \begin{pmatrix}-1 & 1\\ 1 & -1\end{pmatrix}\right)\begin{pmatrix}\dfrac{\partial V}{\partial a^1}\\ \dfrac{\partial V}{\partial a^2}\end{pmatrix}$$

其中矩阵为由通常梯度的和半负定的组合而成, 是对称负定的, 而函数 V 为

$$V = \frac{1}{2}(a^1)^2 + \frac{1}{2}(a^2)^2 + \frac{1}{3}(a^1)^3$$

这是一个组合梯度系统III. V 在 $a^1 = a^2 = 0$ 的邻域内正定, 因此, 解 $a^1 = a^2 = 0$ 是渐近稳定的. 如果没有附加项, 则解 $a^1 = a^2 = 0$ 是稳定的.

例 4 广义 Birkhoff 系统为

$$\begin{aligned}&R_1 = a^2, \quad R_2 = 0\\ &B = \frac{1}{2}(a^1)^2 + \frac{1}{2}(a^2)^2\\ &\Lambda_1 = a^1 - 2a^2, \quad \Lambda_2 = a^1 - a^2\end{aligned} \tag{6.13.15}$$

试将其化成组合梯度系统.

解 广义 Birkhoff 方程为

$$\begin{aligned}\dot{a}^1 &= -a^1 + 2a^2\\ \dot{a}^2 &= -2a^2\end{aligned}$$

它可写成形式

$$\begin{pmatrix}\dot{a}^1\\ \dot{a}^2\end{pmatrix} = \left(\begin{pmatrix}0 & 1\\ -1 & 0\end{pmatrix} + \begin{pmatrix}-1 & 1\\ 1 & -2\end{pmatrix}\right)\begin{pmatrix}\dfrac{\partial V}{\partial a^1}\\ \dfrac{\partial V}{\partial a^2}\end{pmatrix}$$

其中矩阵为由斜梯度的和对称负定的组合而成, 是负定的, 而函数 V 为

$$V = \frac{1}{2}(a^1)^2 + \frac{1}{2}(a^2)^2$$

这是一个组合梯度系统IV. V 在 $a^1 = a^2 = 0$ 的邻域内正定, 因此, 解 $a^1 = a^2 = 0$ 是渐近稳定的.

例 5　广义 Birkhoff 系统为

$$
\begin{aligned}
&R_1 = a^2, \quad R_2 = 0 \\
&B = (a^2)^2(2+\sin a^2) \\
&\Lambda_1 = -a^2(2+\sin a^2) - \frac{1}{2}(a^2)^2\cos a^2, \quad \Lambda_2 = a^1
\end{aligned} \tag{6.13.16}
$$

试将其化成组合梯度系统.

解　广义 Birkhoff 方程为

$$
\begin{aligned}
\dot{a}^1 &= -a^1 + 2a^2(2+\sin a^2) + (a^2)^2\cos a^2 \\
\dot{a}^2 &= -a^2(2+\sin a^2) - \frac{1}{2}(a^2)^2\cos a^2
\end{aligned}
$$

它可写成如下形式

$$
\begin{pmatrix} \dot{a}^1 \\ \dot{a}^2 \end{pmatrix} = \left(\begin{pmatrix} 0 & 1 \\ -1 & 0 \end{pmatrix} + \begin{pmatrix} -1 & 1 \\ 1 & -1 \end{pmatrix} \right) \begin{pmatrix} \dfrac{\partial V}{\partial a^1} \\ \dfrac{\partial V}{\partial a^2} \end{pmatrix}
$$

其中矩阵为反对称的和半负定的组合而成, 是半负定的, 而函数 V 为

$$
V = \frac{1}{2}(a^1)^2 + \frac{1}{2}(a^2)^2(2+\sin a^2)
$$

这是一个组合梯度系统Ⅴ. V 在 $a^1 = a^2 = 0$ 的邻域内正定, 因此, 解 $a^1 = a^2 = 0$ 是稳定的.

例 6　广义 Birkhoff 系统为

$$
\begin{aligned}
&R_1 = a^2, \quad R_2 = 0 \\
&B = \frac{2(a^2)^2}{2+\sin a^2} - 2(a^1)^2 \\
&\Lambda_1 = -3 \times \frac{2a^2(2+\sin a^2) - (a^2)^2\cos a^2}{(2+\sin a^2)^2}, \quad \Lambda_2 = 4a^1
\end{aligned} \tag{6.13.17}
$$

试将其化成组合梯度系统.

解　广义 Birkhoff 方程为

$$
\begin{aligned}
\dot{a}^1 &= -4a^1 + 2 \times \frac{2a^2(2+\sin a^2) - (a^2)^2\cos a^2}{(2+\sin a^2)^2} \\
\dot{a}^2 &= 4a^1 - 3 \times \frac{2a^2(2+\sin a^2) - (a^2)^2\cos a^2}{(2+\sin a^2)^2}
\end{aligned}
$$

它可写成形式

$$\begin{pmatrix} \dot{a}^1 \\ \dot{a}^2 \end{pmatrix} = \left(\begin{pmatrix} -1 & 1 \\ 1 & -1 \end{pmatrix} + \begin{pmatrix} -1 & 1 \\ 1 & -2 \end{pmatrix} \right) \begin{pmatrix} \dfrac{\partial V}{\partial a^1} \\ \dfrac{\partial V}{\partial a^2} \end{pmatrix}$$

其中矩阵为半负定的和对称负定的组合而成, 是对称负定的, 而函数 V 为

$$V = (a^1)^2 + \frac{(a^2)^2}{2+\sin a^2}$$

这是一个组合梯度系统Ⅵ. 函数 V 在 $a^1 = a^2 = 0$ 的邻域内正定, 因此, 解 $a^1 = a^2 = 0$ 是渐近稳定的.

6.14 广义 Hamilton 系统与组合梯度系统

本节研究广义 Hamilton 系统的组合梯度表示, 给出系统成为组合梯度系统的条件. 化成组合梯度系统后, 便可利用其性质来研究这类力学系统的解及其稳定性.

6.14.1 系统的运动微分方程

广义 Hamilton 系统的微分方程有形式 [6]

$$\dot{a}^i = J_{ij}\frac{\partial H}{\partial a^j} \quad (i,j=1,2,\cdots,m) \tag{6.14.1}$$

其中 $J_{ij} = J_{ij}(\boldsymbol{a})$ 是反对称的, 并且满足

$$J_{i\ell}\frac{\partial J_{jk}}{\partial a^\ell} + J_{j\ell}\frac{\partial J_{ki}}{\partial a^\ell} + J_{k\ell}\frac{\partial J_{ij}}{\partial a^\ell} = 0 \quad (i,j,k,\ell=1,2,\cdots,m) \tag{6.14.2}$$

对方程 (6.14.1) 右端添加附加项 $\Lambda_i = \Lambda_i(\boldsymbol{a})$, 有

$$\dot{a}^i = J_{ij}\frac{\partial H}{\partial a^j} + \Lambda_i \quad (i,j=1,2,\cdots,m) \tag{6.14.3}$$

6.14.2 系统的组合梯度表示

对系统 (6.14.1), 如果存在矩阵 $(b_{\mu\nu}(\boldsymbol{a})), (s_{\mu\nu}(\boldsymbol{a})), (a_{\mu\nu}(\boldsymbol{a}))$ 和函数 $V = V(\boldsymbol{a})$ 满足以下各式

$$J_{ij}\frac{\partial H}{\partial a^j} = -\frac{\partial V}{\partial a^i} + b_{ij}\frac{\partial V}{\partial a^j} \quad (i,j=1,2,\cdots,m) \tag{6.14.4}$$

$$J_{ij}\frac{\partial H}{\partial a^j} = -\frac{\partial V}{\partial a^i} + s_{ij}\frac{\partial V}{\partial a^j} \tag{6.14.5}$$

$$J_{ij}\frac{\partial H}{\partial a^j} = -\frac{\partial V}{\partial a^i} + a_{ij}\frac{\partial V}{\partial a^j} \tag{6.14.6}$$

$$J_{ij}\frac{\partial H}{\partial a^j}=b_{ij}\frac{\partial V}{\partial a^j}+s_{ij}\frac{\partial V}{\partial a^j} \tag{6.14.7}$$

$$J_{ij}\frac{\partial H}{\partial a^j}=b_{ij}\frac{\partial V}{\partial a^j}+a_{ij}\frac{\partial V}{\partial a^j} \tag{6.14.8}$$

$$J_{ij}\frac{\partial H}{\partial a^j}=a_{ij}\frac{\partial V}{\partial a^j}+s_{ij}\frac{\partial V}{\partial a^j} \tag{6.14.9}$$

那么它可分别成为组合梯度系统 I, II, III, IV, V, VI.

对带附加项的广义 Hamilton 系统 (6.14.3), 如果存在矩阵 $(b_{ij}(\boldsymbol{a})),(s_{ij}(\boldsymbol{a})),(a_{ij}(\boldsymbol{a}))$ 和函数 $V=V(\boldsymbol{a})$ 满足以下各式

$$J_{ij}\frac{\partial H}{\partial a^j}+\Lambda_i=-\frac{\partial V}{\partial a^i}+b_{ij}\frac{\partial V}{\partial a^j}\quad (i,j=1,2,\cdots,m) \tag{6.14.10}$$

$$J_{ij}\frac{\partial H}{\partial a^j}+\Lambda_i=-\frac{\partial V}{\partial a^i}+s_{ij}\frac{\partial V}{\partial a^j} \tag{6.14.11}$$

$$J_{ij}\frac{\partial H}{\partial a^j}+\Lambda_i=-\frac{\partial V}{\partial a^i}+a_{ij}\frac{\partial V}{\partial a^j} \tag{6.14.12}$$

$$J_{ij}\frac{\partial H}{\partial a^j}+\Lambda_i=b_{ij}\frac{\partial V}{\partial a^j}+s_{ij}\frac{\partial V}{\partial a^j} \tag{6.14.13}$$

$$J_{ij}\frac{\partial H}{\partial a^j}+\Lambda_i=b_{ij}\frac{\partial V}{\partial a^j}+a_{ij}\frac{\partial V}{\partial a^j} \tag{6.14.14}$$

$$J_{ij}\frac{\partial H}{\partial a^j}+\Lambda_i=a_{ij}\frac{\partial V}{\partial a^j}+s_{ij}\frac{\partial V}{\partial a^j} \tag{6.14.15}$$

那么它可分别成为组合梯度系统 I, II, III, IV, V, VI.

容易看出, 式 (6.14.4)~ 式 (6.14.9) 很难满足, 这是因为广义 Hamilton 系统 (6.14.1) 本身是一个斜梯度系统.

6.14.3　解及其稳定性

广义 Hamilton 系统 (6.14.1) 以及 (6.14.3) 化成组合梯度系统后, 便可利用组合梯度系统的性质来研究这类力学系统的解及其稳定性.

6.14.4　应用举例

例 1　广义 Hamilton 系统为

$$(J_{ij})=\begin{pmatrix}0 & -1 & 1\\ 1 & 0 & -1\\ -1 & 1 & 0\end{pmatrix},\quad H=\frac{1}{2}(a^1)^2+\frac{1}{2}(a^2)^2+\frac{1}{2}(a^3)^2 \tag{6.14.16}$$

$$\Lambda_1=-a^1+2a^2-2a^3,\quad \Lambda_2=-2a^1-a^2+2a^3,\quad \Lambda_3=2a^1-2a^2-a^3$$

试将其化成组合梯度系统.

解 方程 (6.14.3) 给出

$$\begin{pmatrix} \dot{a}^1 \\ \dot{a}^2 \\ \dot{a}^3 \end{pmatrix} = \begin{pmatrix} 0 & -1 & 1 \\ 1 & 0 & -1 \\ -1 & 1 & 0 \end{pmatrix} \begin{pmatrix} a^1 \\ a^2 \\ a^3 \end{pmatrix} + \begin{pmatrix} \Lambda_1 \\ \Lambda_2 \\ \Lambda_3 \end{pmatrix} = \begin{pmatrix} -a^1 + a^2 - a^3 \\ -a^1 - a^2 + a^3 \\ a^1 - a^2 - a^3 \end{pmatrix}$$

它可写成形式

$$\begin{pmatrix} \dot{a}^1 \\ \dot{a}^2 \\ \dot{a}^3 \end{pmatrix} = \left(\begin{pmatrix} -1 & 0 & 0 \\ 0 & -1 & 0 \\ 0 & 0 & -1 \end{pmatrix} + \begin{pmatrix} 0 & 1 & -1 \\ -1 & 0 & 1 \\ 1 & -1 & 0 \end{pmatrix} \right) \begin{pmatrix} \dfrac{\partial V}{\partial a^1} \\ \dfrac{\partial V}{\partial a^2} \\ \dfrac{\partial V}{\partial a^3} \end{pmatrix}$$

其中矩阵为由通常梯度的和斜梯度的组合而成, 是负定的, 而函数 V 为

$$V = \frac{1}{2}[(a^1)^2 + (a^2)^2 + (a^3)^2]$$

这是一个组合梯度系统 I. 解 $a^1 = a^2 = a^3 = 0$ 是渐近稳定的.

例 2 广义 Hamilton 系统为

$$(J_{ij}) = \begin{pmatrix} 0 & 1 & -1 \\ -1 & 0 & 1 \\ 1 & -1 & 0 \end{pmatrix}, \quad H = \frac{1}{2}(a^1)^2 + \frac{1}{2}(a^2)^2 \tag{6.14.17}$$

$$\Lambda_1 = -2a^1, \quad \Lambda_2 = 2a^1 - 2a^2, \quad \Lambda_3 = -a^1 + a^2 - 2a^3$$

试将其化成组合梯度系统.

解 广义 Hamilton 方程 (6.14.3) 给出

$$\dot{a}^1 = -2a^1 + a^2$$
$$\dot{a}^2 = a^1 - 2a^2$$
$$\dot{a}^3 = -2a^3$$

它可写成如下形式

$$\begin{pmatrix} \dot{a}^1 \\ \dot{a}^2 \\ \dot{a}^3 \end{pmatrix} = \left(\begin{pmatrix} -1 & 0 & 0 \\ 0 & -1 & 0 \\ 0 & 0 & -1 \end{pmatrix} + \begin{pmatrix} -1 & 1 & 0 \\ 1 & -1 & 0 \\ 0 & 0 & -1 \end{pmatrix} \right) \begin{pmatrix} \dfrac{\partial V}{\partial a^1} \\ \dfrac{\partial V}{\partial a^2} \\ \dfrac{\partial V}{\partial a^3} \end{pmatrix}$$

其中矩阵为由通常梯度的和半负定的组合而成, 是对称负定的, 而函数 V 为

$$V = \frac{1}{2}[(a^1)^2 + (a^2)^2 + (a^3)^2]$$

这是一个组合梯度系统III. 解 $a^1 = a^2 = a^3 = 0$ 是渐近稳定的.

例 3　广义 Hamilton 系统为

$$(J_{ij}) = \begin{pmatrix} 0 & 1 & -1 \\ -1 & 0 & -1 \\ 1 & 1 & 0 \end{pmatrix}, \quad H = \frac{1}{2}(a^1)^2 \tag{6.14.18}$$

$$\Lambda_1 = -2a^1 - 2(a^1)^2, \quad \Lambda_2 = a^1 - 2a^2, \quad \Lambda_3 = -a^1 - 3a^3$$

试将其化成组合梯度系统.

解　方程 (6.14.3) 给出

$$\begin{aligned} \dot{a}^1 &= -2a^1 - 2(a^1)^2 \\ \dot{a}^2 &= -2a^2 \\ \dot{a}^3 &= -3a^3 \end{aligned}$$

它可写成形式

$$\begin{pmatrix} \dot{a}^1 \\ \dot{a}^2 \\ \dot{a}^3 \end{pmatrix} = \left(\begin{pmatrix} -1 & 0 & 0 \\ 0 & -1 & 0 \\ 0 & 0 & -1 \end{pmatrix} + \begin{pmatrix} -1 & 0 & 0 \\ 0 & -1 & 0 \\ 0 & 0 & -2 \end{pmatrix} \right) \begin{pmatrix} \dfrac{\partial V}{\partial a^1} \\ \dfrac{\partial V}{\partial a^2} \\ \dfrac{\partial V}{\partial a^3} \end{pmatrix}$$

其中矩阵为由通常梯度的和对称负定的组合而成, 是对称负定的, 而函数 V 为

$$V = \frac{1}{2}(a^1)^2 + \frac{1}{2}(a^2)^2 + \frac{1}{2}(a^3)^2 + \frac{1}{3}(a^1)^3$$

这是一个组合梯度系统 II. 解 $a^1 = a^2 = a^3 = 0$ 是渐近稳定的.

例 4　广义 Hamilton 系统为

$$(J_{ij}) = \begin{pmatrix} 0 & 1 & 1 \\ -1 & 0 & 1 \\ -1 & -1 & 0 \end{pmatrix}, \quad H = \frac{1}{2}(a^1)^2 \tag{6.14.19}$$

$$\Lambda_1 = -a^1 + \frac{5}{4}a^2 + \frac{5}{4}a^3, \quad \Lambda_2 = \frac{1}{4}a^1 - a^2 + \frac{5}{4}a^3, \quad \Lambda_3 = \frac{1}{4}a^1 - \frac{3}{4}a^2 - a^3$$

试将其化成组合梯度系统.

解 方程 (6.14.3) 给出

$$\begin{aligned}\dot{a}^1 &= -a^1 + \frac{5}{4}a^2 + \frac{5}{4}a^3\\ \dot{a}^2 &= -\frac{3}{4}a^1 - a^2 + \frac{5}{4}a^3\\ \dot{a}^3 &= -\frac{3}{4}a^1 - \frac{3}{4}a^2 - a^3\end{aligned}$$

它可写成形式

$$\begin{pmatrix}\dot{a}^1\\ \dot{a}^2\\ \dot{a}^3\end{pmatrix} = \left(\begin{pmatrix}0 & 1 & 1\\ -1 & 0 & 1\\ -1 & -1 & 0\end{pmatrix} + \begin{pmatrix}-1 & \frac{1}{4} & \frac{1}{4}\\ \frac{1}{4} & -1 & \frac{1}{4}\\ \frac{1}{4} & \frac{1}{4} & -1\end{pmatrix}\right)\begin{pmatrix}\frac{\partial V}{\partial a^1}\\ \frac{\partial V}{\partial a^2}\\ \frac{\partial V}{\partial a^3}\end{pmatrix}$$

其中矩阵为由斜梯度的和对称负定的组合而成, 是负定的, 而函数 V 为

$$V = \frac{1}{2}[(a^1)^2 + (a^2)^2 + (a^3)^2]$$

这是一个组合梯度系统Ⅳ. 解 $a^1 = a^2 = a^3 = 0$ 是渐近稳定的.

例 5 广义 Hamilton 系统为

$$(J_{ij}) = \begin{pmatrix}0 & 1 & -1\\ -1 & 0 & 1\\ 1 & -1 & 0\end{pmatrix}, \quad H = \frac{1}{2}[(a^1)^2 + (a^2)^2 + (a^3)^2] \tag{6.14.20}$$

$$\Lambda_1 = -a^1 + a^2 + 2a^3, \quad \Lambda_2 = a^1 - a^2, \quad \Lambda_3 = -2a^1 - a^3$$

试将其化成组合梯度系统.

解 方程 (6.14.3) 给出

$$\begin{aligned}\dot{a}^1 &= -a^1 + 2a^2 + a^3\\ \dot{a}^2 &= -a^2 + a^3\\ \dot{a}^3 &= -a^1 - a^2 - a^3\end{aligned}$$

它可写成形式

$$\begin{pmatrix}\dot{a}^1\\ \dot{a}^2\\ \dot{a}^3\end{pmatrix} = \left(\begin{pmatrix}0 & 1 & 1\\ -1 & 0 & 1\\ -1 & -1 & 0\end{pmatrix} + \begin{pmatrix}-1 & 1 & 0\\ 1 & -1 & 0\\ 0 & 0 & -1\end{pmatrix}\right)\begin{pmatrix}\frac{\partial V}{\partial a^1}\\ \frac{\partial V}{\partial a^2}\\ \frac{\partial V}{\partial a^3}\end{pmatrix}$$

其中矩阵为由斜梯度的和半负定的组合而成, 是半负定的, 而函数 V 为

$$V = \frac{1}{2}[(a^1)^2 + (a^2)^2 + (a^3)^2]$$

这是一个组合梯度系统Ⅴ. 解 $a^1 = a^2 = a^3 = 0$ 是稳定的.

例 6　广义 Hamilton 系统为

$$(J_{ij}) = \begin{pmatrix} 0 & 1 & 1 \\ -1 & 0 & 1 \\ -1 & -1 & 0 \end{pmatrix}, \quad H = \frac{1}{2}(a^2)^2 \tag{6.14.21}$$

$$\Lambda_1 = -2a^1 + \frac{1}{4}a^2 + \frac{1}{4}a^3, \quad \Lambda_2 = \frac{5}{4}a^1 - 2a^2 + \frac{1}{4}a^3, \quad \Lambda_3 = \frac{1}{4}a^1 + \frac{5}{4}a^2 - 2a^3$$

试将其化成组合梯度系统.

解　方程 (6.14.3) 给出

$$\begin{aligned} \dot{a}^1 &= -2a^1 + \frac{5}{4}a^2 + \frac{1}{4}a^3 \\ \dot{a}^2 &= \frac{5}{4}a^1 - 2a^2 + \frac{1}{4}a^3 \\ \dot{a}^3 &= \frac{1}{4}a^1 + \frac{1}{4}a^2 - 2a^3 \end{aligned}$$

它可写成形式

$$\begin{pmatrix} \dot{a}^1 \\ \dot{a}^2 \\ \dot{a}^3 \end{pmatrix} = \left(\begin{pmatrix} -1 & 1 & 0 \\ 1 & -1 & 0 \\ 0 & 0 & -1 \end{pmatrix} + \begin{pmatrix} -1 & \frac{1}{4} & \frac{1}{4} \\ \frac{1}{4} & -1 & \frac{1}{4} \\ \frac{1}{4} & \frac{1}{4} & -1 \end{pmatrix} \right) \begin{pmatrix} \frac{\partial V}{\partial a^1} \\ \frac{\partial V}{\partial a^2} \\ \frac{\partial V}{\partial a^3} \end{pmatrix}$$

其中矩阵为由半负定的和对称负定的组合而成, 是对称负定的, 而函数 V 为

$$V = \frac{1}{2}[(a^1)^2 + (a^2)^2 + (a^3)^2]$$

这是一个组合梯度系统Ⅵ. 解 $a^1 = a^2 = a^3 = 0$ 是渐近稳定的.

本章研究了各类定常约束力学系统的组合梯度表示. 定常 Lagrange 系统, 定常 Hamilton 系统, 自治 Birkhoff 系统, 广义 Hamilton 系统等都自然是斜梯度系统, 因此, 很难实现组合梯度化. 对其他约束力学系统, 则较易实现. 如 6.1 节中指出的, 组合后梯度系统的矩阵大多是负定的, 这对力学系统实现梯度化和研究稳定性大为有益.

第 2～ 第 6 章研究了各类定常约束力学系统的梯度表示, 包括四类基本的, 即通常梯度的, 斜梯度的, 具有对称负定矩阵的, 具有半负定矩阵的, 以及六类组合的. 这样, 就有相当一部分定常约束力学系统的稳定性问题可借助梯度系统来研究.

习　题

6-1　试将系统 $L=\frac{1}{2}\dot{q}^2+\frac{1}{2}q^2$ 在变换 $a^1=q, a^2=\dot{q}$ 下化成组合梯度系统 I .

6-2　完整系统为

$$L=\frac{1}{2}\dot{q}^2-\frac{5}{2}q^2$$
$$Q=-5\dot{q}$$

试将其化成组合梯度系统 II .

6-3　完整系统为

$$L=\frac{1}{2}\dot{q}^2-\frac{3}{2}q^2$$
$$Q=-4\dot{q}$$

试将其化成组合梯度系统III.

6-4　完整系统为

$$L=\frac{1}{2}\dot{q}^2-\frac{1}{2}q^2$$
$$Q=-2\dot{q}$$

试将其化成组合梯度系统 V.

6-5　对系统

$$L=\frac{1}{2}\dot{q}^2-8q\sin q$$
$$Q=-2\dot{q}(2\cos q-q\sin q)$$

试在变换

$$a^2=q$$
$$a^1=-\frac{1}{4}(\dot{q}+2\sin q+2q\cos q)$$

下, 将其化成组合梯度系统

$$\begin{pmatrix}\dot{a}^1\\ \dot{a}^2\end{pmatrix}=\left(\begin{pmatrix}0 & 1\\ -1 & 0\end{pmatrix}+\begin{pmatrix}0 & 1\\ -1 & -2\end{pmatrix}\right)\begin{pmatrix}\dfrac{\partial V}{\partial a^1}\\ \dfrac{\partial V}{\partial a^2}\end{pmatrix}$$

6-6　广义 Birkhoff 系统为

$$R_1=a^2,\quad R_2=0$$

$$B = \frac{7}{2}(a^1)^2 + 3(a^2)^2$$
$$\Lambda_1 = -8a^2, \quad \Lambda_2 = 6a^1$$

试将其化成组合梯度系统Ⅵ.

6-7　广义 Birkhoff 系统为

$$R_1 = a^2, \quad R_2 = 0$$
$$B = (a^2)^2 - a^2F(a^1) + \int F(a^1)\mathrm{d}a^1$$
$$F(a^1) = \frac{2a^1(2+\sin a^1) - (a^1)^2\cos a^1}{(2+\sin a^1)^2}$$
$$\Lambda_1 = -6a^2 - a^2F'(a^1), \quad \Lambda_2 = 0$$

取组合矩阵为

$$\begin{pmatrix} 0 & 1 \\ -1 & -1 \end{pmatrix} + \begin{pmatrix} -1 & 0 \\ 0 & -2 \end{pmatrix}$$

试将其化成组合梯度系统Ⅵ.

参考文献

[1] Лурье АИ. Аналитическая Механика. Москва: ГИФМЛ, 1961

[2] 梅凤翔. 分析力学 I. 北京：北京理工大学出版社, 2013

[3] 杨来伍, 梅凤翔. 变质量系统力学. 北京：北京理工大学出版社, 1989

[4] 梅凤翔. 非完整动力学研究. 北京：北京工业学院出版社, 1987

[5] 梅凤翔. 广义 Birkhoff 系统动力学. 北京：科学出版社, 2013

[6] 李继彬, 赵晓华, 刘正荣. 广义哈密顿系统理论及应用. 北京：科学出版社, 1994

第 7 章　约束力学系统与广义梯度系统 (Ⅰ)

本章研究各类约束力学系统的广义梯度 (Ⅰ) 表示, 包括 Lagrange 系统、Hamilton 系统、广义坐标下一般完整系统、带附加项的 Hamilton 系统、准坐标下的完整系统、相对运动动力学系统、变质量力学系统、事件空间中动力学系统、Chetaev 型非完整系统、非 Chetaev 型非完整系统、Birkhoff 系统、广义 Birkhoff 系统、广义 Hamilton 系统等的广义梯度 (Ⅰ) 表示. 给出各类约束力学系统成为广义梯度系统 (Ⅰ) 的条件, 并举例说明具体应用.

7.1　广义梯度系统 (Ⅰ)

本节讨论与广义梯度系统 (Ⅰ) 相关的两个问题: 非定常系统稳定性的定义与定理, 十类广义梯度系统 (Ⅰ) 的性质.

7.1.1　有关非定常系统稳定性的定义和定理

1) Lyapunov 稳定性 [1]

定义 1　如果对任意给定的正数 ε, 可找到一个与 t_0 及 ε 有关的正数 $\delta = \delta(t_0, \varepsilon)$ 使得当 $\|\boldsymbol{X}_0\| \leqslant \delta$ 时, 系统

$$\dot{\boldsymbol{X}} = f(\boldsymbol{X}, t), \quad f(0, t) \equiv 0 \tag{7.1.1}$$

从 $\boldsymbol{X}_0$ 出发的运动 $\boldsymbol{X}(t) = \boldsymbol{X}(t, \boldsymbol{X}_0, t_0)$ 满足

$$\|\boldsymbol{X}(t)\| < \varepsilon$$

就称其原点是稳定的。

定义 2　如果在定义 1 中, $\delta = \delta(\varepsilon)$ 与 t_0 无关, 就称系统 (7.1.1) 的原点是一致稳定的.

定义 3　如果系统 (7.1.1) 满足: (1) 原点稳定; (2) 在原点邻域 Ω 内, 存在正数 $r(t_0)$, 对任给的 $\mu > 0$, 可以找到实数 $T(\mu, r, t_0)$, 使得当 $\|\boldsymbol{X}_0\| \leqslant r(t_0)$ 时, 有

$$\|\boldsymbol{X}(t)\| < \mu, \text{ 当 } t \geqslant t_0 + T(\mu, r, t_0)$$

就称其原点是渐近稳定的.

定义 4　在定义 3 中, 原点一致稳定, 且 r 及 T 均与 t_0 无关, 则称系统的原点一致渐近稳定.

定义 5　如果系统 (7.1.1) 满足: (1) 原点稳定; (2) 当 $\boldsymbol{X}_0$ 满足 $\|\boldsymbol{X}_0\| \leqslant r$, 其中 r 为正实数, 但可以任意大, 对任给的正数 μ, 可找到 $T(\mu, r, t_0)$ 使得

$$\|\boldsymbol{X}(t)\| < \mu, \ \text{当} t \geqslant t_0 + T(\mu, r, t_0)$$

就称原点是全局渐近稳定的.

定义 6　如果系统 (7.1.1) 满足:(1) 原点稳定; (2) 解一致稳定, 即对任给的正数 $r > 0$, 存在 $B(r) > 0$, 使得当 $\|\boldsymbol{X}_0\| < r$ 时有

$$\|\boldsymbol{X}(t)\| < B, \ \text{当} t \geqslant t_0;$$

(3) 当 $\|\boldsymbol{X}_0\| < r$ 时 (r 可任意大) , 对任给的正数 μ, 存在 $T(\mu, r) > 0$ 使得从 $\boldsymbol{X}_0$ 出发的运动 $\boldsymbol{X}(t) = \boldsymbol{X}(t, \boldsymbol{X}_0, t_0)$ 满足

$$\|\boldsymbol{X}(t)\| < \mu, \ \text{当} t \geqslant t_0 + T(\mu, r)$$

则称原点全局一致渐近稳定。

定义 7　实单变量连续函数 $\alpha(p)$ 称为属于类 K, 如果 $\alpha(p)$ 非减; $\alpha(0) = 0$; 当 $p > 0$ 时, $\alpha(p) > 0$; 且当 $p \to \infty$ 时, $\alpha(p) \to \infty$. 记作 $\alpha(\cdot) \in K$.

有关非定常系统的稳定性定理如下 [1].

定理 1　如果在原点邻域 Ω 内, 存在函数 $V(t, \boldsymbol{X})$ 满足条件

(1) 正定，即存在 $\alpha(\cdot) \in K$ 使得

$$V(t, \boldsymbol{X}) \geqslant \alpha(\|\boldsymbol{X}\|)$$

(2)V 沿方程 (7.1.1) 的解的导数 $\dot{V}(t, \boldsymbol{X}) \leqslant 0$ 对一切 t 及 $\boldsymbol{X}$ 成立, 那么系统 (7.1.1) 的原点稳定.

定理 2　如果定理 1 的 $V(t, \boldsymbol{X})$ 还满足条件

(3) $V(t, \boldsymbol{X})$ 渐减，即存在 $\beta(\cdot) \in K$ 使得

$$V(t, \boldsymbol{X}) \leqslant \beta(\|\boldsymbol{X}\|)$$

那么系统 (7.1.1) 的原点一致稳定.

定理 3　如果在原点邻域 Ω 内, 存在 $V(t, \boldsymbol{X})$ 满足条件

(1) 正定, 即存在 $\alpha(\cdot) \in K$ 使得

$$V(t, \boldsymbol{X}) \geqslant \alpha(\|\boldsymbol{X}\|)$$

(2) V 沿系统 (7.1.1) 的解的导数 $\dot{V}$ 负定, 即存在 $\gamma(\cdot)\in K$ 使得

$$\dot{V}(t,\boldsymbol{X})\leqslant-\gamma(\|\boldsymbol{X}\|)$$

那么系统 (7.1.1) 的原点渐近稳定.

定理 4 如果在原点的邻域 Ω 内, 存在 $V(t,\boldsymbol{X})$ 满足条件

(1) 正定, 即存在 $\alpha(\cdot)\in K$ 使得

$$V(t,\boldsymbol{X})\geqslant\alpha(\|\boldsymbol{X}\|)$$

(2) 渐减, 即存在 $\beta(\cdot)\in K$ 使得

$$V(t,\boldsymbol{X})\leqslant\beta(\|\boldsymbol{X}\|)$$

(3) V 沿系统 (7.1.1) 解的导数 $\dot{V}$ 负定, 即存在 $\gamma(\cdot)\in K$ 使得

$$\dot{V}(t,\boldsymbol{X})\leqslant-\gamma(\|\boldsymbol{X}\|)$$

那么系统 (7.1.1) 的原点 $\boldsymbol{X}=\mathbf{0}$ 一致渐近稳定.

定理 5 如果存在函数 $V(t,\boldsymbol{X})$ 满足条件

(1) 全局正定, 即对任意 $\boldsymbol{X}$ 及 t 有

$$V(t,\boldsymbol{X})\geqslant\alpha(\|\boldsymbol{X}\|),\quad \alpha(\cdot)\in K$$

(2) V 沿系统 (7.1.1) 解的导数 $\dot{V}$ 全局负定, 即对任意 $\boldsymbol{X}$ 及 t 有

$$\dot{V}(t,\boldsymbol{X})\leqslant-\gamma(\|\boldsymbol{X}\|),\quad \gamma(\cdot)\in K$$

那么系统 (7.1.1) 的原点 $\boldsymbol{X}=\mathbf{0}$ 全局渐近稳定.

定理 6 如果存在函数 $V(t,\boldsymbol{X})$ 满足条件

(1) 全局正定, 即存在 $\alpha(\cdot)\in K$ 使得

$$V(t,\boldsymbol{X})\geqslant\alpha(\|\boldsymbol{X}\|)$$

(2) 渐减, 即存在 $\beta(\cdot)\in K$ 使得

$$V(t,\boldsymbol{X})\leqslant\beta(\|\boldsymbol{X}\|)$$

(3) V 沿系统 (7.1.1) 的解的导数 $\dot{V}$ 负定, 即存在 $\gamma(\cdot)\in K$ 使得

$$\dot{V}(t,\boldsymbol{X})\leqslant-\gamma(\|\boldsymbol{X}\|)$$

那么系统 (7.1.1) 原点全局一致渐近稳定.

2) 关于部分变量稳定性 [2]

定义 8　函数 $V(t,\boldsymbol{X})$ 称为关于部分变量 $\boldsymbol{y}$ 正定 (负定), 如果存在区域 $D\{\boldsymbol{y}|\|\boldsymbol{y}\|<H\}$ 内正定函数 $W(\boldsymbol{y})$ 使得在区域 $Q\{(t,\boldsymbol{X})\big|t\geqslant t_0,\ \|\boldsymbol{y}\|<H,\|\boldsymbol{z}\|<\infty\}$ 内，有 $V(t,\boldsymbol{X})\geqslant W(\boldsymbol{y})\quad (V(t,\boldsymbol{X})\leqslant -W(\boldsymbol{y}))$.

定理 7　如果存在一个关于部分变量 $\boldsymbol{y}$ 正定 (负定) 的函数 $V(t,\boldsymbol{X})$, 它沿方程

$$\dot{\boldsymbol{X}}=f(\boldsymbol{X},t)$$

的导数 $\dot{V}$ 常负 (常正) 或恒等于零, 那么系统的无扰运动 $\boldsymbol{X}=0$ 关于 $\boldsymbol{y}$ 稳定.

定理 8　如果存在一个关于部分变量 $\boldsymbol{y}$ 的正定函数 $V(t,\boldsymbol{X})$, 它具有无穷小上界, 它沿方程的导数 $\dot{V}$ 关于变量 $\boldsymbol{y}$ 负定, 那么系统无扰运动关于变量 $\boldsymbol{y}$ 渐近稳定.

3) 有关函数和矩阵正定、负定、半正定、半负定的例子

研究 2×2 矩阵

$$\boldsymbol{A}=\begin{pmatrix} a_{11} & a_{12} \\ a_{21} & a_{22}\end{pmatrix}$$

如果

$$a_{11}>0,\quad a_{11}a_{22}-a_{12}a_{21}>0$$

则 $\boldsymbol{A}$ 正定; 如果

$$a_{11}<0,\quad a_{11}a_{22}-a_{12}a_{21}>0$$

则 $\boldsymbol{A}$ 负定; 如果

$$a_{11}\geqslant 0,\quad a_{11}a_{22}-a_{12}a_{21}=0$$

则 $\boldsymbol{A}$ 半正定; 如果

$$a_{11}\leqslant 0,\quad a_{11}a_{22}-a_{12}a_{21}=0$$

则 $\boldsymbol{A}$ 半负定.

研究二项式

$$f=a_{11}x^2+2a_{12}xy+a_{22}y^2$$

其中 $a_{ij}=a_{ji}(t)\ (i,j=1,2)$. 如果

$$a_{11}>0,\quad a_{11}a_{22}-a_{12}^2>0$$

则 f 正定.

例 1　函数 $V=x^2+y^2\pm xy\sin t$ 正定.

例 2　函数 $V=x^2+y^2\pm xy\exp(-t)$正定.

例 3 函数 $V = \frac{1}{2}x^2[1+\exp(-t)] + \frac{1}{2}y^2 - xy\exp(-t)$ 正定.

例 4 函数 $V = \frac{x^2}{2+\sin t} + y^2$ 正定且渐减.

例 5 函数 $V = x^2 + y^2[1+\exp(-t)] + xy$ 正定且渐减.

例 6 函数 $V = x_1^2\left(1+\frac{1}{1+t}\right) + x_2^2$ 正定且渐减.

例 7 函数 $V = \frac{1}{2}x^2 + \frac{1}{2}y^2\exp t$ 正定非渐减.

例 8 函数 $V = (x_1^2 + x_2^2)\exp(-t)$ 非正定渐减.

例 9 函数 $V = (1+t)(x_1^2 + x_2^2)$ 正定非渐减.

例 10 函数 $V = tx_1^2 + x_2^2\exp(-t)$ 非正定非渐减.

7.1.2 广义梯度系统（Ⅰ）的分类及性质

在 1.6 节中已将广义梯度系统（Ⅰ）分成十类, 即 Ⅰ-1 ~ Ⅰ-10, 其微分方程分别为式 (1.6.1) ~ 式(1.6.10), 并研究了 $\dot{V}$ 的表示式. 当函数 V 正定, 可由 $\dot{V}$ 的符号根据 Lyapunov 定理来判断广义梯度系统（Ⅰ）的解的稳定性.

7.2 Lagrange 系统与广义梯度系统（Ⅰ）

本节研究 Lagrange 系统的广义梯度（Ⅰ）表示, 包括系统的运动微分方程、系统的广义梯度（Ⅰ）表示、系统的解及其稳定性, 以及具体应用.

7.2.1 系统的运动微分方程

Lagrange 系统的微分方程有形式

$$\frac{\mathrm{d}}{\mathrm{d}t}\frac{\partial L}{\partial \dot{q}_s} - \frac{\partial L}{\partial q_s} = 0 \quad (s=1,2,\cdots,n) \tag{7.2.1}$$

其中 $L = L(t, \boldsymbol{q}, \dot{\boldsymbol{q}})$ 为系统的 Lagrange 函数.

为将方程 (7.2.1) 化成广义梯度系统的方程, 需将其写成一阶形式. 有多种方法可以做到. 假设系统 (7.2.1) 非奇异, 即设

$$\det\left(\frac{\partial^2 L}{\partial \dot{q}_s \partial \dot{q}_k}\right) \neq 0 \tag{7.2.2}$$

则由方程 (7.2.1) 可解出所有广义加速度, 记作

$$\ddot{q}_s = \alpha_s(t, \boldsymbol{q}, \dot{\boldsymbol{q}}) \quad (s=1,2,\cdots,n) \tag{7.2.3}$$

令

$$a^s = q_s, \quad a^{n+s} = \dot{q}_s \tag{7.2.4}$$

则方程 (7.2.3) 可写成一阶形式

$$\dot{a}^\mu = F_\mu(\boldsymbol{a}) \quad (\mu = 1, 2, \cdots, 2n) \tag{7.2.5}$$

其中

$$F_s = a^{n+s}, \quad F_{n+s} = \alpha_s \tag{7.2.6}$$

引进广义动量 p_s 和 Hamilton 函数 H

$$\begin{aligned} p_s &= \frac{\partial L}{\partial \dot{q}_s} \\ H &= p_s \dot{q}_s - L \end{aligned} \tag{7.2.7}$$

则方程 (7.2.1) 可写成如下形式

$$\dot{a}^\mu = \omega^{\mu\nu} \frac{\partial H}{\partial a^\nu} \quad (\mu, \nu = 1, 2, \cdots, 2n) \tag{7.2.8}$$

其中

$$\begin{aligned} a^s &= q_s, \quad a^{n+s} = p_s \\ (\omega^{\mu\nu}) &= \begin{pmatrix} 0_{n\times n} & 1_{n\times n} \\ -1_{n\times n} & 0_{n\times n} \end{pmatrix} \end{aligned} \tag{7.2.9}$$

7.2.2　系统的广义梯度（Ⅰ）表示

系统 (7.2.5) 或系统 (7.2.8) 一般都不是广义梯度系统（Ⅰ）. 对系统 (7.2.5), 如果存在矩阵 $(b_{\mu\nu}(\boldsymbol{a})), (s_{\mu\nu}(\boldsymbol{a})), (a_{\mu\nu}(\boldsymbol{a}))$ 和函数 $V = V(t, \boldsymbol{a})$ 满足以下各式

$$F_\mu = -\frac{\partial V(t, \boldsymbol{a})}{\partial a^\mu} \quad (\mu = 1, 2, \cdots, 2n) \tag{7.2.10}$$

$$F_\mu = b_{\mu\nu}(\boldsymbol{a}) \frac{\partial V(t, \boldsymbol{a})}{\partial a^\nu} \quad (\mu, \nu = 1, 2, \cdots, 2n) \tag{7.2.11}$$

$$F_\mu = s_{\mu\nu}(\boldsymbol{a}) \frac{\partial V(t, \boldsymbol{a})}{\partial a^\nu} \tag{7.2.12}$$

$$F_\mu = a_{\mu\nu}(\boldsymbol{a}) \frac{\partial V(t, \boldsymbol{a})}{\partial\ a^\nu} \tag{7.2.13}$$

$$F_\mu = -\frac{\partial V(t, \boldsymbol{a})}{\partial a^\mu} + b_{\mu\nu}(\boldsymbol{a}) \frac{\partial V(t, \boldsymbol{a})}{\partial a^\nu} \tag{7.2.14}$$

$$F_\mu = -\frac{\partial V(t, \boldsymbol{a})}{\partial a^\mu} + s_{\mu\nu}(\boldsymbol{a}) \frac{\partial V(t, \boldsymbol{a})}{\partial a^\nu} \tag{7.2.15}$$

$$F_\mu = -\frac{\partial V(t, \boldsymbol{a})}{\partial a^\mu} + a_{\mu\nu}(\boldsymbol{a}) \frac{\partial V(t, \boldsymbol{a})}{\partial a^\nu} \tag{7.2.16}$$

$$F_\mu = b_{\mu\nu}(\boldsymbol{a})\frac{\partial V(t,\boldsymbol{a})}{\partial a^\nu} + s_{\mu\nu}(\boldsymbol{a})\frac{\partial V(t,\boldsymbol{a})}{\partial a^\nu} \tag{7.2.17}$$

$$F_\mu = b_{\mu\nu}(\boldsymbol{a})\frac{\partial V(t,\boldsymbol{a})}{\partial a^\nu} + a_{\mu\nu}(\boldsymbol{a})\frac{\partial V(t,\boldsymbol{a})}{\partial a^\nu} \tag{7.2.18}$$

$$F_\mu = a_{\mu\nu}(\boldsymbol{a})\frac{\partial V(t,\boldsymbol{a})}{\partial a^\nu} + s_{\mu\nu}(\boldsymbol{a})\frac{\partial V(t,\boldsymbol{a})}{\partial a^\nu} \tag{7.2.19}$$

那么它可分别成为广义梯度系统 Ⅰ-1 ～ Ⅰ-10.

对系统 (7.2.8), 如果存在矩阵 $(b_{\mu\nu}(\boldsymbol{a})),(s_{\mu\nu}(\boldsymbol{a})),(a_{\mu\nu}(\boldsymbol{a}))$ 和函数 $V=V(t,\boldsymbol{a})$ 满足以下各式

$$\omega^{\mu\nu}\frac{\partial H}{\partial a^\nu} = -\frac{\partial V(t,\boldsymbol{a})}{\partial a^\mu} \quad (\mu,\nu=1,2,\cdots,2n) \tag{7.2.20}$$

$$\omega^{\mu\nu}\frac{\partial H}{\partial a^\nu} = b_{\mu\nu}(\boldsymbol{a})\frac{\partial V(t,\boldsymbol{a})}{\partial a^\nu} \tag{7.2.21}$$

$$\omega^{\mu\nu}\frac{\partial H}{\partial a^\nu} = s_{\mu\nu}(\boldsymbol{a})\frac{\partial V(t,\boldsymbol{a})}{\partial a^\nu} \tag{7.2.22}$$

$$\omega^{\mu\nu}\frac{\partial H}{\partial a^\nu} = a_{\mu\nu}(\boldsymbol{a})\frac{\partial V(t,\boldsymbol{a})}{\partial a^\nu} \tag{7.2.23}$$

$$\omega^{\mu\nu}\frac{\partial H}{\partial a^\nu} = -\frac{\partial V(t,\boldsymbol{a})}{\partial a^\mu} + b_{\mu\nu}(\boldsymbol{a})\frac{\partial V(t,\boldsymbol{a})}{\partial a^\nu} \tag{7.2.24}$$

$$\omega^{\mu\nu}\frac{\partial H}{\partial a^\nu} = -\frac{\partial V(t,\boldsymbol{a})}{\partial a^\mu} + s_{\mu\nu}(\boldsymbol{a})\frac{\partial V(t,\boldsymbol{a})}{\partial a^\nu} \tag{7.2.25}$$

$$\omega^{\mu\nu}\frac{\partial H}{\partial a^\nu} = -\frac{\partial V(t,\boldsymbol{a})}{\partial a^\mu} + a_{\mu\nu}(\boldsymbol{a})\frac{\partial V(t,\boldsymbol{a})}{\partial a^\nu} \tag{7.2.26}$$

$$\omega^{\mu\nu}\frac{\partial H}{\partial a^\nu} = b_{\mu\nu}(\boldsymbol{a})\frac{\partial V(t,\boldsymbol{a})}{\partial a^\nu} + s_{\mu\nu}(\boldsymbol{a})\frac{\partial V(t,\boldsymbol{a})}{\partial a^\nu} \tag{7.2.27}$$

$$\omega^{\mu\nu}\frac{\partial H}{\partial a^\nu} = b_{\mu\nu}(\boldsymbol{a})\frac{\partial V(t,\boldsymbol{a})}{\partial a^\nu} + a_{\mu\nu}(\boldsymbol{a})\frac{\partial V(t,\boldsymbol{a})}{\partial a^\nu} \tag{7.2.28}$$

$$\omega^{\mu\nu}\frac{\partial H}{\partial a^\nu} = a_{\mu\nu}(\boldsymbol{a})\frac{\partial V(t,\boldsymbol{a})}{\partial a^\nu} + s_{\mu\nu}(\boldsymbol{a})\frac{\partial V(t,\boldsymbol{a})}{\partial a^\nu} \tag{7.2.29}$$

那么它可分别成为广义梯度系统 Ⅰ-1～Ⅰ-10.

值得注意的是, 如果条件 (7.2.10) ～ (7.2.29) 不满足, 还不能断定它不是广义梯度系统（Ⅰ）, 因为这与方程的一阶形式选取相关. 必要时, 还可选其他一阶形式.

7.2.3 解及其稳定性

将 Lagrange 系统化成广义梯度系统（Ⅰ）之后, 便可利用广义梯度系统（Ⅰ）的性质来研究这类力学系统的解及其稳定性.

7.2.4 应用举例

例 1 单自由度系统 Lagrange 函数为

$$L = \frac{1}{2}\dot{q}^2 - 2q^2(2+\sin t) \tag{7.2.30}$$

试将其化成广义梯度系统.

解 微分方程为

$$\ddot{q} = -4q(2+\sin t)$$

令

$$\begin{aligned} a^1 &= q \\ a^2 &= \frac{1}{2}\dot{q} \end{aligned}$$

则有

$$\begin{aligned} \dot{a}^1 &= 2a^2 \\ \dot{a}^2 &= -2a^1(2+\sin t) \end{aligned}$$

它可写成形式

$$\begin{pmatrix} \dot{a}^1 \\ \dot{a}^2 \end{pmatrix} = \begin{pmatrix} 0 & 1 \\ -1 & 0 \end{pmatrix} \begin{pmatrix} \dfrac{\partial V}{\partial a^1} \\ \dfrac{\partial V}{\partial a^2} \end{pmatrix}$$

其中矩阵为斜梯度的, 而函数 V 为

$$V = (a^1)^2(2+\sin t) + (a^2)^2$$

这是一个广义梯度系统 I-2. 按方程求 $\dot{V}$, 得

$$\dot{V} = (a^1)^2 \cos t$$

它是变号的, 还不能用来判断解 $a^1 = a^2 = 0$ 的稳定性.

例 2 单自由度系统 Lagrange 函数为

$$L = \frac{1}{2}\dot{q}^2 - q^2[1+\exp(-t)] \tag{7.2.31}$$

试将其化成广义梯度系统.

解 微分方程为

$$\ddot{q} = -2q[1+\exp(-t)]$$

令

$$\begin{aligned} a^1 &= -\frac{1}{2}\dot{q} \\ a^2 &= q \end{aligned}$$

则有

$$\begin{aligned}\dot{a}^1 &= a^2[1+\exp(-t)]\\ \dot{a}^2 &= -2a^1\end{aligned}$$

它可写成形式

$$\begin{pmatrix}\dot{a}^1\\ \dot{a}^2\end{pmatrix}=\begin{pmatrix}0 & 1\\ -1 & 0\end{pmatrix}\begin{pmatrix}\dfrac{\partial V}{\partial a^1}\\ \dfrac{\partial V}{\partial a^2}\end{pmatrix}$$

其中

$$V=(a^1)^2+\frac{1}{2}(a^2)^2[1+\exp(-t)]$$

这是一个广义梯度系统 I-2. V 在 $a^1=a^2=0$ 的邻域内正定且渐减. 按方程求 $\dot{V}$, 得

$$\dot{V}=-\frac{1}{2}(a^2)^2\exp(-t)$$

它是半负定的. 由定理 2 知, 解 $a^1=a^2=0$ 是一致稳定的.

例 3　单自由度系统为

$$L=\frac{1}{2}\dot{q}^2-2q^2\left(1+\frac{1}{1+t}\right) \tag{7.2.32}$$

试将其化成广义梯度系统.

解　微分方程为

$$\ddot{q}=-4q\left(1+\frac{1}{1+t}\right)$$

令

$$\begin{aligned}a^1 &= q\\ a^2 &= \frac{1}{2}\dot{q}\end{aligned}$$

则有

$$\begin{aligned}\dot{a}^1 &= 2a^2\\ \dot{a}^2 &= -2a^1\left(1+\frac{1}{1+t}\right)\end{aligned}$$

它可写成形式

$$\begin{pmatrix}\dot{a}^1\\ \dot{a}^2\end{pmatrix}=\begin{pmatrix}0 & 1\\ -1 & 0\end{pmatrix}\begin{pmatrix}\dfrac{\partial V}{\partial a^1}\\ \dfrac{\partial V}{\partial a^2}\end{pmatrix}$$

其中

$$V=(a^1)^2\left(1+\frac{1}{1+t}\right)+(a^2)^2$$

这是一个广义梯度系统 Ⅰ-2. V 正定且渐减. 按方程求 $\dot{V}$, 得

$$\dot{V}=-\frac{(a^1)^2}{(1+t)^2}$$

它是半负定的, 因此, 解 $a^1=a^2=0$ 是一致稳定的.

Lagrange 系统化成广义梯度系统 Ⅰ-2 较易实现, 而且可研究解的稳定性. 化成其他广义梯度系统较难实现.

7.3 Hamilton 系统与广义梯度系统（Ⅰ）

本节研究 Hamilton 系统的广义梯度（Ⅰ）表示, 包括系统的运动微分方程、系统的广义梯度（Ⅰ）表示、解及其稳定性, 以及具体应用.

7.3.1 系统的运动微分方程

Hamilton 系统的微分方程为

$$\dot{a}^\mu=\omega^{\mu\nu}\frac{\partial H}{\partial a^\nu}\quad(\mu,\nu=1,2,\cdots,2n)\tag{7.3.1}$$

其中

$$\begin{gathered}a^s=q_s,\quad a^{n+s}=p_s,\quad H=H(t,\boldsymbol{a})\\(\omega^{\mu\nu})=\begin{pmatrix}0_{n\times n}&1_{n\times n}\\-1_{n\times n}&0_{n\times n}\end{pmatrix}\end{gathered}\tag{7.3.2}$$

7.3.2 系统的广义梯度（Ⅰ）表示

一般说, Hamilton 系统不能成为广义梯度系统（Ⅰ）. 对系统 (7.3.1), 如果存在矩阵 $(b_{\mu\nu}(\boldsymbol{a})),(s_{\mu\nu}(\boldsymbol{a})),(a_{\mu\nu}(\boldsymbol{a}))$ 和函数 $V=V(t,\boldsymbol{a})$ 满足以下各式

$$\omega^{\mu\nu}\frac{\partial H}{\partial a^\nu}=-\frac{\partial V(t,\boldsymbol{a})}{\partial a^\mu}\quad(\mu,\nu=1,2,\cdots,2n)\tag{7.3.3}$$

$$\omega^{\mu\nu}\frac{\partial H}{\partial a^\nu}=b_{\mu\nu}(\boldsymbol{a})\frac{\partial V(t,\boldsymbol{a})}{\partial a^\nu}\tag{7.3.4}$$

$$\omega^{\mu\nu}\frac{\partial H}{\partial a^\nu}=s_{\mu\nu}(\boldsymbol{a})\frac{\partial V(t,\boldsymbol{a})}{\partial a^\nu}\tag{7.3.5}$$

$$\omega^{\mu\nu}\frac{\partial H}{\partial a^\nu}=a_{\mu\nu}(\boldsymbol{a})\frac{\partial V(t,\boldsymbol{a})}{\partial a^\nu}\tag{7.3.6}$$

$$\omega^{\mu\nu}\frac{\partial H}{\partial a^\nu}=-\frac{\partial V(t,\boldsymbol{a})}{\partial a^\mu}+b_{\mu\nu}(\boldsymbol{a})\frac{\partial V(t,\boldsymbol{a})}{\partial a^\nu}\tag{7.3.7}$$

$$\omega^{\mu\nu}\frac{\partial H}{\partial a^{\nu}} = -\frac{\partial V(t,\boldsymbol{a})}{\partial a^{\mu}} + s_{\mu\nu}(\boldsymbol{a})\frac{\partial V(t,\boldsymbol{a})}{\partial a^{\nu}} \tag{7.3.8}$$

$$\omega^{\mu\nu}\frac{\partial H}{\partial a^{\nu}} = -\frac{\partial V(t,\boldsymbol{a})}{\partial a^{\mu}} + a_{\mu\nu}(\boldsymbol{a})\frac{\partial V(t,\boldsymbol{a})}{\partial a^{\nu}} \tag{7.3.9}$$

$$\omega^{\mu\nu}\frac{\partial H}{\partial a^{\nu}} = b_{\mu\nu}(\boldsymbol{a})\frac{\partial V(t,\boldsymbol{a})}{\partial a^{\nu}} + s_{\mu\nu}(\boldsymbol{a})\frac{\partial V(t,\boldsymbol{a})}{\partial a^{\nu}} \tag{7.3.10}$$

$$\omega^{\mu\nu}\frac{\partial H}{\partial a^{\nu}} = b_{\mu\nu}(\boldsymbol{a})\frac{\partial V(t,\boldsymbol{a})}{\partial a^{\nu}} + a_{\mu\nu}(\boldsymbol{a})\frac{\partial V(t,\boldsymbol{a})}{\partial a^{\nu}} \tag{7.3.11}$$

$$\omega^{\mu\nu}\frac{\partial H}{\partial a^{\nu}} = a_{\mu\nu}(\boldsymbol{a})\frac{\partial V(t,\boldsymbol{a})}{\partial a^{\nu}} + s_{\mu\nu}(\boldsymbol{a})\frac{\partial V(t,\boldsymbol{a})}{\partial a^{\nu}} \tag{7.3.12}$$

那么它可分别成为广义梯度系统 Ⅰ-1～Ⅰ-10.

7.3.3 解及其稳定性

Hamilton 系统化成广义梯度系统（Ⅰ）之后, 便可利用其性质来研究这类力学系统的解及其稳定性. 对 Hamilton 系统, 式 (7.3.4) 较易实现, 其他各式较难实现.

7.3.4 应用举例

例 1 单自由度系统 Hamilton 函数为

$$H = \frac{1}{2}(q^2+p^2)[1+\exp(-t)] \tag{7.3.13}$$

试将其化成广义梯度系统.

解 令

$$a^1 = q$$
$$a^2 = p$$

则方程为

$$\dot{a}^1 = a^2[1+\exp(-t)]$$
$$\dot{a}^2 = -a^1[1+\exp(-t)]$$

它可写成形式

$$\begin{pmatrix}\dot{a}^1\\ \dot{a}^2\end{pmatrix} = \begin{pmatrix}0 & 1\\ -1 & 0\end{pmatrix}\begin{pmatrix}\dfrac{\partial V}{\partial a^1}\\ \dfrac{\partial V}{\partial a^2}\end{pmatrix}$$

其中

$$V = \frac{1}{2}[(a^1)^2+(a^2)^2][1+\exp(-t)]$$

这是一个广义梯度系统 Ⅰ-2. V 在 $a^1 = a^2 = 0$ 的邻域内正定且渐减. 按方程求 $\dot{V}$, 得

$$\dot{V} = -\frac{1}{2}[(a^1)^2 + (a^2)^2]\exp(-t)$$

因此, 解 $a^1 = a^2 = 0$ 是一致稳定的.

例 2　单自由度系统 Hamilton 函数为

$$H = p^2 + q^2\left(1 + \frac{1}{1+t^2}\right) \tag{7.3.14}$$

试将其化成广义梯度系统.

解　令

$$\begin{aligned} a^1 &= q \\ a^2 &= p \end{aligned}$$

则有

$$\begin{pmatrix} \dot{a}^1 \\ \dot{a}^2 \end{pmatrix} = \begin{pmatrix} 0 & 1 \\ -1 & 0 \end{pmatrix} \begin{pmatrix} \dfrac{\partial V}{\partial a^1} \\ \dfrac{\partial V}{\partial a^2} \end{pmatrix}$$

其中

$$V = (a^1)^2\left(1 + \frac{1}{1+t^2}\right) + (a^2)^2$$

这是一个广义梯度系统 Ⅰ-2. 解 $a^1 = a^2 = 0$ 是一致稳定的.

7.4　广义坐标下一般完整系统与广义梯度系统（Ⅰ）

本节研究广义坐标下一般完整系统的广义梯度（Ⅰ）表示, 包括系统的运动微分方程、系统的广义梯度（Ⅰ）表示、解及其稳定性, 以及具体应用.

7.4.1　系统的运动微分方程

广义坐标下一般完整系统的微分方程为

$$\frac{\mathrm{d}}{\mathrm{d}t}\frac{\partial L}{\partial \dot{q}_s} - \frac{\partial L}{\partial q_s} = Q_s \quad (s = 1, 2, \cdots, n) \tag{7.4.1}$$

其中 $L = L(t, \boldsymbol{q}, \dot{\boldsymbol{q}},)$ 为系统的 Lagrange 函数, $Q_s = Q_s(t, \boldsymbol{q}, \dot{\boldsymbol{q}})$ 为非势广义力. 设系统非奇异, 即设

$$\det\left(\frac{\partial^2 L}{\partial \dot{q}_s \partial \dot{q}_k}\right) \neq 0 \tag{7.4.2}$$

则由方程 (7.4.1) 可解出所有广义加速度, 记作

$$\ddot{q}_s = \alpha_s(t, \boldsymbol{q}, \dot{\boldsymbol{q}}) \quad (s = 1, 2, \cdots, n) \tag{7.4.3}$$

令

$$a^s = q_s, \quad a^{n+s} = \dot{q}_s \tag{7.4.4}$$

则方程 (7.4.3) 可写成一阶形式

$$\dot{a}^\mu = F_\mu(t, \boldsymbol{a}) \quad (\mu = 1, 2, \cdots, 2n) \tag{7.4.5}$$

其中

$$F_s = a^{n+s}, \quad F_{n+s} = \alpha_s \quad (s = 1, 2, \cdots, n) \tag{7.4.6}$$

引进广义动量 p_s 和 Hamilton 函数 H

$$\begin{aligned} p_s &= \frac{\partial L}{\partial \dot{q}_s} \\ H &= p_s \dot{q}_s - L \end{aligned} \tag{7.4.7}$$

则方程 (7.4.1) 可写成形式

$$\dot{a}^\mu = \omega^{\mu\nu} \frac{\partial H}{\partial a^\nu} + \Lambda_\mu \quad (\mu, \nu = 1, 2, \cdots, 2n) \tag{7.4.8}$$

其中

$$\begin{aligned} &a^s = q_s, \quad a^{n+s} = p_s \\ &(\omega^{\mu\nu}) = \begin{pmatrix} 0_{n\times n} & 1_{n\times n} \\ -1_{n\times n} & 0_{n\times n} \end{pmatrix} \\ &\Lambda_s = 0, \quad \Lambda_{n+s} = \tilde{Q}_s(t, \boldsymbol{a}) \end{aligned} \tag{7.4.9}$$

7.4.2 系统的广义梯度（Ⅰ）表示

系统 (7.4.5) 或系统 (7.4.8) 一般都不能成为广义梯度系统（Ⅰ）. 对系统 (7.4.5), 如果存在矩阵 $(b_{\mu\nu}(\boldsymbol{a})), (s_{\mu\nu}(\boldsymbol{a})), (a_{\mu\nu}(\boldsymbol{a}))$ 和函数 $V = V(t, \boldsymbol{a})$ 满足以下各式

$$F_\mu = -\frac{\partial V(t, \boldsymbol{a})}{\partial a^\mu} \quad (\mu = 1, 2, \cdots, 2n) \tag{7.4.10}$$

$$F_\mu = b_{\mu\nu}(\boldsymbol{a}) \frac{\partial V(t, \boldsymbol{a})}{\partial a^\nu} \quad (\mu, \nu = 1, 2, \cdots, 2n) \tag{7.4.11}$$

$$F_\mu = s_{\mu\nu}(\boldsymbol{a}) \frac{\partial V(t, \boldsymbol{a})}{\partial a^\nu} \tag{7.4.12}$$

$$F_\mu = a_{\mu\nu}(\boldsymbol{a}) \frac{\partial V(t, \boldsymbol{a})}{\partial a^\nu} \tag{7.4.13}$$

$$F_\mu = -\frac{\partial V(t,\boldsymbol{a})}{\partial a^\mu} + b_{\mu\nu}(\boldsymbol{a})\frac{\partial V(t,\boldsymbol{a})}{\partial a^\nu} \tag{7.4.14}$$

$$F_\mu = -\frac{\partial V(t,\boldsymbol{a})}{\partial a^\mu} + s_{\mu\nu}(\boldsymbol{a})\frac{\partial V(t,\boldsymbol{a})}{\partial a^\nu} \tag{7.4.15}$$

$$F_\mu = -\frac{\partial V(t,\boldsymbol{a})}{\partial a^\mu} + a_{\mu\nu}(\boldsymbol{a})\frac{\partial V(t,\boldsymbol{a})}{\partial a^\nu} \tag{7.4.16}$$

$$F_\mu = b_{\mu\nu}(\boldsymbol{a})\frac{\partial V(t,\boldsymbol{a})}{\partial a^\nu} + s_{\mu\nu}(\boldsymbol{a})\frac{\partial V(t,\boldsymbol{a})}{\partial a^\nu} \tag{7.4.17}$$

$$F_\mu = b_{\mu\nu}(\boldsymbol{a})\frac{\partial V(t,\boldsymbol{a})}{\partial a^\nu} + a_{\mu\nu}(\boldsymbol{a})\frac{\partial V(t,\boldsymbol{a})}{\partial a^\nu} \tag{7.4.18}$$

$$F_\mu = a_{\mu\nu}(\boldsymbol{a})\frac{\partial V(t,\boldsymbol{a})}{\partial a^\nu} + s_{\mu\nu}(\boldsymbol{a})\frac{\partial V(t,\boldsymbol{a})}{\partial a^\nu} \tag{7.4.19}$$

那么它可分别成为广义梯度系统 Ⅰ-1～Ⅰ-10.

对系统 (7.4.8), 如果存在矩阵 $(b_{\mu\nu}(\boldsymbol{a})), (s_{\mu\nu}(\boldsymbol{a})), (a_{\mu\nu}(\boldsymbol{a}))$ 和函数 $V = V(t,\boldsymbol{a})$ 满足以下各式

$$\omega^{\mu\nu}\frac{\partial H}{\partial a^\nu} + \Lambda_\mu = -\frac{\partial V(t,\boldsymbol{a})}{\partial a^\mu} \quad (\mu,\nu = 1,2,\cdots,2n) \tag{7.4.20}$$

$$\omega^{\mu\nu}\frac{\partial H}{\partial a^\nu} + \Lambda_\mu = b_{\mu\nu}(\boldsymbol{a})\frac{\partial V(t,\boldsymbol{a})}{\partial a^\nu} \tag{7.4.21}$$

$$\omega^{\mu\nu}\frac{\partial H}{\partial a^\nu} + \Lambda_\mu = s_{\mu\nu}(\boldsymbol{a})\frac{\partial V(t,\boldsymbol{a})}{\partial a^\nu} \tag{7.4.22}$$

$$\omega^{\mu\nu}\frac{\partial H}{\partial a^\nu} + \Lambda_\mu = a_{\mu\nu}(\boldsymbol{a})\frac{\partial V(t,\boldsymbol{a})}{\partial a^\nu} \tag{7.4.23}$$

$$\omega^{\mu\nu}\frac{\partial H}{\partial a^\nu} + \Lambda_\mu = -\frac{\partial V(t,\boldsymbol{a})}{\partial a^\mu} + b_{\mu\nu}(\boldsymbol{a})\frac{\partial V(t,\boldsymbol{a})}{\partial a^\nu} \tag{7.4.24}$$

$$\omega^{\mu\nu}\frac{\partial H}{\partial a^\nu} + \Lambda_\mu = -\frac{\partial V(t,\boldsymbol{a})}{\partial a^\mu} + s_{\mu\nu}(\boldsymbol{a})\frac{\partial V(t,\boldsymbol{a})}{\partial a^\nu} \tag{7.4.25}$$

$$\omega^{\mu\nu}\frac{\partial H}{\partial a^\nu} + \Lambda_\mu = -\frac{\partial V(t,\boldsymbol{a})}{\partial a^\mu} + a_{\mu\nu}(\boldsymbol{a})\frac{\partial V(t,\boldsymbol{a})}{\partial a^\nu} \tag{7.4.26}$$

$$\omega^{\mu\nu}\frac{\partial H}{\partial a^\nu} + \Lambda_\mu = b_{\mu\nu}(\boldsymbol{a})\frac{\partial V(t,\boldsymbol{a})}{\partial a^\nu} + s_{\mu\nu}(\boldsymbol{a})\frac{\partial V(t,\boldsymbol{a})}{\partial a^\nu} \tag{7.4.27}$$

$$\omega^{\mu\nu}\frac{\partial H}{\partial a^\nu} + \Lambda_\mu = b_{\mu\nu}(\boldsymbol{a})\frac{\partial V(t,\boldsymbol{a})}{\partial a^\nu} + a_{\mu\nu}(\boldsymbol{a})\frac{\partial V(t,\boldsymbol{a})}{\partial a^\nu} \tag{7.4.28}$$

$$\omega^{\mu\nu}\frac{\partial H}{\partial a^\nu} + \Lambda_\mu = a_{\mu\nu}(\boldsymbol{a})\frac{\partial V(t,\boldsymbol{a})}{\partial a^\nu} + s_{\mu\nu}(\boldsymbol{a})\frac{\partial V(t,\boldsymbol{a})}{\partial a^\nu} \tag{7.4.29}$$

那么它可分别成为广义梯度系统 Ⅰ-1～Ⅰ-10.

值得注意的是, 如果式 (7.4.10)～式 (7.4.29) 不满足, 还不能断定它不是广义梯度系统 (Ⅰ), 因为这与方程的一阶形式选取相关. 具体应用时, 可考虑其他一阶形式.

7.4.3 解及其稳定性

一般完整力学系统化成广义梯度系统（Ⅰ）之后，便可利用广义梯度系统（Ⅰ）的性质来研究这类力学系统的解及其稳定性. 一般完整力学系统比 Lagrange 系统易实现广义梯度化.

7.4.4 应用举例

例 1 单自由度系统为

$$\begin{aligned} L &= \frac{1}{2}\dot{q}^2 - \frac{1}{2}q^2(7+4\cos t - \sin t) \\ Q &= -2\dot{q}(3+\cos t) \end{aligned} \tag{7.4.30}$$

试将其化成广义梯度系统（Ⅰ）.

解 微分方程为

$$\ddot{q} = -q(7+4\cos t - 2\sin t) - 2\dot{q}(3+\cos t)$$

令

$$\begin{aligned} a^1 &= q \\ a^2 &= \dot{q} + 2q(2+\cos t) \end{aligned}$$

则有

$$\begin{aligned} \dot{a}^1 &= -2a^1(2+\cos t) + a^2 \\ \dot{a}^2 &= a^1 - 2a^2 \end{aligned}$$

它可写成形式

$$\begin{pmatrix} \dot{a}^1 \\ \dot{a}^2 \end{pmatrix} = \begin{pmatrix} -1 & 0 \\ 0 & -1 \end{pmatrix} \begin{pmatrix} \dfrac{\partial V}{\partial a^1} \\ \dfrac{\partial V}{\partial a^2} \end{pmatrix}$$

其中函数 V 为

$$V = (a^1)^2(2+\cos t) + (a^2)^2 - a^1 a^2$$

这是一个广义梯度系统 Ⅰ-1. V 在 $a^1 = a^2 = 0$ 的邻域内正定且渐减. 按方程求 $\dot{V}$，得

$$\dot{V} = -(a^1)^2[4(2+\cos t)^2 + 1 + \sin t] - 5(a^2)^2 + 4a^1a^2(3+\cos t)$$

$\dot{V}$ 负定的条件为

$$4(2+\cos t)^2+1+\sin t>0$$
$$\Delta=\begin{vmatrix} 4(2+\cos t)^2+1+\sin t & -2(3+\cos t) \\ -2(3+\cos t) & 5 \end{vmatrix}>0$$

第一式显然成立. 展开得

$$\begin{aligned}\Delta &= 49+56\cos t+16\cos^2 t+5\sin t \\ &=(4\cos t+7)^2+5\sin t \\ &\geqslant 3^2-5 \\ &=4 \\ &>0\end{aligned}$$

这样, 解 $a^1=a^2=0$ 是一致渐近稳定的。

例 2 Lagrange 函数和广义力分别为

$$\begin{aligned}L &= \frac{1}{2}\dot{q}^2-2q^2[1+\exp(-t)] \\ Q &= -\dot{q}\frac{\exp(-t)}{1+\exp(-t)}\end{aligned} \tag{7.4.31}$$

试将其化成广义梯度系统（Ⅰ）, 并研究零解的稳定性.

解 方程 (7.4.1) 给出

$$\ddot{q}=-4q[1+\exp(-t)]-\dot{q}\frac{\exp(-t)}{1+\exp(-t)}$$

令

$$\begin{aligned}a^1 &= q \\ a^2 &= \frac{\dot{q}}{2[1+\exp(-t)]}\end{aligned}$$

则有

$$\begin{aligned}\dot{a}^1 &= 2a^2[1+\exp(-t)] \\ \dot{a}^2 &= -2a^1\end{aligned}$$

它可写成形式

$$\begin{pmatrix}\dot{a}^1 \\ \dot{a}^2\end{pmatrix}=\begin{pmatrix}0 & 1 \\ -1 & 0\end{pmatrix}\begin{pmatrix}\dfrac{\partial V}{\partial a^1} \\ \dfrac{\partial V}{\partial a^2}\end{pmatrix}$$

其中

$$V=(a^1)^2+(a^2)^2[1+\exp(-t)]$$

这是一个广义梯度系统 I-2. V 在 $a^1=a^2=0$ 的邻域内正定且渐减. 按方程求 $\dot{V}$, 得

$$\dot{V}=-(a^2)^2\exp(-t)$$

由定理 2 知, 零解 $a^1=a^2=0$ 是一致稳定的.

例 3 Lagrange 函数和广义力分别为

$$\begin{aligned}L=&\frac{1}{2}\dot{q}^2-\frac{2q^2}{2+\cos t}\left(1+\frac{\sin t}{2+\cos t}\right)\\Q=&-2\dot{q}\left(1+\frac{2}{2+\cos t}\right)\end{aligned}\tag{7.4.32}$$

试将其化成广义梯度系统 (I).

解 方程 (7.4.1) 给出

$$\ddot{q}=\frac{4q}{2+\cos t}\left(1+\frac{\sin t}{2+\cos t}\right)-2\dot{q}\left(1+\frac{2}{2+\cos t}\right)$$

令

$$\begin{aligned}a^1=&\frac{1}{2}\left(\dot{q}+\frac{4q}{2+\cos t}\right)\\a^2=&q\end{aligned}$$

则有

$$\begin{aligned}\dot{a}^1&=-2a^1+\frac{2a^2}{2+\cos t}\\\dot{a}^2&=2a^1-\frac{4a^2}{2+\cos t}\end{aligned}$$

它可写成如下形式

$$\begin{pmatrix}\dot{a}^1\\\dot{a}^2\end{pmatrix}=\begin{pmatrix}-1&1\\1&-2\end{pmatrix}\begin{pmatrix}\dfrac{\partial V}{\partial a^1}\\\dfrac{\partial V}{\partial a^2}\end{pmatrix}$$

其中矩阵为对称负定的, 而函数 V 为

$$V=(a^1)^2+\frac{(a^2)^2}{2+\cos t}$$

这是一个广义梯度系统 Ⅰ-3. V 在 $a^1=a^2=0$ 的邻域内正定且渐减. 按方程求 $\dot{V}$, 得

$$\dot{V}=-4(a^1)^2-\frac{(a^2)^2}{(2+\cos t)^2}(8-\sin t)+\frac{8a^1a^2}{2+\cos t}$$

它是负定的. 由定理 4 知, 零解 $a^1=a^2=0$ 是一致渐近稳定的.

例 4　Lagrange 函数和广义力分别为

$$\begin{aligned}L&=\frac{1}{2}\dot{q}^2-\frac{1}{2}q^2\frac{\exp(-t)}{1+\exp(-t)}\\Q&=-\dot{q}\left[2+\exp(-t)+\frac{\exp(-t)}{1+\exp(-t)}\right]\end{aligned}\tag{7.4.33}$$

试将其化成广义梯度系统（Ⅰ）, 并研究零解的稳定性.

解　方程 (7.4.1) 给出

$$\ddot{q}=-q\frac{\exp(-t)}{1+\exp(-t)}-\dot{q}\left[2+\exp(-t)+\frac{\exp(-t)}{1+\exp(-t)}\right]$$

令

$$\begin{aligned}a^1&=q\\a^2&=\frac{q+\dot{q}}{1+\exp(-t)}\end{aligned}$$

则有

$$\begin{aligned}\dot{a}^1&=-a^1+a^2[1+\exp(-t)]\\\dot{a}^2&=a^1-a^2[1+\exp(-t)]\end{aligned}$$

它可写成如下形式

$$\begin{pmatrix}\dot{a}^1\\\dot{a}^2\end{pmatrix}=\begin{pmatrix}-1&1\\1&-1\end{pmatrix}\begin{pmatrix}\dfrac{\partial V}{\partial a^1}\\\dfrac{\partial V}{\partial a^2}\end{pmatrix}$$

其中矩阵为半负定的, 而函数 V 为

$$V=\frac{1}{2}(a^1)^2+\frac{1}{2}(a^2)^2[1+\exp(-t)]$$

这是一个广义梯度系统 Ⅰ-4. V 在 $a^1=a^2=0$ 的邻域内正定且渐减. 按方程求 $\dot{V}$, 得

$$\dot{V}=-(a^1)^2-\frac{1}{2}(a^2)^2[1+\exp(-t)]\{1+2[1+\exp(-t)]\}+2a^1a^2[1+\exp(-t)]$$

它是负定的. 因此, 零解 $a^1 = a^2 = 0$ 是一致渐近稳定的.

例 5 单自由度系统为

$$
\begin{aligned}
L &= \frac{1}{2}\dot{q}^2 - q^2\left[4\left(1+\frac{1}{1+t}\right) - \frac{1}{(1+t)^2}\right] \\
Q &= -2\dot{q}\left(2+\frac{1}{1+t}\right)
\end{aligned} \tag{7.4.34}
$$

试将其化成广义梯度系统 (I).

解 微分方程为

$$
\ddot{q} = -2q\left[4\left(1+\frac{1}{1+t}\right) - \frac{1}{(1+t)^2}\right] - 2\dot{q}\left(2+\frac{1}{1+t}\right)
$$

令

$$
\begin{aligned}
a^1 &= \frac{1}{2}\left[\dot{q} + 2q\left(1+\frac{1}{1+t}\right)\right] \\
a^2 &= q
\end{aligned}
$$

则有

$$
\begin{aligned}
\dot{a}^1 &= -2a^1 - 2a^2\left(1+\frac{1}{1+t}\right) \\
\dot{a}^2 &= 2a^1 - 2a^2\left(1+\frac{1}{1+t}\right)
\end{aligned}
$$

它可写成形式

$$
\begin{pmatrix} \dot{a}^1 \\ \dot{a}^2 \end{pmatrix} = \left(\begin{pmatrix} -1 & 0 \\ 0 & -1 \end{pmatrix} + \begin{pmatrix} 0 & -1 \\ 1 & 0 \end{pmatrix}\right)\begin{pmatrix} \dfrac{\partial V}{\partial a^1} \\ \dfrac{\partial V}{\partial a^2} \end{pmatrix}
$$

其中矩阵为由通常梯度的和斜梯度的组合而成, 是负定的, 而函数 V 为

$$
V = (a^1)^2 + (a^2)^2\left(1+\frac{1}{1+t}\right)
$$

这是一个广义梯度系统 I-5. V 在 $a^1 = a^2 = 0$ 的邻域内正定且渐减. 按方程求 $\dot{V}$, 得

$$
\dot{V} = -4(a^1)^2 - (a^2)^2\left[4\left(1+\frac{1}{1+t}\right)^2 + \frac{1}{(1+t)^2}\right]
$$

它是负定的, 因此, 解 $a^1 = a^2 = 0$ 是一致渐近稳定的.

例 6　Lagrange 函数和广义力分别为

$$
\begin{aligned}
L &= \frac{1}{2}\dot{q}^2 - q^2\frac{2}{2+\sin t}(5+\cos t) \\
Q &= -\dot{q}\left(4+\frac{6+\cos t}{2+\sin t}\right)
\end{aligned} \tag{7.4.35}
$$

试将其化成广义梯度系统 (Ⅰ).

解　方程 (7.4.1) 给出

$$
\ddot{q} = -q\frac{4}{2+\sin t}(5+\cos t) - \dot{q}\left(4+\frac{6+\cos t}{2+\sin t}\right)
$$

令

$$
\begin{aligned}
a^1 &= q \\
a^2 &= \frac{1}{2}(\dot{q}+4q)(2+\sin t)
\end{aligned}
$$

则有

$$
\begin{aligned}
\dot{a}^1 &= -4a^1 + \frac{2a^2}{2+\sin t} \\
\dot{a}^2 &= 2a^1 - \frac{6a^2}{2+\sin t}
\end{aligned}
$$

它可写成形式

$$
\begin{pmatrix} \dot{a}^1 \\ \dot{a}^2 \end{pmatrix} = \left(\begin{pmatrix} -1 & 0 \\ 0 & -1 \end{pmatrix} + \begin{pmatrix} -1 & 1 \\ 1 & -2 \end{pmatrix}\right) \begin{pmatrix} \dfrac{\partial V}{\partial a^1} \\ \dfrac{\partial V}{\partial a^2} \end{pmatrix}
$$

其中矩阵为由通常梯度的和对称负定的组合而成, 是对称负定的, 而函数 V 为

$$
V = (a^1)^2 + \frac{(a^2)^2}{2+\sin t}
$$

这是一个广义梯度系统 Ⅰ-6. V 在 $a^1 = a^2 = 0$ 的邻域内是正定且渐减的. 按方程求 $\dot{V}$, 得

$$
\dot{V} = -8(a^1)^2 - \frac{12+\cos t}{(2+\sin t)^2}(a^2)^2 + 8\frac{a^1 a^2}{2+\sin t}
$$

它是负定的, 因此, 解 $a^1 = a^2 = 0$ 是一致渐近稳定的.

例 7　Lagrange 函数和广义力分别为

$$
\begin{aligned}
L &= \frac{1}{2}\dot{q}^2 - q^2\frac{2}{2+\cos t}(3-\sin t) \\
Q &= -\dot{q}\left(4+\frac{4-\sin t}{2+\cos t}\right)
\end{aligned} \tag{7.4.36}
$$

试将其化成广义梯度系统（Ⅰ）.

解 方程 (7.4.1) 给出

$$\ddot{q} = -\frac{4q}{2+\cos t}(3-\sin t) - \dot{q}\left(4+\frac{4-\sin t}{2+\cos t}\right)$$

令

$$\begin{aligned} a^1 &= \frac{1}{2}(\dot{q}+4q)(2+\cos t) \\ a^2 &= q \end{aligned}$$

则有

$$\begin{aligned} \dot{a}^1 &= -\frac{4a^1}{2+\cos t} + 2a^2 \\ \dot{a}^2 &= \frac{2a^1}{2+\cos t} - 4a^2 \end{aligned}$$

它可写成如下形式

$$\begin{pmatrix} \dot{a}^1 \\ \dot{a}^2 \end{pmatrix} = \left(\begin{pmatrix} -1 & 0 \\ 0 & -1 \end{pmatrix} + \begin{pmatrix} -1 & 1 \\ 1 & -1 \end{pmatrix}\right) \begin{pmatrix} \dfrac{\partial V}{\partial a^1} \\ \dfrac{\partial V}{\partial a^2} \end{pmatrix}$$

其中矩阵为由通常梯度的和半负定的组合而成, 是对称负定的, 而函数 V 为

$$V = \frac{(a^1)^2}{2+\cos t} + (a^2)^2$$

这是一个广义梯度系统 I-7. V 正定且渐减. 按方程求 $\dot{V}$, 得

$$\dot{V} = -(a^1)^2\frac{8-\sin t}{(2+\cos t)^2} - 8(a^2)^2 + 8\frac{a^1 a^2}{2+\cos t}$$

它是负定的, 因此, 解 $a^1 = a^2 = 0$ 是一致渐近稳定的.

例 8 Lagrange 函数和广义力分别为

$$\begin{aligned} L &= \frac{1}{2}\dot{q}^2 - q^2(12+6\sin t+\cos t) - 2q^3 \\ Q &= -2\dot{q}(4+\sin t) - 2q\dot{q} \end{aligned} \tag{7.4.37}$$

试将其化成广义梯度系统（Ⅰ）.

解 微分方程为

$$\ddot{q} = -2q(12+6\sin t+\cos t) - 6q^2 - 2\dot{q}(4+\sin t) - 2q\dot{q}$$

令

$$
\begin{aligned}
a^1 &= q \\
a^2 &= \frac{1}{2}[\dot{q} + 2q(2+\sin t) + q^2]
\end{aligned}
$$

则有

$$
\begin{aligned}
\dot{a}^1 &= -2a^1(2+\sin t) - (a^1)^2 + 2a^2 \\
\dot{a}^2 &= -2a^1(2+\sin t) - (a^1)^2 - 4a^2
\end{aligned}
$$

它可写成形式

$$
\begin{pmatrix} \dot{a}^1 \\ \dot{a}^2 \end{pmatrix} = \left(\begin{pmatrix} 0 & 1 \\ -1 & 0 \end{pmatrix} + \begin{pmatrix} -1 & 0 \\ 0 & -2 \end{pmatrix} \right) \begin{pmatrix} \dfrac{\partial V}{\partial a^1} \\ \dfrac{\partial V}{\partial a^2} \end{pmatrix}
$$

其中矩阵为由斜梯度的和对称负定的组合而成, 是负定的, 而函数 V 为

$$
V = (a^1)^2(2+\sin t) + (a^2)^2 + \frac{1}{3}(a^1)^3
$$

这是一个广义梯度系统 Ⅰ-8. V 正定且渐减. 按方程求 $\dot{V}$, 得

$$
\dot{V} = -4(a^1)^2(2+\sin t)^2 - 8(a^2)^2 + (a^1)^2\cos t - 4(a^1)^3(2+\sin t) - (a^1)^4
$$

它是负定的, 因此, 解 $a^1 = a^2 = 0$ 是一致渐近稳定的.

例 9　Lagrange 函数和广义力分别为

$$
\begin{aligned}
L &= \frac{1}{2}\dot{q}^2 - \frac{1}{2}q^2[3 + 4\exp(-t)] \\
Q &= -2\dot{q}[1 + \exp(-t)]
\end{aligned}
\tag{7.4.38}
$$

试将其化成广义梯度系统 (Ⅰ).

解　方程 (7.4.1) 给出

$$
\ddot{q} = -q[3 + 4\exp(-t)] - 2\dot{q}[1 + \exp(-t)]
$$

令

$$
\begin{aligned}
a^1 &= q \\
a^2 &= -(\dot{q} + 2q)
\end{aligned}
$$

则有

$$\dot{a}^1 = -2a^1 - a^2$$
$$\dot{a}^2 = 3a^1 - 2a^2 \exp(-t)$$

它可写成如下形式

$$\begin{pmatrix} \dot{a}^1 \\ \dot{a}^2 \end{pmatrix} = \left(\begin{pmatrix} 0 & -1 \\ 1 & 0 \end{pmatrix} + \begin{pmatrix} -1 & 1 \\ 1 & -1 \end{pmatrix} \right) \begin{pmatrix} \dfrac{\partial V}{\partial a^1} \\ \dfrac{\partial V}{\partial a^2} \end{pmatrix}$$

其中矩阵为由斜梯度的和半负定的组合而成, 是半负定的, 而函数 V 为

$$V = (a^1)^2 + (a^2)^2[1 + \exp(-t)] + a^1 a^2$$

这是一个广义梯度系统 I-9. V 在 $a^1 = a^2 = 0$ 的邻域内正定且渐减. 按方程求 $\dot{V}$, 得

$$\dot{V} = -(a^1)^2 - (a^2)^2[1 + 5\exp(-t) + 4\exp(-2t)] + 2a^1 a^2[1 + 2\exp(-t)]$$

它是负定的, 因此, 解 $a^1 = a^2 = 0$ 是一致渐近稳定的.

例 10 Lagrange 函数和广义力分别为

$$\begin{aligned} L &= \frac{1}{2}\dot{q}^2 - 2q^2(10 + 5\sin t + \cos t) \\ Q &= -2\dot{q}(7 + 2\sin t) \end{aligned} \tag{7.4.39}$$

试将其化成广义梯度系统 (I).

解 微分方程为

$$\ddot{q} = -4q(10 + 5\sin t + \cos t) - 2\dot{q}(7 + 2\sin t)$$

令

$$a^1 = q$$
$$a^2 = \frac{1}{2}\dot{q} + 2q(2 + \sin t)$$

则有

$$\dot{a}^1 = -4a^1(2 + \sin t) + 2a^2$$
$$\dot{a}^2 = 2a^1(2 + \sin t) - 6a^2$$

它可写成如下形式

$$\begin{pmatrix} \dot{a}^1 \\ \dot{a}^2 \end{pmatrix} = \left(\begin{pmatrix} -1 & 1 \\ 1 & -1 \end{pmatrix} + \begin{pmatrix} -1 & 0 \\ 0 & -2 \end{pmatrix} \right) \begin{pmatrix} \dfrac{\partial V}{\partial a^1} \\ \dfrac{\partial V}{\partial a^2} \end{pmatrix}$$

其中矩阵为由半负定的和对称负定的组合而成, 是对称负定的, 而函数 V 为

$$V=(a^1)^2(2+\sin t)+(a^2)^2$$

这是一个广义梯度系统 Ⅰ-10. 按方程求 $\dot{V}$, 得

$$\dot{V}=-8(a^1)^2(2+\sin t)^2-12(a^2)^2+8a^1a^2(2+\sin t)+(a^1)^2\cos t$$

它是负定的, 因此, 解 $a^1=a^2=0$ 是一致渐近稳定的.

7.5　带附加项的 Hamilton 系统与广义梯度系统（Ⅰ）

本节研究带附加项的 Hamilton 系统的广义梯度（Ⅰ）表示, 包括系统的运动微分方程、系统的广义梯度（Ⅰ）表示、解及其稳定性, 以及具体应用.

7.5.1　系统的运动微分方程

带附加项的 Hamilton 系统的微分方程有形式

$$\dot{q}_s=\frac{\partial H}{\partial p_s},\quad \dot{p}_s=-\frac{\partial H}{\partial q_s}+Q_s\quad (s=1,2,\cdots,n) \tag{7.5.1}$$

其中 $H=H(t,\boldsymbol{q},\boldsymbol{p})$ 为系统的 Hamilton 函数, $Q_s=Q_s(t,\boldsymbol{q},\boldsymbol{p})$ 为用正则变量表示的非势力, 即附加项. 方程 (7.5.1) 还可写成如下形式

$$\dot{a}^\mu=\omega^{\mu\nu}\frac{\partial H}{\partial a^\nu}+P_\mu\quad (\mu,\nu=1,2,\cdots,2n) \tag{7.5.2}$$

其中

$$\begin{aligned}&a^s=q_s,\quad a^{n+s}=p_s\\&(\omega^{\mu\nu})=\begin{pmatrix}0_{n\times n} & 1_{n\times n}\\ -1_{n\times n} & 0_{n\times n}\end{pmatrix}\\&P_s=0,\quad P_{n+s}=Q_s\end{aligned} \tag{7.5.3}$$

7.5.2　系统的广义梯度（Ⅰ）表示

一般说, 系统 (7.5.2) 不是广义梯度系统（Ⅰ）. 对系统 (7.5.2), 如果存在矩阵 $(b_{\mu\nu}(\boldsymbol{a})),(s_{\mu\nu}(\boldsymbol{a})),(a_{\mu\nu}(\boldsymbol{a}))$ 和函数 $V=V(t,\boldsymbol{a})$ 满足以下各式

$$\omega^{\mu\nu}\frac{\partial H}{\partial a^\nu}+P_\mu=-\frac{\partial \mathrm{V}(t,\boldsymbol{a})}{\partial a^\mu}\quad (\mu,\nu=1,2,\cdots,2n) \tag{7.5.4}$$

$$\omega^{\mu\nu}\frac{\partial H}{\partial a^\nu}+P_\mu=b_{\mu\nu}(\boldsymbol{a})\frac{\partial \mathrm{V}(t,\boldsymbol{a})}{\partial a^\nu} \tag{7.5.5}$$

$$\omega^{\mu\nu}\frac{\partial H}{\partial a^\nu}+P_\mu=s_{\mu\nu}(\boldsymbol{a})\frac{\partial \mathrm{V}(t,\boldsymbol{a})}{\partial a^\nu} \tag{7.5.6}$$

$$\omega^{\mu\nu}\frac{\partial H}{\partial a^\nu}+P_\mu=a_{\mu\nu}(\boldsymbol{a})\frac{\partial \mathrm{V}(t,\boldsymbol{a})}{\partial a^\nu} \tag{7.5.7}$$

$$\omega^{\mu\nu}\frac{\partial H}{\partial a^\nu}+P_\mu=-\frac{\partial \mathrm{V}(t,\boldsymbol{a})}{\partial a^\mu}+b_{\mu\nu}(\boldsymbol{a})\frac{\partial \mathrm{V}(t,\boldsymbol{a})}{\partial a^\nu} \tag{7.5.8}$$

$$\omega^{\mu\nu}\frac{\partial H}{\partial a^\nu}+P_\mu=-\frac{\partial \mathrm{V}(t,\boldsymbol{a})}{\partial a^\mu}+s_{\mu\nu}(\boldsymbol{a})\frac{\partial \mathrm{V}(t,\boldsymbol{a})}{\partial a^\nu} \tag{7.5.9}$$

$$\omega^{\mu\nu}\frac{\partial H}{\partial a^\nu}+P_\mu=-\frac{\partial \mathrm{V}(t,\boldsymbol{a})}{\partial a^\mu}+a_{\mu\nu}(\boldsymbol{a})\frac{\partial \mathrm{V}(t,\boldsymbol{a})}{\partial a^\nu} \tag{7.5.10}$$

$$\omega^{\mu\nu}\frac{\partial H}{\partial a^\nu}+P_\mu=b_{\mu\nu}(\boldsymbol{a})\frac{\partial \mathrm{V}(t,\boldsymbol{a})}{\partial a^\nu}+s_{\mu\nu}(\boldsymbol{a})\frac{\partial \mathrm{V}(t,\boldsymbol{a})}{\partial a^\nu} \tag{7.5.11}$$

$$\omega^{\mu\nu}\frac{\partial H}{\partial a^\nu}+P_\mu=b_{\mu\nu}(\boldsymbol{a})\frac{\partial \mathrm{V}(t,\boldsymbol{a})}{\partial a^\nu}+a_{\mu\nu}(\boldsymbol{a})\frac{\partial \mathrm{V}(t,\boldsymbol{a})}{\partial a^\nu} \tag{7.5.12}$$

$$\omega^{\mu\nu}\frac{\partial H}{\partial a^\nu}+P_\mu=a_{\mu\nu}(\boldsymbol{a})\frac{\partial \mathrm{V}(t,\boldsymbol{a})}{\partial a^\nu}+s_{\mu\nu}(\boldsymbol{a})\frac{\partial \mathrm{V}(t,\boldsymbol{a})}{\partial a^\nu} \tag{7.5.13}$$

那么它可分别成为广义梯度系统 Ⅰ-1～Ⅰ-10.

值得注意的是, 如果上述条件不满足, 还不能断定它不是广义梯度系统（Ⅰ）, 因为这与方程的一阶形式选取相关.

7.5.3 解及其稳定性

带附加项的 Hamilton 系统化成广义梯度系统之后, 便可利用广义梯度系统的性质来研究这类力学系统的稳定性.

7.5.4 应用举例

例 1 带附加项的 Hamilton 系统为

$$\begin{aligned}H&=-2pq(2+\sin t)\\Q&=-2p(3+\sin t)\end{aligned} \tag{7.5.14}$$

试将其化成广义梯度系统（Ⅰ）.

解 令

$$a^1=q$$
$$a^2=p$$

则方程 (7.5.2) 给出

$$\dot a^1=-2a^1(2+\sin t)$$
$$\dot a^2=-2a^2$$

它可写成形式

$$\begin{pmatrix} \dot{a}^1 \\ \dot{a}^2 \end{pmatrix} = \begin{pmatrix} -1 & 0 \\ 0 & -1 \end{pmatrix} \begin{pmatrix} \dfrac{\partial V}{\partial a^1} \\ \dfrac{\partial V}{\partial a^2} \end{pmatrix}$$

其中

$$V = (a^1)^2(2+\sin t) + (a^2)^2$$

这是一个广义梯度系统 Ⅰ-1. V 在 $a^1 = a^2 = 0$ 的邻域内正定且渐减. 按方程求 $\dot{V}$, 得

$$\dot{V} = -(a^1)^2[4(2+\sin t)^2 - \cos t] - 4(a^2)^2$$

它是负定的, 因此, 解 $a^1 = a^2 = 0$ 是一致渐近稳定的.

例 2　单自由度系统为

$$\begin{aligned} &H = -\frac{1}{2}p^2(1+q^2) - \frac{1}{4}q^2(2+q^2)\left(1+\frac{1}{1+t}\right) \\ &Q = -qp^2 \end{aligned} \tag{7.5.15}$$

试将其化成广义梯度系统（Ⅰ）.

解　令

$$\begin{aligned} a^1 &= q \\ a^2 &= p \end{aligned}$$

则方程为

$$\begin{aligned} \dot{a}^1 &= -a^2[1+(a^1)^2] \\ \dot{a}^2 &= a^1[1+(a^1)^2]\left(1+\frac{1}{1+t}\right) \end{aligned}$$

它可写成形式

$$\begin{pmatrix} \dot{a}^1 \\ \dot{a}^2 \end{pmatrix} = \begin{pmatrix} 0 & -[1+(a^1)^2] \\ 1+(a^1)^2 & 0 \end{pmatrix} \begin{pmatrix} \dfrac{\partial V}{\partial a^1} \\ \dfrac{\partial V}{\partial a^2} \end{pmatrix}$$

其中矩阵是斜梯度的, 而函数 V 为

$$V = \frac{1}{2}(a^1)^2\left(1+\frac{1}{1+t}\right) + \frac{1}{2}(a^2)^2$$

这是一个广义梯度系统 Ⅰ-2. V 在 $a^1 = a^2 = 0$ 的邻域内正定且渐减. 按方程求 $\dot{V}$, 得

$$\dot{V} = -\frac{1}{2}(a^1)^2 \frac{1}{(1+t)^2}$$

因此, 解 $a^1 = a^2 = 0$ 是一致稳定的.

例 3 Hamilton 函数和附加项分别为

$$\begin{aligned} H &= \frac{1}{2}p^2 + \frac{2q^2}{2+\cos t}\left(1 + \frac{\sin t}{2+\cos t}\right) \\ Q &= -2p\left(1 + \frac{2}{2+\cos t}\right) \end{aligned} \tag{7.5.16}$$

试将其化成广义梯度系统（Ⅰ）.

解 微分方程为

$$\begin{aligned} \dot{q} &= p \\ \dot{p} &= -\frac{4q}{2+\cos t}\left(1 + \frac{\sin t}{2+\cos t}\right) - 2p\left(1 + \frac{2}{2+\cos t}\right) \end{aligned}$$

令

$$\begin{aligned} a^2 &= q \\ a^1 &= \frac{1}{2}\left(p + \frac{4q}{2+\cos t}\right) \end{aligned}$$

则有

$$\begin{aligned} \dot{a}^1 &= -2a^1 + \frac{2a^2}{2+\cos t} \\ \dot{a}^2 &= 2a^1 - \frac{4a^2}{2+\cos t} \end{aligned}$$

它可写成形式

$$\begin{pmatrix} \dot{a}^1 \\ \dot{a}^2 \end{pmatrix} = \begin{pmatrix} -1 & 1 \\ 1 & -2 \end{pmatrix} \begin{pmatrix} \dfrac{\partial V}{\partial a^1} \\ \dfrac{\partial V}{\partial a^2} \end{pmatrix}$$

其中矩阵是对称负定的, 而函数 V 为

$$V = (a^1)^2 + \frac{(a^2)^2}{2+\cos t}$$

这是一个广义梯度系统 Ⅰ-3. V 在 $a^1 = a^2 = 0$ 的邻域内正定且渐减. 按方程求 $\dot{V}$, 得

$$\dot{V} = -4(a^1)^2 - \frac{(a^2)^2}{(2+\cos t)^2}(8 - \sin t) + \frac{8a^1 a^2}{2+\cos t}$$

它是负定的, 因此, 解 $a^1=a^2=0$ 是一致渐近稳定的.

例 4　单自由度系统为

$$\begin{aligned} &H=\frac{1}{2}p^2+q^2[2(2+\sin t)+\cos t]\\ &Q=-2p(2+\sin t)\end{aligned} \tag{7.5.17}$$

试将其化成广义梯度系统 (I).

解　微分方程为

$$\begin{aligned} &\dot{q}=p\\ &\dot{p}=-2q[2(2+\sin t)+\cos t]-2p(2+\sin t)\end{aligned}$$

令

$$\begin{aligned} &a^1=q\\ &a^2=\frac{1}{2}p+q(2+\sin t)\end{aligned}$$

则有

$$\begin{aligned} &\dot{a}^1=2a^2-2a^1(2+\sin t)\\ &\dot{a}^2=-2a^1(2+\sin t)\end{aligned}$$

它可写成形式

$$\begin{pmatrix}\dot{a}^1\\ \dot{a}^2\end{pmatrix}=\begin{pmatrix}-1 & 1\\ -1 & 0\end{pmatrix}\begin{pmatrix}\dfrac{\partial V}{\partial a^1}\\ \dfrac{\partial V}{\partial a^2}\end{pmatrix}$$

其中矩阵是半负定的, 而函数 V 为

$$V=(a^1)^2(2+\sin t)+(a^2)^2$$

这是一个广义梯度系统 I-4. V 在 $a^1=a^2=0$ 的邻域内正定且渐减. 按方程求 $\dot{V}$, 得

$$\dot{V}=-(a^1)^2[4(2+\sin t)^2-\cos t]$$

因此, 解 $a^1=a^2=0$ 是一致稳定的.

例 5　单自由度系统为

$$\begin{aligned} &H=-q^2-p^2(2+\cos t)-2pq\\ &Q=-2p(3+\cos t)\end{aligned} \tag{7.5.18}$$

试将其化成广义梯度系统（Ⅰ）.

解 微分方程为

$$\dot{q} = -2p(2+\cos t) - 2q$$
$$\dot{p} = 2q + 2p - 2p(3+\cos t)$$

令

$$a^1 = q$$
$$a^2 = p$$

则有

$$\dot{a}^1 = -2a^1 - 2a^2(2+\cos t)$$
$$\dot{a}^2 = 2a^1 - 2a^2(2+\cos t)$$

它可写成形式

$$\begin{pmatrix} \dot{a}^1 \\ \dot{a}^2 \end{pmatrix} = \left(\begin{pmatrix} -1 & 0 \\ 0 & -1 \end{pmatrix} + \begin{pmatrix} 0 & -1 \\ 1 & 0 \end{pmatrix} \right) \begin{pmatrix} \dfrac{\partial V}{\partial a^1} \\ \dfrac{\partial V}{\partial a^2} \end{pmatrix}$$

其中距阵为由通常梯度的和斜梯度的组合而成, 是负定的, 而函数 V 为

$$V = (a^1)^2 + (a^2)^2(2+\cos t)$$

这是一个广义梯度系统 Ⅰ-5. V 正定且渐减. 按方程求 $\dot{V}$, 得

$$\dot{V} = -4(a^1)^2 - 4(a^2)^2(2+\cos t)^2 - (a^2)^2 \sin t$$

它是负定的. 因此, 解 $a^1 = a^2 = 0$ 是一致渐近稳定的.

例 6 单自由度系统为

$$H = -4pq\left(1 + \frac{1}{1+t}\right)$$
$$Q = -2p\left(5 + \frac{2}{1+t}\right) \tag{7.5.19}$$

试将其化成广义梯度系统（Ⅰ）.

解 令

$$a^1 = q$$

$$a^2 = p$$

则方程为

$$\begin{aligned}\dot{a}^1 &= -4a^1\left(1+\frac{1}{1+t}\right)\\ \dot{a}^2 &= -6a^2\end{aligned}$$

它可写成形式

$$\begin{pmatrix}\dot{a}^1\\ \dot{a}^2\end{pmatrix} = \left(\begin{pmatrix}-1 & 0\\ 0 & -1\end{pmatrix} + \begin{pmatrix}-1 & 0\\ 0 & -2\end{pmatrix}\right)\begin{pmatrix}\dfrac{\partial V}{\partial a^1}\\ \dfrac{\partial V}{\partial a^2}\end{pmatrix}$$

其中矩阵为由通常梯度的和对称负定的组合而成, 是对称负定的, 而函数 V 为

$$V = (a^1)^2\left(1+\frac{1}{1+t}\right) + (a^2)^2$$

这是一个广义梯度系统 I-6. V 正定且渐减. 按方程求 $\dot{V}$, 得

$$\dot{V} = -(a^1)^2\left[8\left(1+\frac{1}{1+t}\right)^2 + \frac{1}{(1+t)^2}\right] - 12(a^2)^2$$

它是负定的, 因此, 解 $a^1 = a^2 = 0$ 是一致渐近稳定的.

例 7　单自由度系统为

$$\begin{aligned}H &= \frac{1}{2}p^2 + 2q^2[3(2+\sin t)+\cos t]\\ Q &= -4p(3+\sin t)\end{aligned}\tag{7.5.20}$$

试将其化成广义梯度系统（Ⅰ）.

解　微分方程为

$$\begin{aligned}\dot{q} &= p\\ \dot{p} &= -4q[3(2+\sin t)+\cos t] - 4p(3+\sin t)\end{aligned}$$

令

$$\begin{aligned}a^1 &= q\\ a^2 &= \frac{1}{2}[p+4q(2+\sin t)]\end{aligned}$$

则有

$$\dot{a}^1 = -4a^1(2+\sin t) + 2a^2$$

$$\dot{a}^2 = 2a^1(2+\sin t) - 4a^2$$

它可写成形式

$$\begin{pmatrix} \dot{a}^1 \\ \dot{a}^2 \end{pmatrix} = \left(\begin{pmatrix} -1 & 0 \\ 0 & -1 \end{pmatrix} + \begin{pmatrix} -1 & 1 \\ 1 & -1 \end{pmatrix} \right) \begin{pmatrix} \dfrac{\partial V}{\partial a^1} \\ \dfrac{\partial V}{\partial a^2} \end{pmatrix}$$

其中矩阵为通常梯度的和半负定的组合而成, 是对称负定的, 而函数 V 为

$$V = (a^1)^2(2+\sin t) + (a^2)^2$$

这是一个广义梯度系统 I-7. V 正定且渐减. 按方程求 $\dot{V}$, 得

$$\dot{V} = -8(a^1)^2(2+\sin t)^2 - 8(a^2)^2 + 8a^1a^2(2+\sin t) + (a^1)^2\cos t$$

它是负定的, 因此, 解 $a^1 = a^2 = 0$ 是一致渐近稳定的.

例 8　单自由度系统为

$$\begin{aligned} H &= \frac{1}{2}p^2 + q^2(7+4\cos t - \sin t) \\ Q &= -2p(3+\cos t) \end{aligned} \tag{7.5.21}$$

试将其化成广义梯度系统（Ⅰ).

解　微分方程为

$$\begin{aligned} \dot{q} &= p \\ \dot{p} &= -2q(7+4\cos t - \sin t) - 2p(3+\cos t) \end{aligned}$$

令

$$\begin{aligned} a^1 &= q \\ a^2 &= \frac{1}{3}[p + 2q(1+\cos t)] \end{aligned}$$

则有

$$\begin{aligned} \dot{a}^1 &= -2a^1(1+\cos t) + 3a^2 \\ \dot{a}^2 &= -2a^1 - 4a^2 \end{aligned}$$

它可写成形式

$$\begin{pmatrix} \dot{a}^1 \\ \dot{a}^2 \end{pmatrix} = \left(\begin{pmatrix} 0 & 1 \\ -1 & 0 \end{pmatrix} + \begin{pmatrix} -1 & 1 \\ 1 & -2 \end{pmatrix} \right) \begin{pmatrix} \dfrac{\partial V}{\partial a^1} \\ \dfrac{\partial V}{\partial a^2} \end{pmatrix}$$

其中矩阵为由斜梯度的和对称负定的组合而成, 是负定的, 而函数 V 为

$$V = (a^1)^2(2+\cos t) + (a^2)^2 + a^1 a^2$$

这是一个广义梯度系统 I-8. V 正定且渐减. 按方程求 $\dot{V}$, 它是负定的, 因此, 解 $a^1 = a^2 = 0$ 一致渐近稳定.

例 9　单自由度系统为

$$\begin{aligned} H &= -2pq\left(1+\frac{1}{1+t}\right) - 2q^2\left(1+\frac{1}{1+t}\right) \\ Q &= -2p\left(2+\frac{1}{1+t}\right) \end{aligned} \tag{7.5.22}$$

试将其化成广义梯度系统 (I).

解　令

$$\begin{aligned} a^1 &= q \\ a^2 &= p \end{aligned}$$

则方程为

$$\begin{aligned} \dot{a}^1 &= -2a^1\left(1+\frac{1}{1+t}\right) \\ \dot{a}^2 &= 4a^1\left(1+\frac{1}{1+t}\right) - 2a^2 \end{aligned}$$

它可写成形式

$$\begin{pmatrix} \dot{a}^1 \\ \dot{a}^2 \end{pmatrix} = \left(\begin{pmatrix} 0 & -1 \\ 1 & 0 \end{pmatrix} + \begin{pmatrix} -1 & 1 \\ 1 & -1 \end{pmatrix}\right)\begin{pmatrix} \dfrac{\partial V}{\partial a^1} \\ \dfrac{\partial V}{\partial a^2} \end{pmatrix}$$

其中矩阵为斜梯度的和半负定的组合而成, 是负定的, 而函数 V 为

$$V = (a^1)^2\left(1+\frac{1}{1+t}\right) + (a^2)^2$$

这是一个广义梯度系统 I-9. V 在 $a^1 = a^2 = 0$ 的邻域内正定且渐减, 而 $\dot{V}$ 负定, 因此, 零解 $a^1 = a^2 = 0$ 是一致渐近稳定的.

例 10　单自由度系统为

$$\begin{aligned} H &= \frac{1}{2}(q^2 - 2pq)\left(1+\frac{1}{1+t}\right) + \frac{1}{2}p^2 \\ Q &= -p\left(4+\frac{1}{1+t}\right) \end{aligned} \tag{7.5.23}$$

试将其化成广义梯度系统（Ⅰ）.

解 令

$$a^1 = q$$
$$a^2 = p$$

则方程为

$$\dot{a}^1 = -a^1\left(1+\frac{1}{1+t}\right)+a^2$$
$$\dot{a}^2 = -a^1\left(1+\frac{1}{1+t}\right)-3a^2$$

它可写成形式

$$\begin{pmatrix}\dot{a}^1\\ \dot{a}^2\end{pmatrix}=\left(\begin{pmatrix}0 & 1\\ -1 & -1\end{pmatrix}+\begin{pmatrix}-1 & 0\\ 0 & -2\end{pmatrix}\right)\begin{pmatrix}\dfrac{\partial V}{\partial a^1}\\ \dfrac{\partial V}{\partial a^2}\end{pmatrix}$$

其中矩阵为半负定的和对称负定的组合而成, 是负定的, 而函数 V 为

$$V=\frac{1}{2}(a^1)^2\left(1+\frac{1}{1+t}\right)+\frac{1}{2}(a^2)^2$$

这是一个广义梯度系统 I-10. V 正定且渐减. 按方程求 $\dot{V}$, 得

$$\dot{V}=-(a^1)^2\left[\left(1+\frac{1}{1+t}\right)^2+\frac{1}{2}\frac{1}{(1+t)^2}\right]-(a^2)^2$$

它是负定的, 因此, 解 $a^1=a^2=0$ 是一致渐近稳定的.

由以上各例可以看出, 将带附加项的 Hamilton 系统化成广义梯度系统（Ⅰ）时, 可取 $a^1=q, a^2=p$ (例 1,2,5,6,9,10), 也可取其他形式 (例 3,4,7,8).

7.6 准坐标下完整系统与广义梯度系统（Ⅰ）

本节研究准坐标下一般完整系统的广义梯度（Ⅰ）表示, 包括系统的运动微分方程、系统的广义梯度（Ⅰ）表示、解及其稳定性, 以及具体应用.

7.6.1 系统的运动微分方程

准坐标下完整系统的微分方程为式 (2.6.4), 即

$$\frac{\mathrm{d}}{\mathrm{d}t}\frac{\partial L^*}{\partial \omega_s}-\frac{\partial L^*}{\partial \pi_s}+\frac{\partial L^*}{\partial \omega_k}\gamma_{rs}^k\omega_r=P_s^* \quad (s,k,r=1,2,\cdots,n) \tag{7.6.1}$$

在非奇异假设下, 即设

$$\det\left(\frac{\partial^2 L^*}{\partial\omega_s\partial\omega_k}\right)\neq 0 \tag{7.6.2}$$

则由方程 (7.6.1) 可解出所有 $\dot{\omega}_s$, 记作

$$\dot{\omega}_s=\alpha_s(t,\boldsymbol{q},\boldsymbol{\omega})\quad(s=1,2,\cdots,n) \tag{7.6.3}$$

它与以下关系

$$\dot{q}_s=b_{sk}(\boldsymbol{q})\omega_k\quad(s,k=1,2,\cdots,n) \tag{7.6.4}$$

联合可求解运动. 令

$$a^s=q_s,\quad a^{n+s}=\omega_s \tag{7.6.5}$$

则方程 (7.6.3) 和 (7.6.4) 可写成统一形式

$$\dot{a}^\mu=F_\mu(t,\boldsymbol{a})\quad(\mu=1,2,\cdots,2n) \tag{7.6.6}$$

其中

$$F_s=b_{sk}a^{n+k},\quad F_{n+s}=\alpha_s \tag{7.6.7}$$

7.6.2 系统的广义梯度（Ⅰ）表示

系统 (7.6.6) 一般不是广义梯度系统（Ⅰ）. 对系统 (7.6.6), 如果存在矩阵 $(b_{\mu\nu}(\boldsymbol{a}))$, $(s_{\mu\nu}(\boldsymbol{a}))$, $(a_{\mu\nu}(\boldsymbol{a}))$ 和函数 $V=V(t,\boldsymbol{a})$ 满足以下各式

$$F_\mu=-\frac{\partial V(t,\boldsymbol{a})}{\partial a^\mu}\quad(\mu=1,2,\cdots,2n) \tag{7.6.8}$$

$$F_\mu=b_{\mu\nu}(\boldsymbol{a})\frac{\partial V(t,\boldsymbol{a})}{\partial a^\nu}\quad(\mu,\nu=1,2,\cdots,2n) \tag{7.6.9}$$

$$F_\mu=s_{\mu\nu}(\boldsymbol{a})\frac{\partial V(t,\boldsymbol{a})}{\partial a^\nu} \tag{7.6.10}$$

$$F_\mu=a_{\mu\nu}(\boldsymbol{a})\frac{\partial V(t,\boldsymbol{a})}{\partial a^\nu} \tag{7.6.11}$$

$$F_\mu=-\frac{\partial V(t,\boldsymbol{a})}{\partial a^\mu}+b_{\mu\nu}(\boldsymbol{a})\frac{\partial V(t,\boldsymbol{a})}{\partial a^\nu} \tag{7.6.12}$$

$$F_\mu=-\frac{\partial V(t,\boldsymbol{a})}{\partial a^\mu}+s_{\mu\nu}(\boldsymbol{a})\frac{\partial V(t,\boldsymbol{a})}{\partial a^\nu} \tag{7.6.13}$$

$$F_\mu=-\frac{\partial V(t,\boldsymbol{a})}{\partial a^\mu}+a_{\mu\nu}(\boldsymbol{a})\frac{\partial V(t,\boldsymbol{a})}{\partial a^\nu} \tag{7.6.14}$$

$$F_\mu=b_{\mu\nu}(\boldsymbol{a})\frac{\partial V(t,\boldsymbol{a})}{\partial a^\nu}+s_{\mu\nu}(\boldsymbol{a})\frac{\partial V(t,\boldsymbol{a})}{\partial a^\nu} \tag{7.6.15}$$

$$F_\mu=b_{\mu\nu}(\boldsymbol{a})\frac{\partial V(t,\boldsymbol{a})}{\partial a^\nu}+a_{\mu\nu}(\boldsymbol{a})\frac{\partial V(t,\boldsymbol{a})}{\partial a^\nu} \tag{7.6.16}$$

$$F_\mu = a_{\mu\nu}(\boldsymbol{a})\frac{\partial V(t,\boldsymbol{a})}{\partial a^\nu} + s_{\mu\nu}(\boldsymbol{a})\frac{\partial V(t,\boldsymbol{a})}{\partial a^\nu} \tag{7.6.17}$$

那么它可分别成为广义梯度系统 I-1~I-10. 注意到, 如果上述条件不满足, 还不能断定它不是广义梯度系统（Ⅰ）, 因为这与方程的一阶形式选取相关. 如果整个系统不能化成广义梯度系统（Ⅰ）, 那么可将一部分系统化成广义梯度系统（Ⅰ）.

7.6.3 解及其稳定性

准坐标下完整系统之全部或部分化成广义梯度系统（Ⅰ）之后, 便可利用广义梯度系统的性质来研究这类力学系统的解及其稳定性.

7.6.4 应用举例

例 二自由度系统准速度下的 Lagrange 函数为

$$L^* = \frac{1}{2}(\omega_1^2 + \omega_2^2) + \frac{1}{2}q_1^2$$

其中

$$\dot{q}_1 = q_1\omega_1$$
$$\dot{q}_2 = \omega_2$$

而广义力为

$$P_1^* = 0$$
$$P_2^* = -q_2(2\exp t - 1) - \omega_2 \exp t$$

试将其化成广义梯度系统（Ⅰ）.

解 方程 (7.6.1) 给出

$$\dot{\omega}_1 = q_1^2$$
$$\dot{\omega}_2 = -q_2(2\exp t - 1) - \omega_2 \exp t$$

现将第二个方程化成广义梯度系统（Ⅰ）. 令

$$a^2 = q_2$$
$$a^4 = -(q_2 + \omega_2)\exp(-t)$$

则第二个方程可写成一阶形式

$$\dot{a}^2 = -a^2 - a^4 \exp t$$
$$\dot{a}^4 = a^2 - a^4 \exp t$$

它可写成形式

$$\begin{pmatrix} \dot{a}^2 \\ \dot{a}^4 \end{pmatrix} = \left(\begin{pmatrix} -1 & 0 \\ 0 & -1 \end{pmatrix} + \begin{pmatrix} 0 & -1 \\ 1 & 0 \end{pmatrix} \right) \begin{pmatrix} \dfrac{\partial V}{\partial a^2} \\ \dfrac{\partial V}{\partial a^4} \end{pmatrix}$$

其中矩阵为通常梯度的和斜梯度的组合而成, 是负定的, 而函数 V 为

$$V = \frac{1}{2}(a^2)^2 + \frac{1}{2}(a^4)^2 \exp t$$

这是一个广义梯度系统 Ⅰ-5. V 在 $a^2 = a^4 = 0$ 的邻域内正定. 按方程求 $\dot{V}$, 得

$$\dot{V} = -(a^2)^2 - (a^4)^2 \exp t \left(\exp t - \frac{1}{2} \right)$$

它是负定的. 因此, 解 $a^2 = a^4 = 0$ 是渐近稳定的.

7.7　相对运动动力学系统与广义梯度系统（Ⅰ）

本节研究相对运动动力学系统的广义梯度（Ⅰ）表示, 包括系统的运动微分方程、系统的广义梯度（Ⅰ）表示、解及其稳定性, 以及具体应用.

7.7.1　系统的运动微分方程

具有双面理想完整约束的相对运动动力学方程有形式 [3]

$$\frac{\mathrm{d}}{\mathrm{d}t} \frac{\partial L_r}{\partial \dot{q}_s} - \frac{\partial L_r}{\partial q_s} = Q_s + Q_s^{\dot{\omega}} + \Gamma_s \quad (s = 1, 2, \cdots, n) \tag{7.7.1}$$

其中相对运动的 Lagrange 函数为

$$L_r = T_r - V - V^o - V^\omega \tag{7.7.2}$$

设系统非奇异, 即设

$$\det \left(\frac{\partial^2 L_r}{\partial \dot{q}_s \partial \dot{q}_k} \right) \neq 0 \tag{7.7.3}$$

则由方程 (7.7.1) 可解出所有广义加速度, 记作

$$\ddot{q}_s = \alpha_s(t, \boldsymbol{q}, \dot{\boldsymbol{q}}) \quad (s = 1, 2, \cdots, n) \tag{7.7.4}$$

令

$$a^s = q_s, \quad a^{n+s} = \dot{q}_s \tag{7.7.5}$$

则方程 (7.7.4) 可写成一阶形式

$$\dot{a}^{\mu} = F_{\mu}(t, \boldsymbol{a}) \quad (\mu = 1, 2, \cdots, 2n) \tag{7.7.6}$$

其中

$$F_s = a^{n+s}, \quad F_{n+s} = \alpha_s \tag{7.7.7}$$

引进广义动量 p_s 和 Hamilton 函数 H

$$\begin{aligned} p_s &= \frac{\partial L_r}{\partial \dot{q}_s} \\ H &= p_s \dot{q}_s - L_r \end{aligned} \tag{7.7.8}$$

则方程 (7.7.1) 可写成如下一阶形式

$$\dot{a}^{\mu} = \omega^{\mu\nu} \frac{\partial H}{\partial a^{\nu}} + P_{\mu} \quad (\mu, \nu = 1, 2, \cdots, 2n) \tag{7.7.9}$$

其中

$$\begin{aligned} & a^s = q_s, \quad a^{n+s} = p_s \\ & (\omega^{\mu\nu}) = \begin{pmatrix} 0_{n\times n} & 1_{n\times n} \\ -1_{n\times n} & 0_{n\times n} \end{pmatrix} \\ & P_s = 0, \quad P_{n+s} = \tilde{Q}_s + \tilde{Q}_s^{\dot{\omega}} + \tilde{\Gamma}_s \end{aligned} \tag{7.7.10}$$

这里 $\tilde{Q}_s, \tilde{Q}_s^{\dot{\omega}}$ 和 $\tilde{\Gamma}_s$ 分别为用 $\boldsymbol{a}$ 表示的 $Q_s, Q_s^{\dot{\omega}}$ 和 Γ_s.

7.7.2 系统的广义梯度（Ⅰ）表示

系统 (7.7.6) 和系统 (7.7.9) 一般都不是广义梯度系统（Ⅰ）. 对系统 (7.7.6), 如果存在矩阵 $(b_{\mu\nu}(\boldsymbol{a})), (s_{\mu\nu}(\boldsymbol{a})), (a_{\mu\nu}(\boldsymbol{a}))$ 和函数 $V = V(t, \boldsymbol{a})$ 满足以下各式

$$F_{\mu} = -\frac{\partial V(t, \boldsymbol{a})}{\partial a^{\mu}} \quad (\mu = 1, 2, \cdots, 2n) \tag{7.7.11}$$

$$F_{\mu} = b_{\mu\nu}(\boldsymbol{a}) \frac{\partial V(t, \boldsymbol{a})}{\partial a^{\nu}} \quad (\mu, \nu = 1, 2, \cdots, 2n) \tag{7.7.12}$$

$$F_{\mu} = s_{\mu\nu}(\boldsymbol{a}) \frac{\partial V(t, \boldsymbol{a})}{\partial a^{\nu}} \tag{7.7.13}$$

$$F_{\mu} = a_{\mu\nu}(\boldsymbol{a}) \frac{\partial V(t, \boldsymbol{a})}{\partial a^{\nu}} \tag{7.7.14}$$

$$F_{\mu} = -\frac{\partial V(t, \boldsymbol{a})}{\partial a^{\mu}} + b_{\mu\nu}(\boldsymbol{a}) \frac{\partial V(t, \boldsymbol{a})}{\partial a^{\nu}} \tag{7.7.15}$$

$$F_{\mu} = -\frac{\partial V(t, \boldsymbol{a})}{\partial a^{\mu}} + s_{\mu\nu}(\boldsymbol{a}) \frac{\partial V(t, \boldsymbol{a})}{\partial a^{\nu}} \tag{7.7.16}$$

$$F_{\mu} = -\frac{\partial V(t, \boldsymbol{a})}{\partial a^{\mu}} + a_{\mu\nu}(\boldsymbol{a}) \frac{\partial V(t, \boldsymbol{a})}{\partial a^{\nu}} \tag{7.7.17}$$

$$F_\mu = b_{\mu\nu}(\boldsymbol{a})\frac{\partial V(t,\boldsymbol{a})}{\partial a^\nu} + s_{\mu\nu}(\boldsymbol{a})\frac{\partial V(t,\boldsymbol{a})}{\partial a^\nu} \tag{7.7.18}$$

$$F_\mu = b_{\mu\nu}(\boldsymbol{a})\frac{\partial V(t,\boldsymbol{a})}{\partial a^\nu} + a_{\mu\nu}(\boldsymbol{a})\frac{\partial V(t,\boldsymbol{a})}{\partial a^\nu} \tag{7.7.19}$$

$$F_\mu = a_{\mu\nu}(\boldsymbol{a})\frac{\partial V(t,\boldsymbol{a})}{\partial a^\nu} + s_{\mu\nu}(\boldsymbol{a})\frac{\partial V(t,\boldsymbol{a})}{\partial a^\nu} \tag{7.7.20}$$

那么它可分别成为广义梯度系统Ⅰ-1～Ⅰ-10.

对系统 (7.7.9), 如果存在矩阵 $(b_{\mu\nu}(\boldsymbol{a})),(s_{\mu\nu}(\boldsymbol{a})),(a_{\mu\nu}(\boldsymbol{a}))$ 和函数 $V=V(t,\boldsymbol{a})$ 满足以下各式

$$\omega^{\mu\nu}\frac{\partial H}{\partial a^\nu} + P_\mu = -\frac{\partial V(t,\boldsymbol{a})}{\partial a^\mu} \quad (\mu,\nu=1,2,\cdots,2n) \tag{7.7.21}$$

$$\omega^{\mu\nu}\frac{\partial H}{\partial a^\nu} + P_\mu = b_{\mu\nu}(\boldsymbol{a})\frac{\partial V(t,\boldsymbol{a})}{\partial a^\nu} \tag{7.7.22}$$

$$\omega^{\mu\nu}\frac{\partial H}{\partial a^\nu} + P_\mu = s_{\mu\nu}(\boldsymbol{a})\frac{\partial V(t,\boldsymbol{a})}{\partial a^\nu} \tag{7.7.23}$$

$$\omega^{\mu\nu}\frac{\partial H}{\partial a^\nu} + P_\mu = a_{\mu\nu}(\boldsymbol{a})\frac{\partial V(t,\boldsymbol{a})}{\partial a^\nu} \tag{7.7.24}$$

$$\omega^{\mu\nu}\frac{\partial H}{\partial a^\nu} + P_\mu = -\frac{\partial V(t,\boldsymbol{a})}{\partial a^\mu} + b_{\mu\nu}(\boldsymbol{a})\frac{\partial V(t,\boldsymbol{a})}{\partial a^\nu} \tag{7.7.25}$$

$$\omega^{\mu\nu}\frac{\partial H}{\partial a^\nu} + P_\mu = -\frac{\partial V(t,\boldsymbol{a})}{\partial a^\mu} + s_{\mu\nu}(\boldsymbol{a})\frac{\partial V(t,\boldsymbol{a})}{\partial a^\nu} \tag{7.7.26}$$

$$\omega^{\mu\nu}\frac{\partial H}{\partial a^\nu} + P_\mu = -\frac{\partial V(t,\boldsymbol{a})}{\partial a^\mu} + a_{\mu\nu}(\boldsymbol{a})\frac{\partial V(t,\boldsymbol{a})}{\partial a^\nu} \tag{7.7.27}$$

$$\omega^{\mu\nu}\frac{\partial H}{\partial a^\nu} + P_\mu = b_{\mu\nu}(\boldsymbol{a})\frac{\partial V(t,\boldsymbol{a})}{\partial a^\nu} + s_{\mu\nu}(\boldsymbol{a})\frac{\partial V(t,\boldsymbol{a})}{\partial a^\nu} \tag{7.7.28}$$

$$\omega^{\mu\nu}\frac{\partial H}{\partial a^\nu} + P_\mu = b_{\mu\nu}(\boldsymbol{a})\frac{\partial V(t,\boldsymbol{a})}{\partial a^\nu} + a_{\mu\nu}(\boldsymbol{a})\frac{\partial V(t,\boldsymbol{a})}{\partial a^\nu} \tag{7.7.29}$$

$$\omega^{\mu\nu}\frac{\partial H}{\partial a^\nu} + P_\mu = a_{\mu\nu}(\boldsymbol{a})\frac{\partial V(t,\boldsymbol{a})}{\partial a^\nu} + s_{\mu\nu}(\boldsymbol{a})\frac{\partial V(t,\boldsymbol{a})}{\partial a^\nu} \tag{7.7.30}$$

那么它可分别成为广义梯度系统Ⅰ-1～Ⅰ-10.

注意到, 如果以上各式不成立, 还不能断定它不是广义梯度系统（Ⅰ), 因为这与方程的一阶形式选取相关. 必要时, 可选其他一阶形式.

7.7.3　解及其稳定性

相对运动动力学系统化成广义梯度系统（Ⅰ）之后, 便可利用广义梯度系统（Ⅰ）的性质来研究这类力学系统的解及其稳定性.

7.7.4 应用举例

例 1 单自由度相对运动动力学系统为

$$
\begin{aligned}
&T_r = \frac{1}{2}\dot{q}^2 \\
&V = 2q^2, \quad V^{\omega} = -\frac{1}{2}q^2, \quad V^0 = 0 \\
&Q = -6q\exp t - 2\dot{q}(2+\exp t), \quad Q^{\dot{\omega}} = \Gamma = 0
\end{aligned}
\tag{7.7.31}
$$

试将其化成广义梯度系统（Ⅰ）.

解 方程 (7.7.1) 给出

$$
\ddot{q} = -3q - 6q\exp t - 2\dot{q}(2+\exp t)
$$

令

$$
\begin{aligned}
a^1 &= q \\
a^2 &= \dot{q} + 2q(1+\exp t)
\end{aligned}
$$

则方程的一阶形式为

$$
\begin{aligned}
\dot{a}^1 &= -2a^1(1+\exp t) + a^2 \\
\dot{a}^2 &= a^1 - 2a^2
\end{aligned}
$$

它可写成形式

$$
\begin{pmatrix} \dot{a}^1 \\ \dot{a}^2 \end{pmatrix} = \begin{pmatrix} -1 & 0 \\ 0 & -1 \end{pmatrix} \begin{pmatrix} \dfrac{\partial V}{\partial a^1} \\ \dfrac{\partial V}{\partial a^2} \end{pmatrix}
$$

其中矩阵为通常梯度的, 而函数 V 为

$$
V = (a^1)^2(1+\exp t) + (a^2)^2 - a^1 a^2
$$

这是一个广义梯度系统 Ⅰ-1. V 在 $a^1 = a^2 = 0$ 的邻域内正定. 按方程求 $\dot{V}$, 得

$$
\dot{V} = -(a^1)^2[1 + 4(1+\exp t)^2 - \exp t] - 5(a^2)^2 + 4a^1a^2(2+\exp t)
$$

它是负定的, 因此, 零解 $a^1 = a^2 = 0$ 是渐近稳定的.

例 2 二自由度相对运动动力学系统为

$$
\begin{aligned}
&L_r = \frac{1}{2}(\dot{q}_1^2 + \dot{q}_2^2) - q_1^2(8 + 4\cos t - \sin t) + \frac{1}{3}q_1^3(4\sin t + \cos t) - \frac{1}{2}q_2^2[1+\exp(-t)] \\
&Q_1 = -2\dot{q}_1(3+\cos t) + 2q_1\dot{q}_1\sin t, \quad Q_2 = 0 \\
&\Gamma_1 = \Gamma_2 = Q_1^{\dot{\omega}} = Q_2^{\dot{\omega}} = 0
\end{aligned}
\tag{7.7.32}
$$

试将其化成广义梯度系统（Ⅰ）.

解　微分方程为

$$\ddot{q}_1 = -2q_1(8+\cos t-\sin t)+q_1^2(4\sin t+\cos t)-2\dot{q}_1(3+\cos t)+2q_1\dot{q}_1\sin t$$
$$\ddot{q}_2 = -q_2[1+\exp(-t)]$$

首先, 将第一个方程化成广义梯度系统（Ⅰ）. 令

$$a^1 = \frac{1}{2}[\dot{q}_1+2q_1(2+\cos t)-q_1^2\sin t]$$
$$a^2 = q_1$$

则有

$$\dot{a}^1 = -2a^1-2a^2(2+\cos t)+(a^2)^2\sin t$$
$$\dot{a}^2 = 2a^1-2a^2(2+\cos t)+(a^2)^2\sin t$$

它可写成如下形式

$$\begin{pmatrix} \dot{a}^1 \\ \dot{a}^2 \end{pmatrix} = \left(\begin{pmatrix} -1 & 0 \\ 0 & -1 \end{pmatrix}+\begin{pmatrix} 0 & -1 \\ 1 & 0 \end{pmatrix}\right)\begin{pmatrix} \dfrac{\partial V}{\partial a^1} \\ \dfrac{\partial V}{\partial a^2} \end{pmatrix}$$

其中矩阵为由通常梯度的和斜梯度的组合而成, 是负定的, 而函数 V 为

$$V=(a^1)^2+(a^2)^2(2+\cos t)$$

这是一个广义梯度系统 I-5. V 在 $a^1=a^2=0$ 的邻域内正定且渐减. 按方程求 $\dot{V}$, 得

$$\dot{V}=-4(a^1)^2-(a^2)^2[4(2+\cos t)^2+\sin t]+2(a^2)^2\sin t[a^1+a^2(2+\cos t)]$$

它是负定的, 因此, 解 $a^1=a^2=0$ 是一致渐近稳定的.

其次, 将第二个方程化成广义梯度系统（Ⅰ）. 令

$$a^3=q_2$$
$$a^4=\dot{q}_2$$

则有

$$\dot{a}^3=a^4$$
$$\dot{a}^4=-a^3[1+\exp(-t)]$$

它可写成如下形式

$$\begin{pmatrix} \dot{a}^3 \\ \dot{a}^4 \end{pmatrix} = \begin{pmatrix} 0 & 1 \\ -1 & 0 \end{pmatrix} \begin{pmatrix} \dfrac{\partial V}{\partial a^3} \\ \dfrac{\partial V}{\partial a^4} \end{pmatrix}$$

其中矩阵为斜梯度的, 而函数 V 为

$$V = \frac{1}{2}(a^3)^2[1+\exp(-t)] + \frac{1}{2}(a^4)^2$$

这是一个广义梯度系统 Ⅰ-2. V 在 $a^3 = a^4 = 0$ 的邻域内正定且渐减. 按方程求 $\dot{V}$, 得

$$\dot{V} = -\frac{1}{2}(a^3)^2 \exp(-t)$$

因此, 解 $a^3 = a^4 = 0$ 是一致稳定的.

7.8 变质量力学系统与广义梯度系统（Ⅰ）

本节研究变质量完整力学系统的广义梯度（Ⅰ）表示, 包括系统的运动微分方程、系统的广义梯度（Ⅰ）表示、解及其稳定性, 以及具体应用.

7.8.1 系统的运动微分方程

变质量完整力学系统的 Lagrange 方程为 [4]

$$\frac{\mathrm{d}}{\mathrm{d}t}\frac{\partial L}{\partial \dot{q}_s} - \frac{\partial L}{\partial q_s} = Q_s + P_s \quad (s = 1, 2, \cdots, n) \tag{7.8.1}$$

其中 $L = L(t, \boldsymbol{q}, \dot{\boldsymbol{q}})$ 为系统的 Lagrange 函数, $Q_s = Q_s(t, \boldsymbol{q}, \dot{\boldsymbol{q}})$ 为非势广义力, P_s 为广义反推力, 在假设 $m_i = m_i(t)$ 下, 有形式

$$P_s = (\boldsymbol{R}_i + \dot{m}_i \dot{\boldsymbol{r}}_i) \cdot \frac{\partial \boldsymbol{r}_i}{\partial q_s} \quad (i = 1, 2, \cdots, N; s = 1, 2, \cdots, n) \tag{7.8.2}$$

其中 $\boldsymbol{R}_i$ 为反推力

$$\boldsymbol{R}_i = \dot{m}_i \boldsymbol{u}_i \tag{7.8.3}$$

而 $\boldsymbol{u}_i$ 为由质量分离 (或併入) 的微粒相对质点的速度. 设系统非奇异, 即设

$$\det\left(\frac{\partial^2 L}{\partial \dot{q}_s \partial \dot{q}_k}\right) \neq 0 \tag{7.8.4}$$

则可由方程 (7.8.1) 解出所有广义加速度, 记作

$$\ddot{q}_s = \alpha_s(t, \boldsymbol{q}, \dot{\boldsymbol{q}}) \quad (s = 1, 2, \cdots, n) \tag{7.8.5}$$

现将方程 (7.8.5) 化成一阶形式. 有多种方法, 例如, 可取

$$a^s = q_s, \quad a^{n+s} = \dot{q}_s \quad (s = 1, 2, \cdots, n) \tag{7.8.6}$$

则方程 (7.8.5) 可写成如下一阶形式

$$\dot{a}^\mu = F_\mu(t, \boldsymbol{a}) \quad (\mu = 1, 2, \cdots, 2n) \tag{7.8.7}$$

其中

$$F_s = a^{n+s}, \quad F_{n+s} = \alpha_s \tag{7.8.8}$$

7.8.2　系统的广义梯度（Ⅰ）表示

系统 (7.8.7) 一般不能成为广义梯度系统（Ⅰ). 对系统 (7.8.7), 如果存在矩阵 $(b_{\mu\nu}(t, \boldsymbol{a})), (s_{\mu\nu}(\boldsymbol{a})), (a_{\mu\nu}(\boldsymbol{a}))$ 和函数 $V = V(t, \boldsymbol{a})$ 满足以下各式

$$F_\mu = -\frac{\partial V(t, \boldsymbol{a})}{\partial a^\mu} \quad (\mu = 1, 2, \cdots, 2n) \tag{7.8.9}$$

$$F_\mu = b_{\mu\nu}(\boldsymbol{a})\frac{\partial V(t, \boldsymbol{a})}{\partial a^\nu} \quad (\mu, \nu = 1, 2, \cdots, 2n) \tag{7.8.10}$$

$$F_\mu = s_{\mu\nu}(\boldsymbol{a})\frac{\partial V(t, \boldsymbol{a})}{\partial a^\nu} \tag{7.8.11}$$

$$F_\mu = a_{\mu\nu}(\boldsymbol{a})\frac{\partial V(t, \boldsymbol{a})}{\partial a^\nu} \tag{7.8.12}$$

$$F_\mu = -\frac{\partial V(t, \boldsymbol{a})}{\partial a^\mu} + b_{\mu\nu}(\boldsymbol{a})\frac{\partial V(t, \boldsymbol{a})}{\partial a^\nu} \tag{7.8.13}$$

$$F_\mu = -\frac{\partial V(t, \boldsymbol{a})}{\partial a^\mu} + s_{\mu\nu}(\boldsymbol{a})\frac{\partial V(t, \boldsymbol{a})}{\partial a^\nu} \tag{7.8.14}$$

$$F_\mu = -\frac{\partial V(t, \boldsymbol{a})}{\partial a^\mu} + a_{\mu\nu}(\boldsymbol{a})\frac{\partial V(t, \boldsymbol{a})}{\partial a^\nu} \tag{7.8.15}$$

$$F_\mu = b_{\mu\nu}(\boldsymbol{a})\frac{\partial V(t, \boldsymbol{a})}{\partial a^\nu} + s_{\mu\nu}(\boldsymbol{a})\frac{\partial V(t, \boldsymbol{a})}{\partial a^\nu} \tag{7.8.16}$$

$$F_\mu = b_{\mu\nu}(\boldsymbol{a})\frac{\partial V(t, \boldsymbol{a})}{\partial a^\nu} + a_{\mu\nu}(\boldsymbol{a})\frac{\partial V(t, \boldsymbol{a})}{\partial a^\nu} \tag{7.8.17}$$

$$F_\mu = a_{\mu\nu}(\boldsymbol{a})\frac{\partial V(t, \boldsymbol{a})}{\partial a^\nu} + s_{\mu\nu}(\boldsymbol{a})\frac{\partial V(t, \boldsymbol{a})}{\partial a^\nu} \tag{7.8.18}$$

那么它可分别成为广义梯度系统 Ⅰ-1～Ⅰ-10. 注意到, 如果以上各式不满足, 还不能断定它不是广义梯度系统（Ⅰ), 因为这与方程的一阶形式选取相关. 必要时, 可选其他一阶形式.

7.8.3　解及其稳定性

变质量完整力学系统化成广义梯度系统（Ⅰ）之后, 便可利用广义梯度系统（Ⅰ）的性质来研究这类力学系统的解及其稳定性.

7.8.4 应用举例

例 研究变质量质点的一维运动, 其动能为 $T=\frac{1}{2}m\dot{q}^2$, 质量变化规律为 $m=m(t)$, 微粒并入的速度 $u=0$, 所受广义力为

$$Q=m[-q(2\exp t-1)-\dot{q}\exp t]$$

试将其化成广义梯度系统（Ⅰ）.

解 变质量质点的微分方程为

$$\frac{\mathrm{d}}{\mathrm{d}t}(m\dot{q})=\dot{m}\dot{q}+m[-q(2\exp t-1)-\dot{q}\exp t]$$

消去 m, 得

$$\ddot{q}=-q(2\exp t-1)-\dot{q}\exp t$$

令

$$a^1=q$$
$$a^2=-(\dot{q}+q)\exp(-t)$$

则有

$$\dot{a}^1=-a^1-a^2\exp t$$
$$\dot{a}^2=a^1-a^2\exp t$$

它可写成形式

$$\begin{pmatrix}\dot{a}^1\\ \dot{a}^2\end{pmatrix}=\left(\begin{pmatrix}-1 & 0\\ 0 & -1\end{pmatrix}+\begin{pmatrix}0 & -1\\ 1 & 0\end{pmatrix}\right)\begin{pmatrix}\dfrac{\partial V}{\partial a^1}\\ \dfrac{\partial V}{\partial a^2}\end{pmatrix}$$

其中矩阵为由通常梯度的和斜梯度的组合而成, 是负定的, 而函数 V 为

$$V=\frac{1}{2}(a^1)^2+\frac{1}{2}(a^2)^2\exp t$$

这是一个广义梯度系统 Ⅰ-5. V 正定. 按方程求 $\dot{V}$, 得

$$\dot{V}=-(a^1)^2-(a^2)^2\exp t\left(\exp t-\frac{1}{2}\right)$$

它是负定的. 因此, 解 $a^1=a^2=0$ 是渐近稳定的.

7.9 事件空间中动力学系统与广义梯度系统（Ⅰ）

本节研究事件空间中完整力学系统的广义梯度（Ⅰ）表示, 得到系统成为广义梯度系统（Ⅰ）的条件, 利用广义梯度系统的性质来研究这类力学系统的解及其稳定性, 并给出具体应用.

7.9.1　系统的运动微分方程

事件空间中完整系统的运动微分方程为式 (6.9.6), 即

$$\frac{\mathrm{d}}{\mathrm{d}\tau}\frac{\partial \Lambda}{\partial x'_\alpha}-\frac{\partial \Lambda}{\partial x_\alpha}=P_\alpha \qquad (\alpha=1,2,\cdots,n+1) \tag{7.9.1}$$

其中

$$\begin{aligned}
&\Lambda(x_\alpha,x'_\alpha)=x'_{n+1}L\left(x_1,x_2,\cdots,x_{n+1},\frac{x'_1}{x'_{n+1}},\frac{x'_2}{x'_{n+1}},\cdots,\frac{x'_n}{x'_{n+1}}\right)\\
&P_s(x_\alpha,x'_\alpha)=x'_{n+1}Q_s\left(x_1,x_2,\cdots,x_{n+1},\frac{x'_1}{x'_{n+1}},\frac{x'_2}{x'_{n+1}},\cdots,\frac{x'_n}{x'_{n+1}}\right)\\
&P_{n+1}(x_\alpha,x'_\alpha)\overset{\mathrm{def}}{=}Q_s x'_s
\end{aligned} \tag{7.9.2}$$

假设由式 (7.9.1) 的前 n 个方程可解出 x''_s, 记作

$$x''_s=\alpha_s(x_\alpha,x'_\alpha,x''_{n+1}) \qquad (s=1,2,\cdots,n) \tag{7.9.3}$$

取 $t=\tau$, 则有 $x'_{n+1}=1,x''_{n+1}=0$，于是有

$$x''_s=\alpha_s(x_\alpha,x'_k) \quad (s,k=1,2,\cdots,n;\alpha=1,2,\cdots,n+1) \tag{7.9.4}$$

令

$$a^s=x_s,\quad a^{n+s}=x'_s \tag{7.9.5}$$

则方程 (7.9.4) 可写成一阶形式

$$(a^\mu)'=F_\mu(\tau,\boldsymbol{a}) \quad (\mu=1,2,\cdots,2n) \tag{7.9.6}$$

其中

$$F_s=a^{n+s},\quad F_{n+s}=\alpha_s(\tau,\boldsymbol{a}) \tag{7.9.7}$$

7.9.2　系统的广义梯度（Ⅰ）表示

事件空间中动力学系统 (7.9.6) 一般不是广义梯度系统（Ⅰ). 对系统 (7.9.6), 如果存在矩阵 $(b_{\mu\nu}(\boldsymbol{a})),(s_{\mu\nu}(\boldsymbol{a})),(a_{\mu\nu}(\boldsymbol{a}))$ 和函数 $V=V(\tau,\boldsymbol{a})$ 满足以下各式

$$F_\mu=-\frac{\partial V(\tau,\boldsymbol{a})}{\partial a^\mu} \quad (\mu=1,2,\cdots,2n) \tag{7.9.8}$$

$$F_\mu=b_{\mu\nu}(\boldsymbol{a})\frac{\partial V(\tau,\boldsymbol{a})}{\partial a^\nu} \quad (\mu,\nu=1,2,\cdots,2n) \tag{7.9.9}$$

$$F_\mu=s_{\mu\nu}(\boldsymbol{a})\frac{\partial V(\tau,\boldsymbol{a})}{\partial a^\nu} \tag{7.9.10}$$

$$F_\mu = a_{\mu\nu}(\boldsymbol{a})\frac{\partial V(\tau,\boldsymbol{a})}{\partial a^\nu} \tag{7.9.11}$$

$$F_\mu = -\frac{\partial V(\tau,\boldsymbol{a})}{\partial a^\mu} + b_{\mu\nu}(\boldsymbol{a})\frac{\partial V(\tau,\boldsymbol{a})}{\partial a^\nu} \tag{7.9.12}$$

$$F_\mu = -\frac{\partial V(\tau,\boldsymbol{a})}{\partial a^\mu} + s_{\mu\nu}(\boldsymbol{a})\frac{\partial V(\tau,\boldsymbol{a})}{\partial a^\nu} \tag{7.9.13}$$

$$F_\mu = -\frac{\partial V(\tau,\boldsymbol{a})}{\partial a^\mu} + a_{\mu\nu}(\boldsymbol{a})\frac{\partial V(\tau,\boldsymbol{a})}{\partial a^\nu} \tag{7.9.14}$$

$$F_\mu = b_{\mu\nu}(\boldsymbol{a})\frac{\partial V(\tau,\boldsymbol{a})}{\partial a^\nu} + s_{\mu\nu}(\boldsymbol{a})\frac{\partial V(\tau,\boldsymbol{a})}{\partial a^\nu} \tag{7.9.15}$$

$$F_\mu = b_{\mu\nu}(\boldsymbol{a})\frac{\partial V(\tau,\boldsymbol{a})}{\partial a^\nu} + a_{\mu\nu}(\boldsymbol{a})\frac{\partial V(\tau,\boldsymbol{a})}{\partial a^\nu} \tag{7.9.16}$$

$$F_\mu = a_{\mu\nu}(\boldsymbol{a})\frac{\partial V(\tau,\boldsymbol{a})}{\partial a^\nu} + s_{\mu\nu}(\boldsymbol{a})\frac{\partial V(\tau,\boldsymbol{a})}{\partial a^\nu} \tag{7.9.17}$$

那么它可分别成为广义梯度系统 Ⅰ-1～Ⅰ-10. 注意到, 如果上述条件不满足, 还不能断定它不是广义梯度系统（Ⅰ）, 因为这与方程的一阶形式选取相关.

7.9.3 解及其稳定性

事件空间中动力学系统化成广义梯度系统（Ⅰ）之后, 便可利用广义梯度系统（Ⅰ）的性质来研究这类力学系统的解及其稳定性.

7.9.4 应用举例

例 位形空间中的 Lagrange 函数和广义力分别为

$$\begin{aligned} &L = \frac{1}{2}(\dot{q}_1^2 + \dot{q}_1^2) \\ &Q_1 = -q_1\exp t - \dot{q}_1(2+\exp t), \quad Q_2 = \dot{q}_2 \end{aligned} \tag{7.9.18}$$

试在事件空间中研究系统的广义梯度（Ⅰ）表示.

解 由 L, Q_1, Q_2 可构造事件空间中的 Lagrange 函数和广义力分别为

$$\begin{aligned} &\Lambda = \frac{1}{2}\left[\frac{1}{x_3'}((x_1')^2 + (x_2')^2)\right] \\ &P_1 = x_3'\left[-x_1\exp x_3 - \frac{x_1'}{x_3'}(2+\exp x_3)\right] \\ &P_2 = x_3'\left(-\frac{x_2'}{x_3'}\right) \end{aligned}$$

式 (7.9.1) 的前两个方程给出

$$\frac{\mathrm{d}}{\mathrm{d}\tau}\left(\frac{x_1'}{x_3'}\right) = x_3'\left[-x_1\exp x_3 - \frac{x_1'}{x_3'}(2+\exp x_3)\right]$$

$$\frac{\mathrm{d}}{\mathrm{d}\tau}\left(\frac{x_2'}{x_3'}\right)=x_3'\left(-\frac{x_2'}{x_3'}\right)$$

取 $\tau=t$, 则有 $x_3'=1, x_3''=0$, 于是有

$$\begin{aligned}&x_1''=-x_1\exp\tau-x_1'(2+\exp\tau)\\&x_2''=-x_2'\end{aligned}$$

现将第一个方程化成广义梯度系统（Ⅰ）. 令

$$\begin{aligned}&a^1=x_1\\&a^3=x_1(1+\exp\tau)+x_1'\end{aligned}$$

则方程可写成一阶形式

$$\begin{aligned}&(a^1)'=a^3-a^1(1+\exp\tau)\\&(a^3)'=a^1-a^3\end{aligned}$$

它可写成如下形式

$$\begin{pmatrix}(a^1)'\\(a^3)'\end{pmatrix}=\begin{pmatrix}-1&0\\0&-1\end{pmatrix}\begin{pmatrix}\dfrac{\partial V}{\partial a^1}\\\dfrac{\partial V}{\partial a^3}\end{pmatrix}$$

其中矩阵为通常梯度的, 而函数 V 为

$$V=\frac{1}{2}(a^1)^2(1+\exp\tau)+\frac{1}{2}(a^3)^2-a^1a^3$$

这是一个广义梯度系统 Ⅰ-1. V 在 $a^1=a^3=0$ 的邻域内正定. 按方程求 V', 得

$$V'=-(a^1)^2\left[1+\frac{1}{2}\exp\tau+(1+\exp\tau)^2\right]-2(a^3)^2+2a^1a^3(2+\exp\tau)$$

它在 $a^1=a^3=0$ 的邻域内是负定的, 因此, 零解 $a^1=a^3=0$ 是渐近稳定的.

7.10　Chetaev 型非完整系统与广义梯度系统（Ⅰ）

本节研究 Chetaev 型非完整系统的广义梯度（Ⅰ）表示, 给出系统成为广义梯度系统（Ⅰ）的条件, 并利用广义梯度系统（Ⅰ）的性质来研究这类力学系统的解及其稳定性.

7.10.1 系统的运动微分方程

假设系统的位形由 n 个广义坐标 $q_s(s=1,2,\cdots,n)$ 来确定, 它的运动受有 g 个双面理想 Chetaev 型非完整约束

$$f_\beta(t,\boldsymbol{q},\dot{\boldsymbol{q}})=0\quad(\beta=1,2,\cdots,g) \tag{7.10.1}$$

系统的运动微分方程为

$$\frac{\mathrm{d}}{\mathrm{d}t}\frac{\partial L}{\partial \dot{q}_s}-\frac{\partial L}{\partial q_s}=Q_s+\lambda_\beta\frac{\partial f_\beta}{\partial \dot{q}_s}\quad(s=1,2,\cdots,n;\beta=1,2,\cdots,g) \tag{7.10.2}$$

设系统非奇异, 即设

$$\det\left(\frac{\partial^2 L}{\partial \dot{q}_s\partial \dot{q}_k}\right)\neq 0 \tag{7.10.3}$$

则在运动方程积分之前, 可求得约束乘子 λ_β 为 $t,\boldsymbol{q},\dot{\boldsymbol{q}}$ 的函数, 于是方程 (7.10.2) 可写成形式

$$\frac{\mathrm{d}}{\mathrm{d}t}\frac{\partial L}{\partial \dot{q}_s}-\frac{\partial L}{\partial q_s}=Q_s+\Lambda_s\quad(s=1,2,\cdots,n) \tag{7.10.4}$$

其中

$$\Lambda_s=\Lambda_s(t,\boldsymbol{q},\dot{\boldsymbol{q}})=\lambda_\beta(t,\boldsymbol{q},\dot{\boldsymbol{q}})\frac{\partial f_\beta}{\partial \dot{q}_s} \tag{7.10.5}$$

为广义非完整约束力, 已表示为 $t,\boldsymbol{q},\dot{\boldsymbol{q}}$ 的函数. 称方程 (7.10.4) 为与非完整系统 (7.10.1)、(7.10.2) 相应的完整系统的方程. 注意到, 对约束为

$$f_\beta(t,\boldsymbol{q},\dot{\boldsymbol{q}})=C_\beta \tag{7.10.6}$$

的系统, 方程也是式 (7.10.4). 因此, 为由方程 (7.10.4) 得到非完整系统的解, 需对初始条件施加限制. 如果初始条件满足约束方程 (7.10.1), 那么相应完整系统 (7.10.4) 的解就给出非完整系统的运动. 因此, 只需研究方程 (7.10.4).

在假设 (7.10.3) 下, 由方程 (7.10 .4) 可求得所有广义加速度, 记作

$$\ddot{q}_s=\alpha_s(t,\boldsymbol{q},\dot{\boldsymbol{q}})\quad(s=1,2,\cdots,n) \tag{7.10.7}$$

令

$$a^s=q_s,\quad a^{n+s}=\dot{q}_s \tag{7.10.8}$$

则方程 (7.10.7) 可写成一阶形式

$$\dot{a}^\mu=F_\mu(t,\boldsymbol{a})\quad(\mu=1,2,\cdots,2n) \tag{7.10.9}$$

其中

$$F_s=a^{n+s},\quad F_{n+s}=\alpha_s(t,\boldsymbol{a}) \tag{7.10.10}$$

引进广义动量 p_s 和 Hamilton 函数 H

$$\begin{aligned} p_s &= \frac{\partial L}{\partial \dot{q}_s} \\ H &= p_s \dot{q}_s - L \end{aligned} \tag{7.10.11}$$

则方程 (7.10.4) 可写成如下一阶形式

$$\dot{a}^\mu = \omega^{\mu\nu}\frac{\partial H}{\partial a^\nu} + P_\mu \quad (\mu, \nu = 1, 2, \cdots, 2n) \tag{7.10.12}$$

其中

$$\begin{aligned} &a^s = q_s, \quad a^{n+s} = p_s, \quad H = H(t, \boldsymbol{a}) \\ &(\omega^{\mu\nu}) = \begin{pmatrix} 0_{n\times n} & 1_{n\times n} \\ -1_{n\times n} & 0_{n\times n} \end{pmatrix} \\ &P_s = 0, \quad P_{n+s} = \tilde{Q}_s + \tilde{\Lambda}_s \end{aligned} \tag{7.10.13}$$

7.10.2　系统的广义梯度 (I) 表示

系统 (7.10.9) 或系统 (7.10.12) 一般都不能成为广义梯度系统 (I). 对系统 (7.10.9) , 如果存在矩阵 $(b_{\mu\nu}(\boldsymbol{a})), (s_{\mu\nu}(\boldsymbol{a})), (a_{\mu\nu}(\boldsymbol{a}))$ 和函数 $V = V(t, \boldsymbol{a})$ 满足以下等式

$$F_\mu = -\frac{\partial V(t, \boldsymbol{a})}{\partial a^\mu} \quad (\mu = 1, 2, \cdots, 2n) \tag{7.10.14}$$

$$F_\mu = b_{\mu\nu}(\boldsymbol{a})\frac{\partial V(t, \boldsymbol{a})}{\partial a^\nu} \quad (\mu, \nu = 1, 2, \cdots, 2n) \tag{7.10.15}$$

$$F_\mu = s_{\mu\nu}(\boldsymbol{a})\frac{\partial V(t, \boldsymbol{a})}{\partial a^\nu} \tag{7.10.16}$$

$$F_\mu = a_{\mu\nu}(\boldsymbol{a})\frac{\partial V(t, \boldsymbol{a})}{\partial a^\nu} \tag{7.10.17}$$

$$F_\mu = -\frac{\partial V(t, \boldsymbol{a})}{\partial a^\mu} + b_{\mu\nu}(\boldsymbol{a})\frac{\partial V(t, \boldsymbol{a})}{\partial a^\nu} \tag{7.10.18}$$

$$F_\mu = -\frac{\partial V(t, \boldsymbol{a})}{\partial a^\mu} + s_{\mu\nu}(\boldsymbol{a})\frac{\partial V(t, \boldsymbol{a})}{\partial a^\nu} \tag{7.10.19}$$

$$F_\mu = -\frac{\partial V(t, \boldsymbol{a})}{\partial a^\mu} + a_{\mu\nu}(\boldsymbol{a})\frac{\partial V(t, \boldsymbol{a})}{\partial a^\nu} \tag{7.10.20}$$

$$F_\mu = b_{\mu\nu}(\boldsymbol{a})\frac{\partial V(t, \boldsymbol{a})}{\partial a^\nu} + s_{\mu\nu}(\boldsymbol{a})\frac{\partial V(t, \boldsymbol{a})}{\partial a^\nu} \tag{7.10.21}$$

$$F_\mu = b_{\mu\nu}(\boldsymbol{a})\frac{\partial V(t, \boldsymbol{a})}{\partial a^\nu} + a_{\mu\nu}(\boldsymbol{a})\frac{\partial V(t, \boldsymbol{a})}{\partial a^\nu} \tag{7.10.22}$$

$$F_\mu = a_{\mu\nu}(\boldsymbol{a})\frac{\partial V(t, \boldsymbol{a})}{\partial a^\nu} + s_{\mu\nu}(\boldsymbol{a})\frac{\partial V(t, \boldsymbol{a})}{\partial a^\nu} \tag{7.10.23}$$

那么它可分别成为广义梯度系统 I-1～I-10.

对系统 (7.10.12), 如果存在矩阵 $(b_{\mu\nu}(\boldsymbol{a})),(s_{\mu\nu}(\boldsymbol{a})),(a_{\mu\nu}(\boldsymbol{a}))$ 和函数 $V=V(t,\boldsymbol{a})$ 满足以下各式

$$\omega^{\mu\nu}\frac{\partial H}{\partial a^\nu}+P_\mu=-\frac{\partial V(t,\boldsymbol{a})}{\partial a^\mu}\quad(\mu,\nu=1,2,\cdots,2n) \tag{7.10.24}$$

$$\omega^{\mu\nu}\frac{\partial H}{\partial a^\nu}+P_\mu=b_{\mu\nu}(\boldsymbol{a})\frac{\partial V(t,\boldsymbol{a})}{\partial a^\nu} \tag{7.10.25}$$

$$\omega^{\mu\nu}\frac{\partial H}{\partial a^\nu}+P_\mu=s_{\mu\nu}(\boldsymbol{a})\frac{\partial V(t,\boldsymbol{a})}{\partial a^\nu} \tag{7.10.26}$$

$$\omega^{\mu\nu}\frac{\partial H}{\partial a^\nu}+P_\mu=a_{\mu\nu}(\boldsymbol{a})\frac{\partial V(t,\boldsymbol{a})}{\partial a^\nu} \tag{7.10.27}$$

$$\omega^{\mu\nu}\frac{\partial H}{\partial a^\nu}+P_\mu=-\frac{\partial V(t,\boldsymbol{a})}{\partial a^\mu}+b_{\mu\nu}(\boldsymbol{a})\frac{\partial V(t,\boldsymbol{a})}{\partial a^\nu} \tag{7.10.28}$$

$$\omega^{\mu\nu}\frac{\partial H}{\partial a^\nu}+P_\mu=-\frac{\partial V(t,\boldsymbol{a})}{\partial a^\mu}+s_{\mu\nu}(\boldsymbol{a})\frac{\partial V(t,\boldsymbol{a})}{\partial a^\nu} \tag{7.10.29}$$

$$\omega^{\mu\nu}\frac{\partial H}{\partial a^\nu}+P_\mu=-\frac{\partial V(t,\boldsymbol{a})}{\partial a^\mu}+a_{\mu\nu}(\boldsymbol{a})\frac{\partial V(t,\boldsymbol{a})}{\partial a^\nu} \tag{7.10.30}$$

$$\omega^{\mu\nu}\frac{\partial H}{\partial a^\nu}+P_\mu=b_{\mu\nu}(\boldsymbol{a})\frac{\partial V(t,\boldsymbol{a})}{\partial a^\nu}+s_{\mu\nu}(\boldsymbol{a})\frac{\partial V(t,\boldsymbol{a})}{\partial a^\nu} \tag{7.10.31}$$

$$\omega^{\mu\nu}\frac{\partial H}{\partial a^\nu}+P_\mu=b_{\mu\nu}(\boldsymbol{a})\frac{\partial V(t,\boldsymbol{a})}{\partial a^\nu}+a_{\mu\nu}(\boldsymbol{a})\frac{\partial V(t,\boldsymbol{a})}{\partial a^\nu} \tag{7.10.32}$$

$$\omega^{\mu\nu}\frac{\partial H}{\partial a^\nu}+P_\mu=a_{\mu\nu}(\boldsymbol{a})\frac{\partial V(t,\boldsymbol{a})}{\partial a^\nu}+s_{\mu\nu}(\boldsymbol{a})\frac{\partial V(t,\boldsymbol{a})}{\partial a^\nu} \tag{7.10.33}$$

那么它可分别成为广义梯度系统 Ⅰ-1～Ⅰ-10.

注意到, 如果以上各式不满足, 还不能断定它不是广义梯度系统（Ⅰ), 因为这与方程的一阶形式选取相关.

7.10.3 解及其稳定性

Chetaev 型非完整系统化成广义梯度系统（Ⅰ）之后, 便可利用广义梯度系统（Ⅰ）的性质来研究这类力学系统的解及其稳定性.

7.10.4 应用举例

例 1 Chetaev 型非完整系统为

$$\begin{aligned}&L=\frac{1}{2}(\dot q_1^2+\dot q_2^2)\\&f=2\dot q_1+\dot q_2+q_2=0\\&Q_1=-5[q_1\exp t+\dot q_1(2+\exp t)],\quad Q_2=-\dot q_2\end{aligned} \tag{7.10.34}$$

试将其化成广义梯度系统（Ⅰ).

解 方程 (7.10.2) 给出

$$\ddot q_1=-5[q_1\exp t+\dot q_1(2+\exp t)]+2\lambda$$

$$\ddot{q}_2 = -\dot{q}_2 + \lambda$$

解出 λ, 得

$$\lambda = 2[q_1 \exp t + \dot{q}_1(2 + \exp t)]$$

代入方程, 得

$$\begin{aligned} \ddot{q}_1 &= -q_1 \exp t - \dot{q}(2 + \exp t) \\ \ddot{q}_2 &= 2[q_1 \exp t + \dot{q}_1(2 + \exp t)] - \dot{q}_2 \end{aligned}$$

研究第一个方程的广义梯度（Ⅰ）表示. 令

$$\begin{aligned} a^1 &= q_1 \\ a^2 &= \dot{q}_1 + q_1(1 + \exp t) \end{aligned}$$

则有

$$\begin{aligned} \dot{a}^1 &= -a^1(1 + \exp t) + a^2 \\ \dot{a}^2 &= a^1 - a^2 \end{aligned}$$

它可写成形式

$$\begin{pmatrix} \dot{a}^1 \\ \dot{a}^2 \end{pmatrix} = \begin{pmatrix} -1 & 0 \\ 0 & -1 \end{pmatrix} \begin{pmatrix} \dfrac{\partial V}{\partial a^1} \\ \dfrac{\partial V}{\partial a^2} \end{pmatrix}$$

其中

$$V = \frac{1}{2}(a^1)^2(1 + \exp t) + \frac{1}{2}(a^2)^2 - a^1 a^2$$

这是一个广义梯度系统 Ⅰ-1. V 在 $a^1 = a^2 = 0$ 的邻域内正定. 按方程求 $\dot{V}$, 得

$$\dot{V} = -(a^1)^2 \left[1 + \frac{1}{2}\exp t + (1 + \exp t)^2\right] - 2(a^2)^2 + 2a^1 a^2(2 + \exp t)$$

它是负定的, 因此, 解 $a^1 = a^2 = 0$ 是渐近稳定的.

例 2 Chetaev 型非完整系统为

$$\begin{aligned} &L = \frac{1}{2}(\dot{q}_1^2 + \dot{q}_2^2) \\ &f = \dot{q}_1 + \dot{q}_2 + q_2 = 0 \\ &Q_1 = -8q_1[1 + \exp(-t)] - 2\dot{q}_1 \frac{\exp(-t)}{1 + \exp(-t)}, \quad Q_2 = -\dot{q}_2 \end{aligned} \tag{7.10.35}$$

试将其化成广义梯度系统（Ⅰ）.

解 方程 (7.10.2) 给出

$$\ddot{q}_1 = -8q_1[1+\exp(-t)] - 2\dot{q}_1\frac{\exp(-t)}{1+\exp(-t)} + \lambda$$
$$\ddot{q}_2 = -\dot{q}_2 + \lambda$$

解得

$$\lambda = 4q_1[1+\exp(-t)] + \dot{q}_1\frac{\exp(-t)}{1+\exp(-t)}$$

代入得

$$\ddot{q}_1 = -4q_1[1+\exp(-t)] - \dot{q}_1\frac{\exp(-t)}{1+\exp(-t)}$$
$$\ddot{q}_2 = 4q_1[1+\exp(-t)] + \dot{q}_1\frac{\exp(-t)}{1+\exp(-t)} - \dot{q}_2$$

现将第一个方程化成广义梯度系统（I）. 令

$$a^1 = q_1$$
$$a^2 = \frac{\dot{q}_1}{2[1+\exp(-t)]}$$

则有

$$\dot{a}^1 = 2a^2[1+\exp(-t)]$$
$$\dot{a}^2 = -2a^1$$

它可写成形式

$$\begin{pmatrix} \dot{a}^1 \\ \dot{a}^2 \end{pmatrix} = \begin{pmatrix} 0 & 1 \\ -1 & 0 \end{pmatrix} \begin{pmatrix} \dfrac{\partial V}{\partial a^1} \\ \dfrac{\partial V}{\partial a^2} \end{pmatrix}$$

其中

$$V = (a^1)^2 + (a^2)^2[1+\exp(-t)]$$

这是一个广义梯度系统 I-2. V 在 $a^1 = a^2 = 0$ 的邻域内正定且渐减. 按方程求 $\dot{V}$, 得

$$\dot{V} = -(a^2)^2\exp(-t)$$

因此, 解 $a^1 = a^2 = 0$ 是一致稳定的.

例 3 非完整系统为

$$\begin{aligned} &L = \frac{1}{2}(\dot{q}_1^2 + \dot{q}_2^2) \\ &f = \dot{q}_1 + \dot{q}_2 + q_2 = 0 \\ &Q_1 = -2\dot{q}_1\left(2 + \frac{8-\sin t}{2+\cos t}\right) - 4q_1\frac{6-\sin t}{2+\cos t}, \quad Q_2 = -\dot{q}_2 \end{aligned} \tag{7.10.36}$$

试将其化成广义梯度系统 (I).

解　方程 (7.10.2) 给出

$$\ddot{q}_1 = -2\dot{q}_1\left(2+\frac{8-\sin t}{2+\cos t}\right) - \frac{4q_1}{2+\cos t}(6-\sin t)+\lambda$$
$$\ddot{q}_2 = -\dot{q}_2+\lambda$$

解得

$$\lambda = \dot{q}_1\left(2+\frac{8-\sin t}{2+\cos t}\right) + \frac{2q_1}{2+\cos t}(6-\sin t)$$

代入得相应完整系统的方程

$$\ddot{q}_1 = -\dot{q}_1\left(2+\frac{8-\sin t}{2+\cos t}\right) - \frac{2q_1}{2+\cos t}(6-\sin t)$$
$$\ddot{q}_2 = -\dot{q}_2+\dot{q}_1\left(2+\frac{8-\sin t}{2+\cos t}\right) + \frac{2q_1}{2+\cos t}(6-\sin t)$$

现将第一个方程化成广义梯度系统 (I). 令

$$a^1 = q_1$$
$$a^2 = \frac{1}{2}(\dot{q}_1+2q_1)(2+\cos t)$$

则有

$$\dot{a}^1 = -2a^1+\frac{2a^2}{2+\cos t}$$
$$\dot{a}^2 = 2a^1-\frac{4a^2}{2+\cos t}$$

它可写成如下形式

$$\begin{pmatrix}\dot{a}^1\\ \dot{a}^2\end{pmatrix} = \begin{pmatrix}-1 & 1\\ 1 & -2\end{pmatrix}\begin{pmatrix}\dfrac{\partial V}{\partial a^1}\\ \dfrac{\partial V}{\partial a^2}\end{pmatrix}$$

其中矩阵是对称负定的, 而函数 V 为

$$V = (a^1)^2+\frac{(a^2)^2}{2+\cos t}$$

这是一个广义梯度系统 I-3. 函数 V 在 $a^1=a^2=0$ 的邻域内正定且渐减. 按方程求 $\dot{V}$, 得

$$\dot{V} = -4(a^1)^2-\frac{8-\sin t}{(2+\cos t)^2}(a^2)^2+\frac{8a^1a^2}{2+\cos t}$$

它是负定的, 因此, 解 $a^1=a^2=0$ 是一致渐近稳定的.

例 4 非完整系统为

$$
\begin{aligned}
&L = \frac{1}{2}(\dot{q}_1^2 + \dot{q}_2^2) \\
&Q_1 = -(1 + q_1^2)\{\dot{q}_1 + q_1[1 + 2\exp(-t)]\}, \quad Q_2 = -\dot{q}_2 - \dot{q}_1^2 \\
&f = q_1\dot{q}_1 + \dot{q}_2 + q_2 = 0
\end{aligned} \tag{7.10.37}
$$

试将其化成广义梯度系统（I）.

解 方程 (7.10.2) 给出

$$
\begin{aligned}
&\ddot{q}_1 = -(1 + q_1^2)\{\dot{q}_1 + q_1[1 + 2\exp(-t)]\} + \lambda q_1 \\
&\ddot{q}_2 = -\dot{q}_2 - \dot{q}_1^2 + \lambda
\end{aligned}
$$

可解得

$$
\lambda = q_1\{\dot{q}_1 + q_1[1 + 2\exp(-t)]\}
$$

代入得相应完整系统的方程为

$$
\begin{aligned}
&\ddot{q}_1 = -\dot{q}_1 - q_1[1 + 2\exp(-t)] \\
&\ddot{q}_2 = -\dot{q}_2 - \dot{q}_1^2 + q_1\{\dot{q}_1 + q_1[1 + \exp(-t)]\}
\end{aligned}
$$

现将第一个方程化成广义梯度系统（I）. 令

$$
\begin{aligned}
&a^1 = q_1 \\
&a^2 = (q_1 + \dot{q}_1)[1 + 2\exp(-t)]^{-1}
\end{aligned}
$$

则有

$$
\begin{aligned}
&\dot{a}^1 = -a^1 + a^2[1 + 2\exp(-t)] \\
&\dot{a}^2 = a^1 - a^2[1 + 2\exp(-t)]
\end{aligned}
$$

它可写成形式

$$
\begin{pmatrix} \dot{a}^1 \\ \dot{a}^2 \end{pmatrix} = \begin{pmatrix} -1 & 1 \\ 1 & -1 \end{pmatrix} \begin{pmatrix} \dfrac{\partial V}{\partial a^1} \\ \dfrac{\partial V}{\partial a^2} \end{pmatrix}
$$

其中矩阵为半负定的, 而函数 V 为

$$
V = (a^1)^2 + (a^2)^2[1 + \exp(-t)] + a^1a^2
$$

这是一个广义梯度系统 I-4. V 在 $a^1 = a^2 = 0$ 的邻域内正定且渐减. 按方程求 $\dot{V}$, 得

$$
\dot{V} = -(a^1)^2 - (a^2)^2[1 + 5\exp(-t) + 4\exp(-2t)] + 2a^1a^2[1 + 2\exp(-t)]
$$

它是负定的. 因此, 解 $a^1 = a^2 = 0$ 是一致渐近稳定的.

例 5 非完整系统为

$$
\begin{aligned}
&L = \frac{1}{2}(\dot{q}_1^2 + \dot{q}_2^2) \\
&Q_1 = -4\dot{q}_1\frac{3+\cos t}{2+\cos t} - 4q_1\frac{8+4\cos t+\sin t}{(2+\cos t)^2} \\
&Q_2 = -\dot{q}_2\sin t - q_2\cos t \\
&f = \dot{q}_1 + \dot{q}_2 + q_2\sin t = 0
\end{aligned}
\tag{7.10.38}
$$

试将其化成广义梯度系统（Ⅰ）.

解 方程 (7.10.2) 给出

$$
\begin{aligned}
&\ddot{q}_1 = -4\dot{q}_1\frac{3+\cos t}{2+\cos t} - 4q_1\frac{8+4\cos t+\sin t}{(2+\cos t)^2} + \lambda \\
&\ddot{q}_2 = -\dot{q}_2\sin t - q_2\cos t + \lambda
\end{aligned}
$$

解得

$$
\lambda = 2\dot{q}_1\frac{3+\cos t}{2+\cos t} + 2q_1\frac{8+4\cos t+\sin t}{(2+\cos t)^2}
$$

代入得相应完整系统的方程

$$
\begin{aligned}
&\ddot{q}_1 = -2\dot{q}_1\frac{3+\cos t}{2+\cos t} - 2q_1\frac{8+4\cos t+\sin t}{(2+\cos t)^2} \\
&\ddot{q}_2 = -\dot{q}_2\sin t - q_2\cos t + 2\dot{q}_1\frac{3+\cos t}{2+\cos t} + 2q_1\frac{8+4\cos t+\sin t}{(2+\cos t)^2}
\end{aligned}
$$

现将第一个方程化成广义梯度系统（Ⅰ）. 令

$$
\begin{aligned}
&a^1 = q_1 \\
&a^2 = -\frac{1}{2}\left(\dot{q}_1 + \frac{2q_1}{2+\cos t}\right)
\end{aligned}
$$

则有

$$
\begin{aligned}
&\dot{a}^1 = -\frac{2a^1}{2+\cos t} - 2a^2 \\
&\dot{a}^2 = \frac{2a^1}{2+\cos t} - 2a^2
\end{aligned}
$$

它可写成形式

$$
\begin{pmatrix} \dot{a}^1 \\ \dot{a}^2 \end{pmatrix} = \left(\begin{pmatrix} -1 & 0 \\ 0 & -1 \end{pmatrix} + \begin{pmatrix} 0 & -1 \\ 1 & 0 \end{pmatrix}\right)\begin{pmatrix} \dfrac{\partial V}{\partial a^1} \\ \dfrac{\partial V}{\partial a^2} \end{pmatrix}
$$

其中矩阵为通常梯度的和斜梯度的组合而成, 是负定的, 而函数 V 为

$$V = \frac{(a^1)^2}{2+\cos t} + (a^2)^2$$

这是一个广义梯度系统 Ⅰ-5. V 在 $a^1 = a^2 = 0$ 的邻域内正定且渐减, 按方程求 $\dot{V}$, 得

$$\dot{V} = -\frac{(a^1)^2}{(2+\cos t)^2}(4-\sin t) - 4(a^2)^2$$

它是负定的, 因此, 解 $a^1 = a^2 = 0$ 是一致渐近稳定的.

例 6 非完整系统为

$$\begin{aligned} & L = \frac{1}{2}(\dot{q}_1^2 + \dot{q}_2^2) \\ & Q_1 = -4\dot{q}_1(7+2\sin t) - 8q_1(10+5\sin t+\cos t) \\ & Q_2 = -q_1q_2 - t\dot{q}_1q_2 - tq_1\dot{q}_2 \\ & f = \dot{q}_1 + \dot{q}_2 + tq_1q_2 = 0 \end{aligned} \tag{7.10.39}$$

试将其化成广义梯度系统（Ⅰ）.

解 方程 (7.10.2) 给出

$$\begin{aligned} & \ddot{q}_1 = -4\dot{q}_1(7+2\sin t) - 8q_1(10+5\sin t+\cos t) + \lambda \\ & \ddot{q}_2 = -q_1q_2 - t\dot{q}_1q_2 - tq_1\dot{q}_2 + \lambda \end{aligned}$$

解得

$$\lambda = 2\dot{q}_1(7+2\sin t) + 4q_1(10+5\sin t+\cos t)$$

代入得相应完整系统的方程为

$$\begin{aligned} & \ddot{q}_1 = -2\dot{q}_1(7+2\sin t) - 4q_1(10+5\sin t+\cos t) \\ & \ddot{q}_2 = -q_1q_2 - t\dot{q}_1q_2 - tq_1\dot{q}_2 + 2\dot{q}_1(7+2\sin t) + 4q_1(10+5\sin t+\cos t) \end{aligned}$$

现将第一个方程化成广义梯度系统（Ⅰ）. 令

$$\begin{aligned} & a^1 = q_1 \\ & a^2 = \frac{1}{2}[\dot{q}_1 + 4q_1(2+\sin t)] \end{aligned}$$

则有

$$\begin{aligned} & \dot{a}^1 = 2a^2 - 4a^1(2+\sin t) \\ & \dot{a}^2 = 2a^1(2+\sin t) - 6a^2 \end{aligned}$$

它可写成形式

$$\begin{pmatrix} \dot{a}^1 \\ \dot{a}^2 \end{pmatrix} = \left(\begin{pmatrix} -1 & 0 \\ 0 & -1 \end{pmatrix} + \begin{pmatrix} -1 & 1 \\ 1 & -2 \end{pmatrix} \right) \begin{pmatrix} \dfrac{\partial V}{\partial a^1} \\ \dfrac{\partial V}{\partial a^2} \end{pmatrix}$$

其中矩阵为由通常梯度的和对称负定的组合而成, 是对称负定的, 而函数 V 为

$$V = (a^1)^2(2+\sin t) + (a^2)^2$$

这是一个广义梯度系统 I-6. V 在 $a^1 = a^2 = 0$ 的邻域内正定且渐减, $\dot{V}$ 负定, 因此, 解 $a^1 = a^2 = 0$ 是一致渐近稳定的.

例 7　非完整系统为

$$\begin{aligned} &L = \frac{1}{2}(\dot{q}_1^2 + \dot{q}_2^2 + \dot{q}_3^2) \\ &Q_1 = -\dot{q}_1, \quad Q_2 = -\dot{q}_2 \\ &Q_3 = -\dot{q}_3 \frac{12 + 4\cos t - \sin t}{2+\cos t} - \frac{4q_3}{2+\cos t}(3-\sin t) \\ &f = \dot{q}_1 + \dot{q}_2 q_3 = 0 \end{aligned} \tag{7.10.40}$$

试将其化成广义梯度系统 (I).

解　方程 (7.10.2) 给出

$$\begin{aligned} &\ddot{q}_1 = -\dot{q}_1 + \lambda, \quad \ddot{q}_2 = -\dot{q}_2 + \lambda q_3 \\ &\ddot{q}_3 = -\dot{q}_3 \frac{12 + 4\cos t - \sin t}{2+\cos t} - 4q_3 \frac{3-\sin t}{2+\cos t} \end{aligned}$$

现将第三个方程化成广义梯度系统 (I). 令

$$\begin{aligned} &a^1 = \frac{1}{2}(\dot{q}_3 + 4q_3)(2+\cos t) \\ &a^2 = q_3 \end{aligned}$$

则有

$$\begin{aligned} &\dot{a}^1 = -\frac{4a^1}{2+\cos t} + 2a^2 \\ &\dot{a}^2 = \frac{2a^1}{2+\cos t} - 4a^2 \end{aligned}$$

它可写成如下形式

$$\begin{pmatrix} \dot{a}^1 \\ \dot{a}^2 \end{pmatrix} = \left(\begin{pmatrix} -1 & 0 \\ 0 & -1 \end{pmatrix} + \begin{pmatrix} -1 & 1 \\ 1 & -1 \end{pmatrix} \right) \begin{pmatrix} \dfrac{\partial V}{\partial a^1} \\ \dfrac{\partial V}{\partial a^2} \end{pmatrix}$$

其中矩阵为由通常梯度的和半负定的组合而成, 是对称负定的, 而函数 V 为

$$V = \frac{(a^1)^2}{2+\cos t} + (a^2)^2$$

这是一个广义梯度系统 I-7. V 正定且渐减, 因此, 解 $a^1 = a^2 = 0$ 是一致渐近稳定的.

例 8 非完整系统为

$$\begin{aligned}
&L = \frac{1}{2}(\dot{q}_1^2 + \dot{q}_2^2) \\
&Q_1 = -2\dot{q}_1\left(3 + \frac{1}{1+t}\right) - 2q_1\left[3\left(1 + \frac{1}{1+t}\right) - \frac{1}{(1+t)^2}\right], \quad Q_2 = -\dot{q}_2 \\
&f = \dot{q}_1 + \dot{q}_2 + q_2 = 0
\end{aligned} \tag{7.10.41}$$

试将其化成广义梯度系统（Ⅰ）.

解 方程 (7.10.2) 给出

$$\begin{aligned}
\ddot{q}_1 &= -2\dot{q}_1\left(3 + \frac{1}{1+t}\right) - 2q_1\left[3\left(1 + \frac{1}{1+t}\right) - \frac{1}{(1+t)^2}\right] + \lambda \\
\ddot{q}_2 &= -\dot{q}_2 + \lambda
\end{aligned}$$

解得

$$\lambda = \dot{q}_1\left(3 + \frac{1}{1+t}\right) + q_1\left[3\left(1 + \frac{1}{1+t}\right) - \frac{1}{(1+t)^2}\right]$$

代入得

$$\begin{aligned}
\ddot{q}_1 &= -\dot{q}_1\left(3 + \frac{1}{1+t}\right) - q_1\left[3\left(1 + \frac{1}{1+t}\right) - \frac{1}{(1+t)^2}\right] \\
\ddot{q}_2 &= -\dot{q}_2 + \dot{q}_1\left(3 + \frac{1}{1+t}\right) + q_1\left[3\left(1 + \frac{1}{1+t}\right) - \frac{1}{(1+t)^2}\right]
\end{aligned}$$

现将第一个方程化成广义梯度系统（Ⅰ）. 令

$$\begin{aligned}
a^1 &= q_1 \\
a^2 &= \dot{q}_1 + q_1\left(1 + \frac{1}{1+t}\right)
\end{aligned}$$

则有

$$\begin{aligned}
\dot{a}^1 &= -a^1\left(1 + \frac{1}{1+t}\right) + a^2 \\
\dot{a}^2 &= -a^1\left(1 + \frac{1}{1+t}\right) - 2a^2
\end{aligned}$$

它可写成形式

$$\begin{pmatrix} \dot{a}^1 \\ \dot{a}^2 \end{pmatrix} = \left(\begin{pmatrix} 0 & 1 \\ -1 & 0 \end{pmatrix} + \begin{pmatrix} -1 & 0 \\ 0 & -2 \end{pmatrix} \right) \begin{pmatrix} \dfrac{\partial V}{\partial a^1} \\ \dfrac{\partial V}{\partial a^2} \end{pmatrix}$$

其中矩阵为由斜梯度的和对称负定的组合而成, 是负定的, 而函数 V 为

$$V = \frac{1}{2}(a^1)^2 \left(1 + \frac{1}{1+t}\right) + \frac{1}{2}(a^2)^2$$

这是一个广义梯度系统 I-8. V 正定且渐减, 因此, 解 $a^1 = a^2 = 0$ 是一致渐近稳定的.

例 9　非完整系统为

$$\begin{aligned} & L = \frac{1}{2}(\dot{q}_1^2 + \dot{q}_2^2) \\ & Q_1 = -2q_1[3 + 4\exp(-t)] - 4\dot{q}_1[1 + \exp(-t)], \quad Q_2 = -\dot{q}_1 q_2 - q_1 \dot{q}_2 \\ & f = \dot{q}_1 + \dot{q}_2 + q_1 q_2 = 0 \end{aligned} \tag{7.10.42}$$

试将其化成广义梯度系统（Ⅰ）.

解　方程 (7.10.2) 给出

$$\begin{aligned} \ddot{q}_1 &= -2q_1[3 + 4\exp(-t)] - 4\dot{q}_1[1 + \exp(-t)] + \lambda \\ \ddot{q}_2 &= -\dot{q}_1 q_2 - q_1 \dot{q}_2 + \lambda \end{aligned}$$

可解得

$$\lambda = q_1[3 + 4\exp(-t)] + 2\dot{q}_1[1 + \exp(-t)]$$

代入得

$$\begin{aligned} \ddot{q}_1 &= -q_1[3 + 4\exp(-t)] - 2\dot{q}_1[1 + \exp(-t)] \\ \ddot{q}_2 &= -\dot{q}_1 q_2 - q_1 \dot{q}_2 + q_1[3 + 4\exp(-t)] + 2\dot{q}_1[1 + \exp(-t)] \end{aligned}$$

令

$$\begin{aligned} a^1 &= q_1 \\ a^2 &= -\dot{q}_1 - 2q_1 \end{aligned}$$

则第一个方程成为

$$\begin{aligned} \dot{a}^1 &= -2a^1 - a^2 \\ \dot{a}^2 &= 3a^1 - 2a^2 \exp(-t) \end{aligned}$$

它可写成如下形式

$$\begin{pmatrix} \dot{a}^1 \\ \dot{a}^2 \end{pmatrix} = \left(\begin{pmatrix} 0 & -1 \\ 1 & 0 \end{pmatrix} + \begin{pmatrix} -1 & 1 \\ 1 & -1 \end{pmatrix} \right) \begin{pmatrix} \dfrac{\partial V}{\partial a^1} \\ \dfrac{\partial V}{\partial a^2} \end{pmatrix}$$

其中矩阵为由斜梯度的和半负定的组合而成, 是半负定的, 而函数 V 为

$$V = (a^1)^2 + (a^2)^2[1 + \exp(-t)] + a^1 a^2$$

这是一个广义梯度系统 I-9. V 正定且渐减. 按方程求 $\dot{V}$, 得

$$\dot{V} = -(a^1)^2 - (a^2)^2[1 + 5\exp(-t) + 4\exp(-2t)] + 2a^1a^2[1 + 2\exp(-t)]$$

它是负定的, 因此, 解 $a^1 = a^2 = 0$ 是一致渐近稳定的.

例 10 非完整系统为

$$\begin{aligned} &L = \frac{1}{2}(\dot{q}_1^2 + \dot{q}_2^2) \\ &Q_1 = -4\dot{q}_1(7 - 2\sin t) - 8q_1(10 - 5\sin t - \cos t), \quad Q_2 = -\dot{q}_1 \\ &f = \dot{q}_1 + \dot{q}_2 + q_1 = 0 \end{aligned} \tag{7.10.43}$$

试将其化成广义梯度系统（Ⅰ）.

解 方程 (7.10.2) 给出

$$\begin{aligned} \ddot{q}_1 &= -4\dot{q}_1(7 - 2\sin t) - 8q_1(10 - 5\sin t - \cos t) + \lambda \\ \ddot{q}_2 &= -\dot{q}_1 + \lambda \end{aligned}$$

解得

$$\lambda = 2\dot{q}_1(7 - 2\sin t) + 4q_1(10 - 5\sin t - \cos t)$$

代入得相应完整系统的方程

$$\begin{aligned} \ddot{q}_1 &= -2\dot{q}_1(7 - 2\sin t) - 4q_1(10 - 5\sin t - \cos t) \\ \ddot{q}_2 &= -\dot{q}_1 + 2\dot{q}_1(7 - 2\sin t) + 4\dot{q}_1(10 - 5\sin t - \cos t) \end{aligned}$$

令

$$\begin{aligned} a^1 &= q_1 \\ a^2 &= \frac{1}{2}[\dot{q}_1 + 4q_1(2 - \sin t)] \end{aligned}$$

则第一个方程成为

$$\dot{a}^1 = -4a^1(2 - \sin t) + 2a^2$$

$$\dot{a}^2 = 2a^1(2-\sin t) - 6a^2$$

它可写成形式

$$\begin{pmatrix} \dot{a}^1 \\ \dot{a}^2 \end{pmatrix} = \left(\begin{pmatrix} -1 & 1 \\ 1 & -1 \end{pmatrix} + \begin{pmatrix} -1 & 0 \\ 0 & -2 \end{pmatrix} \right) \begin{pmatrix} \dfrac{\partial V}{\partial a^1} \\ \dfrac{\partial V}{\partial a^2} \end{pmatrix}$$

其中矩阵为由半负定的和对称负定的组合而成, 是对称负定的, 而函数 V 为

$$V = (a^1)^2(2-\sin t) + (a^2)^2$$

这是一个广义梯度系统 Ⅰ-10. V 正定且渐减. 按方程求 $\dot{V}$, 得

$$\dot{V} = -8(a^1)^2(2-\sin t)^2 - 12(a^2)^2 + 8a^1a^2(2-\sin t) - (a^1)^2\cos t$$

它是负定的, 因此, 解 $a^1 = a^2 = 0$ 是一致渐近稳定的.

7.11 非 Chetaev 型非完整系统与广义梯度系统（Ⅰ）

本节研究非 Chetaev 型非完整系统的广义梯度（Ⅰ）表示, 得到系统成为广义梯度系统（Ⅰ）的条件, 利用广义梯度系统（Ⅰ）的性质来研究这类力学系统的解的稳定性, 并给出具体应用.

7.11.1 系统的运动微分方程

假设力学系统的位形由 n 个广义坐标 $q_s(s=1,2,\cdots,n)$ 来确定, 它的运动受有 g 个双面理想非 Chetaev 型非完整约束

$$f_\beta(t,\boldsymbol{q},\dot{\boldsymbol{q}}) = 0 \quad (\beta = 1,2,\cdots,g) \tag{7.11.1}$$

虚位移方程为

$$f_{\beta s}(t,\boldsymbol{q},\dot{\boldsymbol{q}})\delta q_s = 0 \quad (\beta=1,2,\cdots,g; s=1,2,\cdots,n) \tag{7.11.2}$$

系统的运动微分方程有形式

$$\frac{\mathrm{d}}{\mathrm{d}t}\frac{\partial L}{\partial \dot{q}_s} - \frac{\partial L}{\partial q_s} = Q_s + \lambda_\beta f_{\beta s} \quad (\beta=1,2,\cdots,g; s=1,2,\cdots,n) \tag{7.11.3}$$

其中 $L = L(t,\boldsymbol{q},\dot{\boldsymbol{q}})$ 为系统的 Lagrange 函数, $Q_s = Q_s(t,\boldsymbol{q},\dot{\boldsymbol{q}})$ 为非势广义力, λ_β 为约束乘子. 在非奇异假设下, 在运动微分方程积分之前, 可由方程 (7.11.1) 和 (7.11.3) 求出 λ_β 为 $t,\boldsymbol{q},\dot{\boldsymbol{q}}$ 的函数, 于是方程 (7.11.3) 成为

$$\frac{\mathrm{d}}{\mathrm{d}t}\frac{\partial L}{\partial \dot{q}_s} - \frac{\partial L}{\partial q_s} = Q_s + \Lambda_s \quad (s=1,2,\cdots,n) \tag{7.11.4}$$

其中

$$\Lambda_s = \lambda_\beta(t, \boldsymbol{q}, \dot{\boldsymbol{q}}) f_{\beta s} \tag{7.11.5}$$

称方程 (7.11.4) 为与非完整系统 (7.11.1)、(7.11.3) 相应的完整系统的方程. 如果运动的初始条件满足约束方程 (7.11.1), 那么相应完整系统的解就给出非完整系统的运动. 因此, 只需研究方程 (7.11.4).

在非奇异假设下, 由方程 (7.11.4) 可解出所有广义加速度, 记作

$$\ddot{q}_s = \alpha_s(t, \boldsymbol{q}, \dot{\boldsymbol{q}}) \quad (s = 1, 2, \cdots, n) \tag{7.11.6}$$

令

$$a^s = q_s, \quad a^{n+s} = \dot{q}_s \tag{7.11.7}$$

则方程 (7.11.6) 可写成一阶形式

$$\dot{a}^\mu = F_\mu(t, \boldsymbol{a}) \quad (\mu = 1, 2, \cdots, 2n) \tag{7.11.8}$$

其中

$$F_s = a^{n+s}, \quad F_{n+s} = \alpha_s \tag{7.11.9}$$

引进广义动量 p_s 和 Hamilton 函数 H

$$\begin{aligned} p_s &= \frac{\partial L}{\partial \dot{q}_s} \\ H &= p_s \dot{q}_s - L \end{aligned} \tag{7.11.10}$$

则方程 (7.11.4) 可写成如下一阶形式

$$\dot{a}^\mu = \omega^{\mu\nu} \frac{\partial H}{\partial a^\nu} + P_\mu \quad (\mu, \nu = 1, 2, \cdots, 2n) \tag{7.11.11}$$

其中

$$\begin{aligned} &a^s = q_s, \quad a^{n+s} = p_s \\ &(\omega^{\mu\nu}) = \begin{pmatrix} 0_{n\times n} & 1_{n\times n} \\ -1_{n\times n} & 0_{n\times n} \end{pmatrix} \\ &P_s = 0, \quad P_{n+s} = \tilde{Q}_s + \tilde{\Lambda}_s \end{aligned} \tag{7.11.12}$$

这里 $\tilde{Q}_s$ 和 $\tilde{\Lambda}_s$ 分别为用正则变量表示的 Q_s 和 Λ_s.

7.11.2 系统的广义梯度（Ⅰ）表示

系统 (7.11.8) 和系统 (7.11.11) 一般都不是广义梯度系统（Ⅰ）. 对系统 (7.11.8), 如果存在矩阵 $(b_{\mu\nu}(\boldsymbol{a})), (s_{\mu\nu}(\boldsymbol{a})), (a_{\mu\nu}(\boldsymbol{a}))$ 和函数 $V = V(t, \boldsymbol{a})$ 满足以下等式

$$F_\mu = -\frac{\partial V(t, \boldsymbol{a})}{\partial a^\mu} \quad (\mu = 1, 2, \cdots, 2n) \tag{7.11.13}$$

$$F_{\mu}=b_{\mu\nu}(\boldsymbol{a})\frac{\partial V(t,\boldsymbol{a})}{\partial a^{\nu}}\quad(\mu,\nu=1,2,\cdots,2n)\tag{7.11.14}$$

$$F_{\mu}=s_{\mu\nu}(\boldsymbol{a})\frac{\partial V(t,\boldsymbol{a})}{\partial a^{\nu}}\tag{7.11.15}$$

$$F_{\mu}=a_{\mu\nu}(\boldsymbol{a})\frac{\partial V(t,\boldsymbol{a})}{\partial a^{\nu}}\tag{7.11.16}$$

$$F_{\mu}=-\frac{\partial V(t,\boldsymbol{a})}{\partial a^{\mu}}+b_{\mu\nu}(\boldsymbol{a})\frac{\partial V(t,\boldsymbol{a})}{\partial a^{\nu}}\tag{7.11.17}$$

$$F_{\mu}=-\frac{\partial V(t,\boldsymbol{a})}{\partial a^{\mu}}+s_{\mu\nu}(\boldsymbol{a})\frac{\partial V(t,\boldsymbol{a})}{\partial a^{\nu}}\tag{7.11.18}$$

$$F_{\mu}=-\frac{\partial V(t,\boldsymbol{a})}{\partial a^{\mu}}+a_{\mu\nu}(\boldsymbol{a})\frac{\partial V(t,\boldsymbol{a})}{\partial a^{\nu}}\tag{7.11.19}$$

$$F_{\mu}=b_{\mu\nu}(\boldsymbol{a})\frac{\partial V(t,\boldsymbol{a})}{\partial a^{\nu}}+s_{\mu\nu}(\boldsymbol{a})\frac{\partial V(t,\boldsymbol{a})}{\partial a^{\nu}}\tag{7.11.20}$$

$$F_{\mu}=b_{\mu\nu}(\boldsymbol{a})\frac{\partial V(t,\boldsymbol{a})}{\partial a^{\nu}}+a_{\mu\nu}(\boldsymbol{a})\frac{\partial V(t,\boldsymbol{a})}{\partial a^{\nu}}\tag{7.11.21}$$

$$F_{\mu}=a_{\mu\nu}(\boldsymbol{a})\frac{\partial V(t,\boldsymbol{a})}{\partial a^{\nu}}+s_{\mu\nu}(\boldsymbol{a})\frac{\partial V(t,\boldsymbol{a})}{\partial a^{\nu}}\tag{7.11.22}$$

则它可分别成为广义梯度系统 Ⅰ-1～Ⅰ-10.

对系统 (7.11.11), 如果存在矩阵 $(b_{\mu\nu}(\boldsymbol{a})),(s_{\mu\nu}(\boldsymbol{a})),(a_{\mu\nu}(\boldsymbol{a}))$ 和函数 $V=V(t,\boldsymbol{a})$ 满足以下各式

$$\omega^{\mu\nu}\frac{\partial H}{\partial a^{\nu}}+P_{\mu}=-\frac{\partial V(t,\boldsymbol{a})}{\partial a^{\mu}}\quad(\mu,\nu=1,2,\cdots,2n)\tag{7.11.23}$$

$$\omega^{\mu\nu}\frac{\partial H}{\partial a^{\nu}}+P_{\mu}=b_{\mu\nu}(\boldsymbol{a})\frac{\partial V(t,\boldsymbol{a})}{\partial a^{\nu}}\tag{7.11.24}$$

$$\omega^{\mu\nu}\frac{\partial H}{\partial a^{\nu}}+P_{\mu}=s_{\mu\nu}(\boldsymbol{a})\frac{\partial V(t,\boldsymbol{a})}{\partial a^{\nu}}\tag{7.11.25}$$

$$\omega^{\mu\nu}\frac{\partial H}{\partial a^{\nu}}+P_{\mu}=a_{\mu\nu}(\boldsymbol{a})\frac{\partial V(t,\boldsymbol{a})}{\partial a^{\nu}}\tag{7.11.26}$$

$$\omega^{\mu\nu}\frac{\partial H}{\partial a^{\nu}}+P_{\mu}=-\frac{\partial V(t,\boldsymbol{a})}{\partial a^{\mu}}+b_{\mu\nu}(\boldsymbol{a})\frac{\partial V(t,\boldsymbol{a})}{\partial a^{\nu}}\tag{7.11.27}$$

$$\omega^{\mu\nu}\frac{\partial H}{\partial a^{\nu}}+P_{\mu}=-\frac{\partial V(t,\boldsymbol{a})}{\partial a^{\mu}}+s_{\mu\nu}(\boldsymbol{a})\frac{\partial V(t,\boldsymbol{a})}{\partial a^{\nu}}\tag{7.11.28}$$

$$\omega^{\mu\nu}\frac{\partial H}{\partial a^{\nu}}+P_{\mu}=-\frac{\partial V(t,\boldsymbol{a})}{\partial a^{\mu}}+a_{\mu\nu}(\boldsymbol{a})\frac{\partial V(t,\boldsymbol{a})}{\partial a^{\nu}}\tag{7.11.29}$$

$$\omega^{\mu\nu}\frac{\partial H}{\partial a^{\nu}}+P_{\mu}=b_{\mu\nu}(\boldsymbol{a})\frac{\partial V(t,\boldsymbol{a})}{\partial a^{\nu}}+s_{\mu\nu}(\boldsymbol{a})\frac{\partial V(t,\boldsymbol{a})}{\partial a^{\nu}}\tag{7.11.30}$$

$$\omega^{\mu\nu}\frac{\partial H}{\partial a^{\nu}}+P_{\mu}=b_{\mu\nu}(\boldsymbol{a})\frac{\partial V(t,\boldsymbol{a})}{\partial a^{\nu}}+a_{\mu\nu}(\boldsymbol{a})\frac{\partial V(t,\boldsymbol{a})}{\partial a^{\nu}}\tag{7.11.31}$$

$$\omega^{\mu\nu}\frac{\partial H}{\partial a^{\nu}}+P_{\mu}=a_{\mu\nu}(\boldsymbol{a})\frac{\partial V(t,\boldsymbol{a})}{\partial a^{\nu}}+s_{\mu\nu}(\boldsymbol{a})\frac{\partial V(t,\boldsymbol{a})}{\partial a^{\nu}}\tag{7.11.32}$$

则它可分别成为广义梯度系统 Ⅰ-1～Ⅰ-10.

7.11.3 解及其稳定性

非 Chetaev 型非完整系统化成广义梯度系统（I）之后, 便可利用广义梯度系统（I）的性质来研究这类力学系统的解及其稳定性.

7.11.4 应用举例

例 1 系统的 Lagrange 函数和广义力分别为

$$
\begin{aligned}
&L=\frac{1}{2}(\dot{q}_1^2+\dot{q}_2^2)\\
&Q_1=-\frac{1}{2}q_1[3+4\exp(-t)]-\dot{q}_1[2+\exp(-t)],\quad Q_2=-\dot{q}_2
\end{aligned}
\tag{7.11.33a}
$$

非完整约束为

$$
f=\dot{q}_1+\dot{q}_2+q_2=0 \tag{7.11.33b}
$$

而虚位移方程为

$$
\delta q_1-2\delta q_2=0 \tag{7.11.33c}
$$

试将其化成广义梯度系统（I）, 并研究零解的稳定性.

解 方程 (7.11.3) 给出

$$
\begin{aligned}
\ddot{q}_1&=-\frac{1}{2}q_1[3+4\exp(-t)]-\dot{q}_1[2+\exp(-t)]+\lambda\\
\ddot{q}_2&=-\dot{q}_2-2\lambda
\end{aligned}
$$

可求得

$$
\lambda=-\frac{1}{2}q_1[3+4\exp(-t)]-\dot{q}_1[2+\exp(-t)]
$$

代入得相应完整系统的方程为

$$
\begin{aligned}
\ddot{q}_1&=-q_1[3+4\exp(-t)]-2\dot{q}_1[2+\exp(-t)]\\
\ddot{q}_2&=-\dot{q}_2+q_1[3+4\exp(-t)]+2\dot{q}_1[2+\exp(-t)]
\end{aligned}
$$

现将第一个方程化成广义梯度系统（I）. 令

$$
\begin{aligned}
a^1&=q_1\\
a^2&=\dot{q}_1+2q_1
\end{aligned}
$$

则有

$$
\begin{aligned}
\dot{a}^1&=-2a^1+a^2\\
\dot{a}^2&=a^1-2a^2[1+\exp(-t)]
\end{aligned}
$$

它可写成形式

$$\begin{pmatrix} \dot{a}^1 \\ \dot{a}^2 \end{pmatrix} = \begin{pmatrix} -1 & 0 \\ 0 & -1 \end{pmatrix} \begin{pmatrix} \dfrac{\partial V}{\partial a^1} \\ \dfrac{\partial V}{\partial a^2} \end{pmatrix}$$

其中

$$V = (a^1)^2 + (a^2)^2[1+\exp(-t)] - a^1 a^2$$

这是一个广义梯度系统 I-1. V 在 $a^1 = a^2 = 0$ 的邻域内正定且渐减, $\dot{V}$ 负定, 因此, 解 $a^1 = a^2 = 0$ 是一致渐近稳定的.

例 2　非 Chetaev 非完整系统为

$$\begin{aligned} & L = \frac{1}{2}(\dot{q}_1^2 + \dot{q}_2^2) \\ & Q_1 = -q_1 - \dot{q}_1 t, \quad Q_2 = 4q_2[1+\exp(-t)] \\ & f = \dot{q}_1 + \dot{q}_2 + q_1 t = 0, \quad \delta q_1 - 2\delta q_2 = 0 \end{aligned} \tag{7.11.34}$$

试将其化成广义梯度系统（Ⅰ）.

解　方程 (7.11.3) 给出

$$\begin{aligned} & \ddot{q}_1 = -q_1 - \dot{q}_1 t + \lambda \\ & \ddot{q}_2 = 4q_2[1+\exp(-t)] - 2\lambda \end{aligned}$$

解得约束乘子

$$\lambda = 4q_2[1+\exp(-t)]$$

代入得

$$\begin{aligned} & \ddot{q}_1 = -q_1 - \dot{q}_1 t + 4q_2[1+\exp(-t)] \\ & \ddot{q}_2 = -4q_2[1+\exp(-t)] \end{aligned}$$

令

$$\begin{aligned} & a^1 = -\frac{1}{2}\dot{q}_2 \\ & a^2 = q_2 \end{aligned}$$

则第二个方程化成一阶形式

$$\begin{aligned} & \dot{a}^1 = 2a^2[1+\exp(-t)] \\ & \dot{a}^2 = -2a^1 \end{aligned}$$

它可写成形式

$$\begin{pmatrix} \dot{a}^1 \\ \dot{a}^2 \end{pmatrix} = \begin{pmatrix} 0 & 1 \\ -1 & 0 \end{pmatrix} \begin{pmatrix} \dfrac{\partial V}{\partial a^1} \\ \dfrac{\partial V}{\partial a^2} \end{pmatrix}$$

其中矩阵为斜梯度的, 而函数 V 为

$$V = (a^1)^2 + (a^2)^2[1 + \exp(-t)]$$

这是一个广义梯度系统 I-2. V 在 $a^1 = a^2 = 0$ 的邻域内正定且渐减. 按方程求 $\dot{V}$, 得

$$\dot{V} = -(a^2)^2 \exp(-t)$$

因此, 解 $a^1 = a^2 = 0$ 是一致稳定的.

例 3 非 Chetaev 型非完整系统为

$$\begin{aligned} & L = \frac{1}{2}(\dot{q}_1^2 + \dot{q}_2^2) \\ & Q_1 = -q_1(7 + 4\sin t) - \dot{q}_1(5 + 2\sin t), \quad Q_2 = -\dot{q}_2 \\ & f = \dot{q}_1 + \dot{q}_2 + q_2 = 0, \quad \delta q_1 - 2\delta q_2 = 0 \end{aligned} \tag{7.11.35}$$

试将其化成广义梯度系统 (I).

解 方程 (7.11.3) 给出

$$\begin{aligned} \ddot{q}_1 &= -q_1(7 + 4\sin t) - \dot{q}(5 + 2\sin t) + \lambda \\ \ddot{q}_2 &= -\dot{q}_2 - 2\lambda \end{aligned}$$

解得

$$\lambda = -q_1(7 + 4\sin t) - \dot{q}_1(5 + 2\sin t)$$

代入得

$$\begin{aligned} \ddot{q}_1 &= -2q_1(7 + 4\sin t) - 2\dot{q}_1(5 + 2\sin t) \\ \ddot{q}_2 &= -\dot{q}_2 + 2q_1(7 + 4\sin t) + 2\dot{q}_1(5 + 2\sin t) \end{aligned}$$

现将第一个方程化成广义梯度系统 (I). 令

$$\begin{aligned} a^1 &= q_1 \\ a^2 &= \dot{q}_1 + 2q_1 \end{aligned}$$

则有

$$\dot{a}^1 = -2a^1 + a^2$$
$$\dot{a}^2 = 2a^1 - 4a^2(2+\sin t)$$

它可写成形式

$$\begin{pmatrix} \dot{a}^1 \\ \dot{a}^2 \end{pmatrix} = \begin{pmatrix} -1 & 0 \\ 0 & -2 \end{pmatrix} \begin{pmatrix} \dfrac{\partial V}{\partial a^1} \\ \dfrac{\partial V}{\partial a^2} \end{pmatrix}$$

其中矩阵为对称负定的, 而函数 V 为

$$V = (a^1)^2 + (a^2)^2(2+\sin t) - a^1 a^2$$

这是一个广义梯度系统 Ⅰ-3. V 在 $a^1 = a^2 = 0$ 的邻域内正定且渐减. 按方程求 $\dot{V}$, 得

$$\dot{V} = -6(a^1)^2 - (a^2)^2[1 + 8(2+\sin t)^2 - \cos t] + 4a^1 a^2(3 + 4\sin t)$$

它是负定的, 因此, 解 $a^1 = a^2 = 0$ 是一致渐近稳定的.

例 4　非 Chetaev 型非完整系统为

$$\begin{aligned} &L = \frac{1}{2}(\dot{q}_1^2 + \dot{q}_2^2) \\ &Q_1 = -\dot{q}_1[2+\exp(-t)] + q_1\exp(-t), \quad Q_2 = -\dot{q}_1 \\ &f = \dot{q}_1 + \dot{q}_2 + q_1 = 0, \quad \delta q_1 - 2\delta q_2 = 0 \end{aligned} \tag{7.11.36}$$

试将其化成广义梯度系统 (Ⅰ).

解　方程 (7.11.3) 给出

$$\ddot{q}_1 = -\dot{q}_1[2+\exp(-t)] + q_1\exp(-t) + \lambda$$
$$\ddot{q}_2 = -\dot{q}_1 - 2\lambda$$

解得

$$\lambda = -\dot{q}_1[2+\exp(-t)] + q_1\exp(-t)$$

代入得

$$\ddot{q}_1 = -2\dot{q}_1[2+\exp(-t)] + 2q_1\exp(-t)$$
$$\ddot{q}_2 = -\dot{q}_1 + 2\dot{q}_1[2+\exp(-t)] - 2q_1\exp(-t)$$

现将第一个方程化成广义梯度系统 (Ⅰ). 令

$$
\begin{aligned}
a^1 &= q_1 \\
a^2 &= \frac{1}{2}\{\dot{q}_1 + 2q_1[1+\exp(-t)]\}
\end{aligned}
$$

则有

$$
\begin{aligned}
\dot{a}^1 &= -2a^1[1+\exp(-t)] + 2a^2 \\
\dot{a}^2 &= 2a^1[1+\exp(-t)] - 2a^2
\end{aligned}
$$

它可写成形式

$$
\begin{pmatrix} \dot{a}^1 \\ \dot{a}^2 \end{pmatrix} = \begin{pmatrix} -1 & 1 \\ 1 & -1 \end{pmatrix} \begin{pmatrix} \dfrac{\partial V}{\partial a^1} \\ \dfrac{\partial V}{\partial a^2} \end{pmatrix}
$$

其中矩阵是半负定的, 而函数 V 为

$$
V = (a^1)^2[1+\exp(-t)] + (a^2)^2
$$

这是一个广义梯度系统 Ⅰ-4. V 在 $a^1 = a^2 = 0$ 的邻域内正定且渐减. 按方程求 $\dot{V}$, 得

$$
\dot{V} = -(a^1)^2\{4[1+\exp(-t)]^2 + \exp(-t)\} - 4(a^2)^2 + 8a^1a^2[1+\exp(-t)]
$$

它是负定的, 因此, 解 $a^1 = a^2 = 0$ 是一致渐近稳定的.

例 5 非 Chetaev 型非完整系统为

$$
\begin{aligned}
&L = \frac{1}{2}(\dot{q}_1^2 + \dot{q}_2^2) \\
&Q_1 = -\frac{1}{2}\dot{q}_1\left[2(3+\sin t) - \frac{\cos t}{2+\sin t}\right] - q_1\left[4(2+\sin t) - \frac{\cos t}{2+\sin t}\right], \quad Q_2 = -\frac{1}{2}\dot{q}_2 \\
&f = \dot{q}_1 + 2\dot{q}_2 + q_2 = 0, \quad \delta q_1 - \delta q_2 = 0
\end{aligned}
\tag{7.11.37}
$$

试将其化成广义梯度系统 (Ⅰ).

解 方程 (7.11.3) 给出

$$
\begin{aligned}
\ddot{q}_1 &= -\frac{1}{2}\dot{q}_1\left[2(3+\sin t) - \frac{\cos t}{2+\sin t}\right] - q_1\left[4(2+\sin t) - \frac{\cos t}{2+\sin t}\right] + \lambda \\
\ddot{q}_2 &= -\frac{1}{2}\dot{q}_2 - \lambda
\end{aligned}
$$

解得

$$\lambda=-\frac{1}{2}\dot{q}_1\left[2(3+\sin t)-\frac{\cos t}{2+\sin t}\right]-q_1\left[4(2+\sin t)-\frac{\cos t}{2+\sin t}\right]$$

代入得

$$\ddot{q}_1=-\dot{q}_1\left[2(3+\sin t)-\frac{\cos t}{2+\sin t}\right]-2q_1\left[4(2+\sin t)-\frac{\cos t}{2+\sin t}\right]$$
$$\ddot{q}_2=-\frac{1}{2}\dot{q}_2+\frac{1}{2}\dot{q}_1\left[2(3+\sin t)-\frac{\cos t}{2+\sin t}\right]+q_1\left[4(2+\sin t)-\frac{\cos t}{2+\sin t}\right]$$

现将第一个方程化成广义梯度系统（Ⅰ）. 令

$$a^1=q_1$$
$$a^2=\frac{\dot{q}_1+2q_1}{2(2+\sin t)}$$

则有

$$\dot{a}^1=-2a^1+2a^2(2+\sin t)$$
$$\dot{a}^2=-2a^1-2a^2(2+\sin t)$$

它可写成形式

$$\begin{pmatrix}\dot{a}^1\\ \dot{a}^2\end{pmatrix}=\left(\begin{pmatrix}-1 & 0\\ 0 & -1\end{pmatrix}+\begin{pmatrix}0 & 1\\ -1 & 0\end{pmatrix}\right)\begin{pmatrix}\dfrac{\partial V}{\partial a^1}\\ \dfrac{\partial V}{\partial a^2}\end{pmatrix}$$

其中矩阵为由通常梯度的和斜梯度的组合而成, 是负定的, 而函数 V 为

$$V=(a^1)^2+(a^2)^2(2+\sin t)$$

这是一个广义梯度系统 Ⅰ-5. V 在 $a^1=a^2=0$ 的邻域内正定且渐减. 按方程求 $\dot{V}$, 得

$$\dot{V}=-4(a^1)^2-(a^2)^2[4(2+\sin t)^2-\cos t]$$

它是负定的, 因此, 解 $a^1=a^2=0$ 是一致渐近稳定的.

例 6　非 Chetaev 型非完整系统为

$$L=\frac{1}{2}(\dot{q}_1^2+\dot{q}_2^2)$$
$$Q_1=-2q_1(10+5\cos t-\sin t)-\dot{q}_1(7+2\cos t),\quad Q_2=-\frac{1}{2}\dot{q}_2 \tag{7.11.38}$$
$$f=\dot{q}_1+2\dot{q}_2+q_2=0,\quad \delta q_1-\delta q_2=0$$

试将其化成广义梯度系统 (Ⅰ).

解 方程 (7.11.3) 给出

$$\begin{aligned}\ddot{q}_1 &= -2q_1(10+5\cos t-\sin t)-\dot{q}_1(7+2\cos t)+\lambda\\ \ddot{q}_2 &= -\frac{1}{2}\dot{q}_2-\lambda\end{aligned}$$

解得

$$\lambda = -2q_1(10+5\cos t-\sin t)-\dot{q}_1(7+2\cos t)$$

代入得

$$\begin{aligned}\ddot{q}_1 &= -4q_1(10+5\cos t-\sin t)-2\dot{q}_1(7+2\cos t)\\ \ddot{q}_2 &= -\frac{1}{2}\dot{q}_2+2q_1(10+5\cos t-\sin t)+\dot{q}_1(7+2\cos t)\end{aligned}$$

现将第一个方程化成广义梯度系统 (Ⅰ). 令

$$\begin{aligned}a^1 &= q_1\\ a^2 &= \frac{1}{2}[\dot{q}_1+4q_1(2+\cos t)]\end{aligned}$$

则有

$$\begin{aligned}\dot{a}^1 &= -4a^1(2+\cos t)+2a^2\\ \dot{a}^2 &= 2a^1(2+\cos t)-6a^2\end{aligned}$$

它可写成形式

$$\begin{pmatrix}\dot{a}^1\\ \dot{a}^2\end{pmatrix}=\left(\begin{pmatrix}-1 & 0\\ 0 & -1\end{pmatrix}+\begin{pmatrix}-1 & 1\\ 1 & -2\end{pmatrix}\right)\begin{pmatrix}\dfrac{\partial V}{\partial a^1}\\ \dfrac{\partial V}{\partial a^2}\end{pmatrix}$$

其中矩阵为由通常梯度的和对称负定的组合而成, 是对称负定的, 而函数 V 为

$$V=(a^1)^2(2+\cos t)+(a^2)^2$$

这是一个广义梯度系统 Ⅰ-6. V 在 $a^1=a^2=0$ 的邻域内正定且渐减. 按方程求 $\dot{V}$, 它是负定的, 因此, 解 $a^1=a^2=0$ 是一致渐近稳定的.

例 7　非 Chetaev 型非完整系统为

$$
\begin{aligned}
&L=\frac{1}{2}(\dot{q}_1^2+\dot{q}_2^2)\\
&Q_1=-\frac{1}{2}\dot{q}_1\left[4\left(1+\frac{1}{1+t}\right)+\frac{1}{(1+t)(2+t)}\right]\\
&\qquad -2q_1\left[3\left(1+\frac{1}{1+t}\right)+\frac{1}{(1+t)(2+t)}\right],\quad Q_2=-\frac{1}{2}\dot{q}_1\\
&f=\dot{q}_1+2\dot{q}_2+q_1=0,\quad \delta q_1-\delta q_2=0
\end{aligned}
\tag{7.11.39}
$$

试将其化成广义梯度系统 (Ⅰ).

解　方程 (7.11.3) 给出

$$
\begin{aligned}
\ddot{q}_1&=-\frac{1}{2}\dot{q}_1\left[4\left(1+\frac{1}{1+t}\right)+\frac{1}{(1+t)(2+t)}\right]\\
&\quad -2q_1\left[3\left(1+\frac{1}{1+t}\right)+\frac{1}{(1+t)(2+t)}\right]+\lambda\\
\ddot{q}_2&=-\frac{1}{2}\dot{q}_1-\lambda
\end{aligned}
$$

解得

$$
\lambda=-\frac{1}{2}\dot{q}_1\left[4\left(1+\frac{1}{1+t}\right)+\frac{1}{(1+t)(2+t)}\right]-2q_1\left[3\left(1+\frac{1}{1+t}\right)+\frac{1}{(1+t)(2+t)}\right]
$$

代入得

$$
\begin{aligned}
\ddot{q}_1&=-\dot{q}_1\left[4\left(1+\frac{1}{1+t}\right)+\frac{1}{(1+t)(2+t)}\right]-4q_1\left[3\left(1+\frac{1}{1+t}\right)+\frac{1}{(1+t)(2+t)}\right]\\
\ddot{q}_2&=-\frac{1}{2}\dot{q}_1+\frac{1}{2}\dot{q}_1\left[4\left(1+\frac{1}{1+t}\right)+\frac{1}{(1+t)(2+t)}\right]\\
&\quad +2q_1\left[3\left(1+\frac{1}{1+t}\right)+\frac{1}{(1+t)(2+t)}\right]
\end{aligned}
$$

现将第一个方程化成广义梯度系统 (Ⅰ). 令

$$
\begin{aligned}
a^1&=q_1\\
a^2&=\frac{\dot{q}_1+4q_1}{2\left(1+\dfrac{1}{1+t}\right)}
\end{aligned}
$$

则有

$$
\dot{a}^1=-4a^1+2a^2\left(1+\frac{1}{1+t}\right)
$$

$$\dot{a}^2 = 2a^1 - 4a^2\left(1 + \frac{1}{1+t}\right)$$

它可写成形式

$$\begin{pmatrix} \dot{a}^1 \\ \dot{a}^2 \end{pmatrix} = \left(\begin{pmatrix} -1 & 0 \\ 0 & -1 \end{pmatrix} + \begin{pmatrix} -1 & 1 \\ 1 & -1 \end{pmatrix}\right)\begin{pmatrix} \dfrac{\partial V}{\partial a^1} \\ \dfrac{\partial V}{\partial a^2} \end{pmatrix}$$

其中矩阵为由通常梯度的和半负定的组合而成, 是对称负定的, 而函数 V 为

$$V = (a^1)^2 + (a^2)^2\left(1 + \frac{1}{1+t}\right)$$

这是一个广义梯度系统 I-7. V 在 $a^1 = a^2 = 0$ 的邻域内正定且渐减. 按方程求 $\dot{V}$, 得

$$\dot{V} = -8(a^1)^2 - 8(a^2)^2\left(1 + \frac{1}{1+t}\right)^2 + 8a^1a^2\left(1 + \frac{1}{1+t}\right) - (a^2)^2\frac{1}{(1+t)^2}$$

它是负定的, 因此, 解 $a^1 = a^2 = 0$ 是一致渐近稳定的.

例 8 非 Chetaev 型非完整系统为

$$\begin{aligned} &L = \frac{1}{2}(\dot{q}_1^2 + \dot{q}_2^2) \\ &Q_1 = -\frac{1}{2}q_1\left\{3[1+\exp(-t)] + \frac{\exp(-t)}{1+\exp(-t)}\right\} \\ &\qquad -\frac{1}{2}\dot{q}_1\left\{2[1+\exp(-t)] + 1 + \frac{\exp(-t)}{1+\exp(-t)}\right\} \\ &Q_2 = -2tq_1 - t^2\dot{q}_1 \\ &f = \dot{q}_1 + \dot{q}_2 + t^2 q_1 = 0, \quad \delta q_1 - 2\delta q_2 = 0 \end{aligned} \tag{7.11.40}$$

试将其化成广义梯度系统（Ⅰ）.

解 方程 (7.11.3) 给出

$$\begin{aligned} \ddot{q}_1 = &-\frac{1}{2}q_1\left\{3[1+\exp(-t)] + \frac{\exp(-t)}{1+\exp(-t)}\right\} \\ &-\frac{1}{2}\dot{q}_1\left\{2[1+\exp(-t)] + 1 + \frac{\exp(-t)}{1+\exp(-t)}\right\} + \lambda \\ \ddot{q}_2 = &-2tq_1 - t^2\dot{q}_1 - 2\lambda \end{aligned}$$

解得

$$\lambda=-\frac{1}{2}q_1\left\{3[1+\exp(-t)]+\frac{\exp(-t)}{1+\exp(-t)}\right\}-\frac{1}{2}\dot{q}_1\left\{2[1+\exp(-t)]+1+\frac{\exp(-t)}{1+\exp(-t)}\right\}$$

代入得

$$\ddot{q}_1=-q_1\left\{3[1+\exp(-t)]+\frac{\exp(-t)}{1+\exp(-t)}\right\}-\dot{q}_1\left\{2[1+\exp(-t)]+1+\frac{\exp(-t)}{1+\exp(-t)}\right\}$$

$$\ddot{q}_2=-2tq_1-t^2\dot{q}_1+q_1\left\{3[1+\exp(-t)]+\frac{\exp(-t)}{1+\exp(-t)}\right\}$$
$$-\dot{q}_1\left\{2[1+\exp(-t)]+1+\frac{\exp(-t)}{1+\exp(-t)}\right\}$$

现将第一个方程化成广义梯度系统（Ⅰ）. 令

$$a^1=q_1$$

$$a^2=\frac{\dot{q}_1+q_1}{1+\exp(-t)}$$

则有

$$\dot{a}^1=-a^1+a^2[1+\exp(-t)]$$
$$\dot{a}^2=-a^1-a^2[1+\exp(-t)]$$

它可写成如下形式

$$\begin{pmatrix}\dot{a}^1\\ \dot{a}^2\end{pmatrix}=\left(\begin{pmatrix}0 & 1\\ -1 & 0\end{pmatrix}+\begin{pmatrix}-1 & 0\\ 0 & -2\end{pmatrix}\right)\begin{pmatrix}\dfrac{\partial V}{\partial a^1}\\ \dfrac{\partial V}{\partial a^2}\end{pmatrix}$$

其中矩阵为由斜梯度的和对称负定的组合而成, 是负定的, 而函数 V 为

$$V=\frac{1}{2}(a^1)^2+\frac{1}{2}(a^2)^2[1+\exp(-t)]$$

这是一个广义梯度系统 1-8. V 在 $a^1=a^2=0$ 的邻域内正定且渐减. 按方程求 $\dot{V}$, 得

$$\dot{V}=-(a^1)^2\left[1+\frac{1}{2}\exp(-t)\right]-4(a^2)^2[1+\exp(-t)]^2$$

它是负定的, 因此, 解 $a^1=a^2=0$ 一致渐近稳定的.

例 9 非 Chetaev 型非完整系统为

$$
\begin{aligned}
&L=\frac{1}{2}(\dot{q}_1^2+\dot{q}_2^2)+\frac{1}{2}q_1^2(5+4t)\\
&Q_1=2\dot{q}_1(2+t),\quad Q_2=-\dot{q}_1\\
&f=q_1+\dot{q}_2+q_1=0,\quad 2\delta q_1-\delta q_2=0
\end{aligned}
\tag{7.11.41}
$$

试将其化成广义梯度系统 (Ⅰ).

解 方程 (7.11.3) 给出

$$
\begin{aligned}
\ddot{q}_1&=2\dot{q}_1(2+t)+q_1(5+4t)+2\lambda\\
\ddot{q}_2&=-\dot{q}_1-\lambda
\end{aligned}
$$

解得

$$
\lambda=-2\dot{q}_1(2+t)-q_1(5+4t)
$$

代入得

$$
\begin{aligned}
\ddot{q}_1&=-2\dot{q}_1(2+t)-q_1(5+4t)\\
\ddot{q}_2&=-\dot{q}_1+2\dot{q}_1(2+t)+q_1(5+4t)
\end{aligned}
$$

现将第一个方程化成广义梯度系统 (Ⅰ). 令

$$
\begin{aligned}
a^1&=q_1\\
a^2&=\dot{q}_1+2q_1(1+t)
\end{aligned}
$$

则有

$$
\begin{aligned}
\dot{a}^1&=-2a^1(1+t)+a^2\\
\dot{a}^2&=a^1-2a^2
\end{aligned}
$$

它可写成形式

$$
\begin{pmatrix}\dot{a}^1\\ \dot{a}^2\end{pmatrix}=\left(\begin{pmatrix}0 & 1\\ -1 & 0\end{pmatrix}+\begin{pmatrix}-1 & 1\\ 1 & -1\end{pmatrix}\right)\begin{pmatrix}\dfrac{\partial V}{\partial a^1}\\ \dfrac{\partial V}{\partial a^2}\end{pmatrix}
$$

其中矩阵为由斜梯度的和半负定的组合而成, 是半负定的, 而函数 V 为

$$
V=(a^1)^2(1+t)+(a^2)^2-a^1a^2
$$

这是一个广义梯度系统 I-9. V 在 $a^1=a^2=0$ 的邻域内正定. 按方程求 $\dot{V}$, 得

$$\dot{V}=-(a^1)^2[4(1+t)^2]-5(a^2)^2+4a^1a^2(2+t)$$

它是负定的, 因此, 解 $a^1=a^2=0$ 是稳定的.

例 10　非 Chetaev 型非完整系统为

$$\begin{aligned}&L=\frac{1}{2}(\dot{q}_1^2+\dot{q}_2^2)-5q^2(2+\cos t)\\&Q_1=-\dot{q}_1(8+3\cos t),\quad Q_2=-\dot{q}_2\\&f=\dot{q}_1+\dot{q}_2+q_2=0,\quad \delta q_1-2\delta q_2=0\end{aligned}\tag{7.11.42}$$

试将其化成广义梯度系统 (I).

解　方程 (7.11.13) 给出

$$\begin{aligned}&\ddot{q}_1=-10q_1(2+\cos t)-\dot{q}_1(8+3\cos t)+\lambda\\&\ddot{q}_2=-\dot{q}_2-2\lambda\end{aligned}$$

解得

$$\lambda=-10q_1(2+\cos t)-\dot{q}_1(8+3\cos t)$$

代入得相应完整系统的方程为

$$\begin{aligned}&\ddot{q}_1=-20q_1(2+\cos t)-2\dot{q}_1(8+3\cos t)\\&\ddot{q}_2=-\dot{q}_2+20q_1(2+\cos t)+2\dot{q}_1(8+3\cos t)\end{aligned}$$

令

$$\begin{aligned}&a^1=q_1\\&a^2=\frac{\dot{q}_1+4q_1}{2(2+\cos t)}\end{aligned}$$

则第一个方程成为

$$\begin{aligned}&\dot{a}^1=-4a^1+2a^2(2+\cos t)\\&\dot{a}^2=2a^1-6a^2(2+\cos t)\end{aligned}$$

它可写成形式

$$\begin{pmatrix}\dot{a}^1\\ \dot{a}^2\end{pmatrix}=\left(\begin{pmatrix}-1&1\\1&-1\end{pmatrix}+\begin{pmatrix}-1&0\\0&-2\end{pmatrix}\right)\begin{pmatrix}\dfrac{\partial V}{\partial a^1}\\ \dfrac{\partial V}{\partial a^2}\end{pmatrix}$$

其中矩阵为半负定的和对称负定的组合而成, 是对称负定的, 而函数 V 为

$$V=(a^1)^2+(a^2)^2(2+\cos t)$$

这是一个广义梯度系统 I-10. V 在 $a^1=a^2=0$ 的邻域内正定且渐减. 按方程求 $\dot{V}$, 得

$$\dot{V}=-8(a^1)^2-(a^2)^2[12(2+\cos t)^2+\cos t]+8a^1a^2(2+\cos t)$$

它是负定的, 因此, 解 $a^1=a^2=0$ 是一致渐近稳定的.

7.12 Birkhoff 系统与广义梯度系统（Ⅰ）

本节研究 Birkhoff 系统的广义梯度（Ⅰ）表示, 包括系统的运动微分方程、系统的广义梯度（Ⅰ）表示、解及其稳定性, 以及具体应用.

7.12.1 系统的运动微分方程

Birkhoff 系统的微分方程有形式

$$\dot{a}^\mu=\Omega^{\mu\nu}\left(\frac{\partial B}{\partial a^\nu}+\frac{\partial R_\nu}{\partial t}\right)\qquad(\mu,\nu=1,2,\cdots,2n)\tag{7.12.1}$$

其中 $B=B(t,\boldsymbol{a}), R_\nu=R_\nu(t,\boldsymbol{a})$, 而

$$\begin{aligned}&\Omega^{\mu\nu}\Omega_{\nu\rho}=\delta^\mu_\rho,\quad \Omega_{\nu\rho}=\frac{\partial R_\rho}{\partial a^\nu}-\frac{\partial R_\nu}{\partial a^\rho}\\&\det(\Omega_{\nu\rho})\neq 0\end{aligned}\tag{7.12.2}$$

7.12.2 系统的广义梯度（Ⅰ）表示

一般说, 系统 (7.12.1) 不是广义梯度系统（Ⅰ）. 对系统 (7.12.1), 如果存在矩阵 $(b_{\mu\nu}(\boldsymbol{a})),(s_{\mu\nu}(\boldsymbol{a})),(a_{\mu\nu}(\boldsymbol{a}))$ 和函数 $V=V(t,\boldsymbol{a})$ 满足以下各式

$$\Omega^{\mu\nu}\left(\frac{\partial B}{\partial a^\nu}+\frac{\partial R_\nu}{\partial t}\right)=-\frac{\partial V(t,\boldsymbol{a})}{\partial a^\mu}\quad(\mu,\nu=1,2,\cdots,2n)\tag{7.12.3}$$

$$\Omega^{\mu\nu}\left(\frac{\partial B}{\partial a^\nu}+\frac{\partial R_\nu}{\partial t}\right)=b_{\mu\nu}(\boldsymbol{a})\frac{\partial V(t,\boldsymbol{a})}{\partial a^\nu}\tag{7.12.4}$$

$$\Omega^{\mu\nu}\left(\frac{\partial B}{\partial a^\nu}+\frac{\partial R_\nu}{\partial t}\right)=s_{\mu\nu}(\boldsymbol{a})\frac{\partial V(t,\boldsymbol{a})}{\partial a^\nu}\tag{7.12.5}$$

$$\Omega^{\mu\nu}\left(\frac{\partial B}{\partial a^\nu}+\frac{\partial R_\nu}{\partial t}\right)=a_{\mu\nu}(\boldsymbol{a})\frac{\partial V(t,\boldsymbol{a})}{\partial a^\nu}\tag{7.12.6}$$

$$\Omega^{\mu\nu}\left(\frac{\partial B}{\partial a^\nu}+\frac{\partial R_\nu}{\partial t}\right)=-\frac{\partial V(t,\boldsymbol{a})}{\partial a^\mu}+b_{\mu\nu}(\boldsymbol{a})\frac{\partial V(t,\boldsymbol{a})}{\partial a^\nu}\tag{7.12.7}$$

$$\Omega^{\mu\nu}\left(\frac{\partial B}{\partial a^\nu}+\frac{\partial R_\nu}{\partial t}\right)=-\frac{\partial V(t,\boldsymbol{a})}{\partial a^\mu}+s_{\mu\nu}(\boldsymbol{a})\frac{\partial V(t,\boldsymbol{a})}{\partial a^\nu} \tag{7.12.8}$$

$$\Omega^{\mu\nu}\left(\frac{\partial B}{\partial a^\nu}+\frac{\partial R_\nu}{\partial t}\right)=-\frac{\partial V(t,\boldsymbol{a})}{\partial a^\mu}+a_{\mu\nu}(\boldsymbol{a})\frac{\partial V(t,\boldsymbol{a})}{\partial a^\nu} \tag{7.12.9}$$

$$\Omega^{\mu\nu}\left(\frac{\partial B}{\partial a^\nu}+\frac{\partial R_\nu}{\partial t}\right)=b_{\mu\nu}(\boldsymbol{a})\frac{\partial V(t,\boldsymbol{a})}{\partial a^\nu}+s_{\mu\nu}(\boldsymbol{a})\frac{\partial V(t,\boldsymbol{a})}{\partial a^\nu} \tag{7.12.10}$$

$$\Omega^{\mu\nu}\left(\frac{\partial B}{\partial a^\nu}+\frac{\partial R_\nu}{\partial t}\right)=b_{\mu\nu}(\boldsymbol{a})\frac{\partial V(t,\boldsymbol{a})}{\partial a^\nu}+a_{\mu\nu}(\boldsymbol{a})\frac{\partial V(t,\boldsymbol{a})}{\partial a^\nu} \tag{7.12.11}$$

$$\Omega^{\mu\nu}\left(\frac{\partial B}{\partial a^\nu}+\frac{\partial R_\nu}{\partial t}\right)=a_{\mu\nu}(\boldsymbol{a})\frac{\partial V(t,\boldsymbol{a})}{\partial a^\nu}+s_{\mu\nu}(\boldsymbol{a})\frac{\partial V(t,\boldsymbol{a})}{\partial a^\nu} \tag{7.12.12}$$

则它可分别成为广义梯度系统 I-1～I-10.

7.12.3 解及其稳定性

Birkhoff 系统化成广义梯度系统（I）之后, 便可利用广义梯度系统（I）的性质来研究这类力学系统的解及其稳定性.

7.12.4 应用举例

例 1 试证: 对 Birkhoff 系统 $R_1=a^2, R_2=0, B=B(t,a^1,a^2)$ 在 $a^1=a^2=0$ 的邻域内正定, 且有

$$\frac{\partial B}{\partial t}<0$$

则解 $a^1=a^2=0$ 是稳定的.

证明 Birkhoff 方程 (7.12.1) 给出

$$\dot{a}^1=\frac{\partial B}{\partial a^2}$$

$$\dot{a}^2=-\frac{\partial B}{\partial a^1}$$

它可写成形式

$$\begin{pmatrix}\dot{a}^1\\ \dot{a}^2\end{pmatrix}=\begin{pmatrix}0 & 1\\ -1 & 0\end{pmatrix}\begin{pmatrix}\dfrac{\partial V}{\partial a^1}\\ \dfrac{\partial V}{\partial a^2}\end{pmatrix}$$

其中矩阵是斜梯度的, 而函数 V 为

$$V=B$$

这是一个广义梯度系统 I-2. V 在 $a^1=a^2=0$ 的邻域内正定. 按方程求 $\dot{V}$, 得

$$\dot{V}=\dot{B}=\frac{\partial B}{\partial a^1}\frac{\partial B}{\partial a^2}+\frac{\partial B}{\partial a^2}\left(-\frac{\partial B}{\partial a^1}\right)+\frac{\partial B}{\partial t}=\frac{\partial B}{\partial t}<0$$

因此, 解 $a^1 = a^2 = 0$ 是稳定的.

例 2 Birkhoff 系统为

$$\begin{aligned} &R_1 = a^2, \quad R_2 = 0, \\ &B = (a^1)^2 + (a^2)^2 \left(1 + \frac{1}{1+t}\right) \end{aligned} \tag{7.12.13}$$

试将其化成广义梯度系统 (Ⅰ), 并研究零解的稳定性.

解 取 $V = B$, 它在 $a^1 = a^2 = 0$ 的邻域内正定且渐减. 按方程求 $\dot{V}$, 得

$$\dot{V} = \frac{\partial V}{\partial t} = -\frac{(a^2)^2}{(1+t)^2} < 0$$

因此, 解 $a^1 = a^2 = 0$ 是一致稳定的. 这是一个广义梯度系统 Ⅰ-2.

例 3 Birkhoff 系统为

$$\begin{aligned} &R_1 = a^2, \quad R_2 = 0, \quad R_3 = a^4, \quad R_4 = 0 \\ &B = \frac{1}{2}(a^1)^2 + \frac{1}{2}(a^2)^2[1 + \exp(-t)] + \frac{1}{2}(a^3)^2 + \frac{1}{2}(a^4)^2 \left(1 + \frac{1}{1+t}\right) \end{aligned} \tag{7.12.14}$$

试将其化成广义梯度系统 (Ⅰ).

解 由 R_ν 的表示, 可求得矩阵 $\Omega^{\mu\nu}$ 为

$$(\Omega^{\mu\nu}) = \begin{pmatrix} 0 & 1 & 0 & 0 \\ -1 & 0 & 0 & 0 \\ 0 & 0 & 0 & 1 \\ 0 & 0 & -1 & 0 \end{pmatrix}$$

Birkhoff 方程为

$$\begin{pmatrix} \dot{a}^1 \\ \dot{a}^2 \\ \dot{a}^3 \\ \dot{a}^4 \end{pmatrix} = \begin{pmatrix} 0 & 1 & 0 & 0 \\ -1 & 0 & 0 & 0 \\ 0 & 0 & 0 & 1 \\ 0 & 0 & -1 & 0 \end{pmatrix} \begin{pmatrix} \dfrac{\partial B}{\partial a^1} \\ \dfrac{\partial B}{\partial a^2} \\ \dfrac{\partial B}{\partial a^3} \\ \dfrac{\partial B}{\partial a^4} \end{pmatrix}$$

取 $V = B$, 这是一个广义梯度系统 Ⅰ-2. V 在 $a^1 = a^2 = a^3 = a^4 = 0$ 的邻域内正定且渐减, 且有

$$\dot{V} = \frac{\partial B}{\partial t} = -\frac{1}{2}\left(a^2\right)^2 \exp(-t) - \frac{1}{2}\left(a^4\right)^2 \frac{1}{(1+t)^2} < 0$$

因此, 解得 $a^1 = a^2 = a^3 = a^4 = 0$ 是一致稳定的.

7.13　广义 Birkhoff 系统与广义梯度系统（Ⅰ）

本节研究广义 Birkhoff 系统的广义梯度（Ⅰ）表示, 包括系统的运动微分方程、系统的广义梯度（Ⅰ）表示、解及其稳定性, 以及具体应用.

7.13.1　系统的运动微分方程

广义 Birkhoff 系统的微分方程有形式

$$\dot{a}^\mu = \Omega^{\mu\nu}\left(\frac{\partial B}{\partial a^\nu} + \frac{\partial R_\nu}{\partial t} - \Lambda_\nu\right) \quad (\mu, \nu = 1, 2, \cdots, 2n) \tag{7.13.1}$$

其中

$$\begin{aligned} &\Omega^{\mu\nu}\Omega_{\nu\rho} = \delta^\mu_\rho, \quad \Omega_{\nu\rho} = \frac{\partial R_\rho}{\partial a^\nu} - \frac{\partial R_\nu}{\partial a^\rho} \\ &\det(\Omega_{\nu\rho}) \neq 0 \end{aligned} \tag{7.13.2}$$

而 $\Lambda_\nu = \Lambda_\nu(t, \boldsymbol{a})$ 为附加项.

7.13.2　系统的广义梯度（Ⅰ）表示

系统 (7.13.1) 一般不是广义梯度系统（Ⅰ）. 对系统 (7.13.1), 如果存在矩阵 $(b_{\mu\nu}(\boldsymbol{a})), (s_{\mu\nu}(\boldsymbol{a})), (a_{\mu\nu}(\boldsymbol{a}))$ 和函数 $V = V(t, \boldsymbol{a})$ 满足以下各式

$$\Omega^{\mu\nu}\left(\frac{\partial B}{\partial a^\nu} + \frac{\partial R_\nu}{\partial t} - \Lambda_\nu\right) = -\frac{\partial V(t, \boldsymbol{a})}{\partial a^\mu} \quad (\mu, \nu = 1, 2, \cdots, 2n) \tag{7.13.3}$$

$$\Omega^{\mu\nu}\left(\frac{\partial B}{\partial a^\nu} + \frac{\partial R_\nu}{\partial t} - \Lambda_\nu\right) = b_{\mu\nu}(\boldsymbol{a})\frac{\partial V(t, \boldsymbol{a})}{\partial a^\nu} \tag{7.13.4}$$

$$\Omega^{\mu\nu}\left(\frac{\partial B}{\partial a^\nu} + \frac{\partial R_\nu}{\partial t} - \Lambda_\nu\right) = s_{\mu\nu}(\boldsymbol{a})\frac{\partial V(t, \boldsymbol{a})}{\partial a^\nu} \tag{7.13.5}$$

$$\Omega^{\mu\nu}\left(\frac{\partial B}{\partial a^\nu} + \frac{\partial R_\nu}{\partial t} - \Lambda_\nu\right) = a_{\mu\nu}(\boldsymbol{a})\frac{\partial V(t, \boldsymbol{a})}{\partial a^\nu} \tag{7.13.6}$$

$$\Omega^{\mu\nu}\left(\frac{\partial B}{\partial a^\nu} + \frac{\partial R_\nu}{\partial t} - \Lambda_\nu\right) = -\frac{\partial V(t, \boldsymbol{a})}{\partial a^\mu} + b_{\mu\nu}(\boldsymbol{a})\frac{\partial V(t, \boldsymbol{a})}{\partial a^\nu} \tag{7.13.7}$$

$$\Omega^{\mu\nu}\left(\frac{\partial B}{\partial a^\nu} + \frac{\partial R_\nu}{\partial t} - \Lambda_\nu\right) = -\frac{\partial V(t, \boldsymbol{a})}{\partial a^\mu} + s_{\mu\nu}(\boldsymbol{a})\frac{\partial V(t, \boldsymbol{a})}{\partial a^\nu} \tag{7.13.8}$$

$$\Omega^{\mu\nu}\left(\frac{\partial B}{\partial a^\nu} + \frac{\partial R_\nu}{\partial t} - \Lambda_\nu\right) = -\frac{\partial V(t, \boldsymbol{a})}{\partial a^\mu} + a_{\mu\nu}(\boldsymbol{a})\frac{\partial V(t, \boldsymbol{a})}{\partial a^\nu} \tag{7.13.9}$$

$$\Omega^{\mu\nu}\left(\frac{\partial B}{\partial a^\nu} + \frac{\partial R_\nu}{\partial t} - \Lambda_\nu\right) = b_{\mu\nu}(\boldsymbol{a})\frac{\partial V(t, \boldsymbol{a})}{\partial a^\nu} + s_{\mu\nu}(\boldsymbol{a})\frac{\partial V(t, \boldsymbol{a})}{\partial a^\nu} \tag{7.13.10}$$

$$\Omega^{\mu\nu}\left(\frac{\partial B}{\partial a^\nu} + \frac{\partial R_\nu}{\partial t} - \Lambda_\nu\right) = b_{\mu\nu}(\boldsymbol{a})\frac{\partial V(t, \boldsymbol{a})}{\partial a^\nu} + a_{\mu\nu}(\boldsymbol{a})\frac{\partial V(t, \boldsymbol{a})}{\partial a^\nu} \tag{7.13.11}$$

$$\Omega^{\mu\nu}\left(\frac{\partial B}{\partial a^\nu}+\frac{\partial R_\nu}{\partial t}-\Lambda_\nu\right)=a_{\mu\nu}(\boldsymbol{a})\frac{\partial V(t,\boldsymbol{a})}{\partial a^\nu}+s_{\mu\nu}(\boldsymbol{a})\frac{\partial V(t,\boldsymbol{a})}{\partial a^\nu}\quad(7.13.12)$$

则它可分别成为广义梯度系统 Ⅰ-1～Ⅰ-10.

注意到, 如果以上各式不满足, 还不能断定它不是广义梯度系统 (Ⅰ), 因为这与方程的一阶形式选取相关.

7.13.3 解及其稳定性

由以上各式 (7.13.3)～(7.13.12), 可以看出广义 Birkhoff 系统比 Birkhoff 系统较易实现广义梯度化. 广义 Birkhoff 系统化成广义梯度系统 (Ⅰ) 之后, 便可利用广义梯度系统 (Ⅰ) 的性质来研究这类力学系统的解及其稳定性.

7.13.4 应用举例

例 1 广义 Birkhoff 系统为

$$\begin{aligned}&R_1=a^2,\quad R_2=0\\&B=-2a^1a^2(1+t)\\&\Lambda_1=-4a^2(1+t),\quad \Lambda_2=0\end{aligned}\quad(7.13.13)$$

试将其化成广义梯度系统 (Ⅰ).

解 广义 Birkhoff 方程为

$$\begin{aligned}\dot a^1&=-2a^1(1+t)\\\dot a^2&=-2a^2(1+t)\end{aligned}$$

它可写成形式

$$\begin{pmatrix}\dot a^1\\\dot a^2\end{pmatrix}=\begin{pmatrix}-1&0\\0&-1\end{pmatrix}\begin{pmatrix}\dfrac{\partial V}{\partial a^1}\\\dfrac{\partial V}{\partial a^2}\end{pmatrix}$$

其中矩阵为通常梯度的, 而函数 V 为

$$V=[(a^1)^2+(a^2)^2](1+t)$$

这是一个广义梯度系统 Ⅰ-1. V 在 $t\geqslant 0, a^1=a^2=0$ 的邻域内正定. 按方程求 $\dot V$, 得

$$\dot V=[1-4(1+t)^2][(a^1)^2+(a^2)^2]$$

它是负定的. 因此, 解 $a^1=a^2=0$ 是渐近稳定的.

例 2　广义 Birkhoff 系统为

$$R_1 = a^2, \quad R_2 = 0$$
$$B = -\left[\frac{1}{2}(a^1)^2 + \frac{1}{4}(a^1)^4\right]\left(1 + \frac{1}{1+t}\right) - \frac{1}{2}(a^2)^2[1 + (a^1)^2] \tag{7.13.14}$$
$$\Lambda_1 = -a^1(a^2)^2, \quad \Lambda_2 = 0$$

试将其化成广义梯度系统（Ⅰ）.

解　微分方程有形式

$$\dot{a}^1 = -a^2[1 + (a^1)^2]$$
$$\dot{a}^2 = a^1\left(1 + \frac{1}{1+t}\right)[1 + (a^1)^2]$$

它可写成如下形式

$$\begin{pmatrix} \dot{a}^1 \\ \dot{a}^2 \end{pmatrix} = \begin{pmatrix} 0 & -[1 + (a^1)^2] \\ 1 + (a^1)^2 & 0 \end{pmatrix}\begin{pmatrix} \dfrac{\partial V}{\partial a^1} \\ \dfrac{\partial V}{\partial a^2} \end{pmatrix}$$

其中矩阵为斜梯度的, 而函数 V 为

$$V = \frac{1}{2}(a^1)^2\left(1 + \frac{1}{1+t}\right) + \frac{1}{2}(a^2)^2$$

这是一个广义梯度系统 Ⅰ-2. V 在 $t \geqslant 0$, 在 $a^1 = a^2 = 0$ 的邻域内正定且渐减. 按方程求 $\dot{V}$, 得

$$\dot{V} = -\frac{1}{2}(a^1)^2\frac{1}{(1+t)^2} < 0$$

因此, 解 $a^1 = a^2 = 0$ 是一致稳定的.

例 3　广义 Birkhoff 系统为

$$R_1 = a^2, \quad R_2 = 0$$
$$B = -(a^1)^2 + \frac{(a^2)^2}{2+\sin t} \tag{7.13.15}$$
$$\Lambda_1 = -\frac{4a^2}{2+\sin t}, \quad \Lambda_2 = 2a^1$$

试将其化成广义梯度系统（Ⅰ）.

解　广义 Birkhoff 方程为

$$\dot{a}^1 = -2a^1 + \frac{2a^2}{2+\sin t}$$
$$\dot{a}^2 = 2a^1 - \frac{4a^2}{2+\sin t}$$

它可写成如下形式

$$\begin{pmatrix} \dot{a}^1 \\ \dot{a}^2 \end{pmatrix} = \begin{pmatrix} -1 & 1 \\ 1 & -2 \end{pmatrix} \begin{pmatrix} \dfrac{\partial V}{\partial a^1} \\ \dfrac{\partial V}{\partial a^2} \end{pmatrix}$$

其中矩阵为对称负定的, 而函数 V 为

$$V = (a^1)^2 + \frac{(a^2)^2}{2+\sin t}$$

这是一个广义梯度系统 I-3. V 在 $a^1 = a^2 = 0$ 的邻域内正定且渐减. 按方程求 $\dot{V}$, 得

$$\dot{V} = -4(a^1)^2 - \frac{(a^2)^2}{(2+\sin t)^2}(8+\cos t) + \frac{8a^1a^2}{2+\sin t}$$

它是负定的, 因此, 解 $a^1 = a^2 = 0$ 是一致渐近稳定的.

例 4 广义 Birkhoff 系统为

$$\begin{aligned} &R_1 = a^2, \quad R_2 = 0 \\ &B = -\frac{1}{2}(a^1)^2[1+\exp t] + (a^2)^2 \\ &\Lambda_1 = -2a^2, \quad \Lambda_2 = a^1(2+\exp t) \end{aligned} \tag{7.13.16}$$

试将其化成广义梯度系统 (I).

解 广义 Birkhoff 方程为

$$\begin{aligned} \dot{a}^1 &= -a^1(2+\exp t) + 2a^2 \\ \dot{a}^2 &= a^1(2+\exp t) - 2a^2 \end{aligned}$$

它可写成形式

$$\begin{pmatrix} \dot{a}^1 \\ \dot{a}^2 \end{pmatrix} = \begin{pmatrix} -1 & 1 \\ 1 & -1 \end{pmatrix} \begin{pmatrix} \dfrac{\partial V}{\partial a^1} \\ \dfrac{\partial V}{\partial a^2} \end{pmatrix}$$

其中矩阵为半负定的, 而函数 V 为

$$V = \frac{1}{2}(a^1)^2(1+\exp t) + \frac{1}{2}(a^2)^2 - a^1a^2$$

这是一个广义梯度系统 I-4. V 是正定的. 按方程求 $\dot{V}$, 得

$$\dot{V} = -[a^1(2+\exp t) - 2a^2]^2$$

因此, 解 $a^1 = a^2 = 0$ 是稳定的.

例 5　广义 Birkhoff 系统为

$$
\begin{aligned}
&R_1 = a^2, \quad R_2 = 0 \\
&B = -\frac{1}{2}(a^1)^2\left(1+\frac{1}{1+t}\right) - \frac{1}{2}(a^2)^2 + a^1 a^2 \\
&\Lambda_1 = 0, \quad \Lambda_2 = a^1\left(2+\frac{1}{1+t}\right)
\end{aligned}
\tag{7.13.17}
$$

试将其化成广义梯度系统（Ⅰ）.

解　广义 Birkhoff 方程为

$$
\begin{aligned}
\dot{a}^1 &= -a^1\left(1+\frac{1}{1+t}\right) - a^2 \\
\dot{a}^2 &= a^1\left(1+\frac{1}{1+t}\right) - a^2
\end{aligned}
$$

它可写成形式

$$
\begin{pmatrix} \dot{a}^1 \\ \dot{a}^2 \end{pmatrix} = \left(\begin{pmatrix} -1 & 0 \\ 0 & -1 \end{pmatrix} + \begin{pmatrix} 0 & -1 \\ 1 & 0 \end{pmatrix}\right)\begin{pmatrix} \dfrac{\partial V}{\partial a^1} \\ \dfrac{\partial V}{\partial a^2} \end{pmatrix}
$$

其中矩阵为由通常梯度的和斜梯度的组合而成, 是负定的, 而函数 V 为

$$
V = \frac{1}{2}(a^1)^2\left(1+\frac{1}{1+t}\right) + \frac{1}{2}(a^2)^2
$$

这是一个广义梯度系统 I-5. V 正定且渐减. 按方程求 $\dot{V}$, 得

$$
\dot{V} = -(a^1)^2\left[\left(1+\frac{1}{1+t}\right)^2 + \frac{1}{2(1+t)^2}\right] - (a^2)^2
$$

它是负定的. 因此, 解 $a^1 = a^2 = 0$ 是一致渐近稳定的.

例 6　广义 Birkhoff 系统为

$$
\begin{aligned}
&R_1 = a^2, \quad R_2 = 0 \\
&B = \frac{(a^2)^2}{2+\sin t} - (a^1)^2 \\
&\Lambda_1 = -\frac{6a^2}{2+\sin t}, \quad \Lambda_2 = 4a^1
\end{aligned}
\tag{7.13.18}
$$

试将其化成广义梯度系统（Ⅰ）.

解 广义 Birkhoff 方程为

$$\dot{a}^1 = -4a^1 + \frac{2a^2}{2+\sin t}$$
$$\dot{a}^2 = 2a^1 - \frac{6a^2}{2+\sin t}$$

它可写成形式

$$\begin{pmatrix} \dot{a}^1 \\ \dot{a}^2 \end{pmatrix} = \left(\begin{pmatrix} -1 & 0 \\ 0 & -1 \end{pmatrix} + \begin{pmatrix} -1 & 1 \\ 1 & -2 \end{pmatrix} \right) \begin{pmatrix} \dfrac{\partial V}{\partial a^1} \\ \dfrac{\partial V}{\partial a^2} \end{pmatrix}$$

其中矩阵为由通常梯度的和对称负定的组合而成, 是对称负定的, 而函数 V 为

$$V = (a^1)^2 + \frac{(a^2)^2}{2+\sin t}$$

这是一个广义梯度系统 I-6. V 在 $a^1 = a^2 = 0$ 的邻域内正定且渐减. 按方程求 $\dot{V}$, 得

$$\dot{V} = -8(a^1)^2 - (a^2)^2\frac{12+\cos t}{(2+\sin t)^2} + 8\frac{a^1a^2}{2+\sin t}$$

它是负定的, 因此, 解 $a^1 = a^2 = 0$ 是一致渐近稳定的.

例 7 广义 Birkhoff 系统为

$$\begin{aligned} & R_1 = a^2, \quad R_2 = 0 \\ & B = (a^2)^2 - 4a^1a^2(2+\cos t) - (a^1)^2(2+\cos t) \\ & \Lambda_1 = -4a^2(3+\cos t), \quad \Lambda_2 = 0 \end{aligned} \tag{7.13.19}$$

试将其化成广义梯度系统（Ⅰ）.

解 广义 Birkhoff 方程为

$$\dot{a}^1 = 2a^2 - 4a^1(2+\cos t)$$
$$\dot{a}^2 = 2a^1(2+\cos t) - 4a^2$$

它可写成形式

$$\begin{pmatrix} \dot{a}^1 \\ \dot{a}^2 \end{pmatrix} = \left(\begin{pmatrix} -1 & 0 \\ 0 & -1 \end{pmatrix} + \begin{pmatrix} -1 & 1 \\ 1 & -1 \end{pmatrix} \right) \begin{pmatrix} \dfrac{\partial V}{\partial a^1} \\ \dfrac{\partial V}{\partial a^2} \end{pmatrix}$$

其中矩阵为由通常梯度的和半负定的组合而成, 是对称负定的, 而函数 V 为

$$V=(a^1)^2(2+\cos t)+(a^2)^2$$

这是一个广义梯度系统 I-7. V 正定且渐减, 因此, 解 $a^1=a^2=0$ 是一致渐近稳定的.

例 8　广义 Birkhoff 系统为

$$\begin{aligned}&R_1=a^2,\quad R_2=0\\&B=4a^1a^2+2(a^2)^2\\&\Lambda_1=0,\quad \Lambda_2=2a^1(4+\sin t)\end{aligned}\tag{7.13.20}$$

试将其化成广义梯度系统（Ⅰ）.

解　广义 Birkhoff 方程为

$$\begin{aligned}&\dot{a}^1=-2a^1(2+\sin t)+4a^2\\&\dot{a}^2=-4a^2\end{aligned}$$

它可写成如下形式

$$\begin{pmatrix}\dot{a}^1\\\dot{a}^2\end{pmatrix}=\left(\begin{pmatrix}0&-1\\-1&0\end{pmatrix}+\begin{pmatrix}-1&1\\1&-2\end{pmatrix}\right)\begin{pmatrix}\dfrac{\partial V}{\partial a^1}\\\dfrac{\partial V}{\partial a^2}\end{pmatrix}$$

其中矩阵为由斜梯度的和对称负定的组合而成, 是负定的, 而函数 V 为

$$V=(a^1)^2(2+\sin t)+(a^2)^2$$

这是一个广义梯度系统 I-8. V 正定且渐减, 因此, 解 $a^1=a^2=0$ 是一致渐近稳定的.

例 9　广义 Birkhoff 系统为

$$\begin{aligned}&R_1=a^2,\quad R_2=0\\&B=-(a^1)^2[1+\exp(-t)]\\&\Lambda_1=-a^2[1+\exp(-t)],\quad \Lambda_2=a^1[1+\exp(-t)]\end{aligned}\tag{7.13.21}$$

试将其化成广义梯度系统（Ⅰ）.

解　广义 Birkhoff 方程为

$$\dot{a}^1=-a^1[1+\exp(-t)]$$

$$\dot{a}^2 = (2a^1 - a^2)[1 + \exp(-t)]$$

它可写成形式

$$\begin{pmatrix} \dot{a}^1 \\ \dot{a}^2 \end{pmatrix} = \left(\begin{pmatrix} 0 & -1 \\ 1 & 0 \end{pmatrix} + \begin{pmatrix} -1 & 1 \\ 1 & -1 \end{pmatrix} \right) \begin{pmatrix} \dfrac{\partial V}{\partial a^1} \\ \dfrac{\partial V}{\partial a^2} \end{pmatrix}$$

其中矩阵为由斜梯度的和半负定的组合而成, 是半负定的, 而函数 V 为

$$V = \frac{1}{2}[(a^1)^2 + (a^2)^2][1 + \exp(-t)]$$

这是一个广义梯度系统 I-9. V 正定且渐减. 按方程求 $\dot{V}$, 得

$$\dot{V} = -[(a^1)^2 + (a^2)^2]\left\{[1 + \exp(-t)]^2 + \frac{1}{2}\exp(-t)\right\} + 2a^1a^2[1 + \exp(-t)]^2$$

它是负定的, 因此, 解 $a^1 = a^2 = 0$ 是一致渐近稳定的.

例 10 广义 Birkhoff 系统为

$$\begin{aligned} & R_1 = a^2, \quad R_2 = 0 \\ & B = (a^2)^2 - 4a^1a^2(2 + \sin t) - (a^1)^2(2 + \sin t) \\ & \Lambda_1 = -2a^2(7 + 2\sin t), \quad \Lambda_2 = 0 \end{aligned} \tag{7.13.22}$$

试将其化成广义梯度系统 (I).

解 广义 Birkhoff 方程为

$$\begin{aligned} \dot{a}^1 &= -4a^1(2 + \sin t) + 2a^2 \\ \dot{a}^2 &= 2a^1(2 + \sin t) - 6a^2 \end{aligned}$$

它可写成形式

$$\begin{pmatrix} \dot{a}^1 \\ \dot{a}^2 \end{pmatrix} = \left(\begin{pmatrix} -1 & 1 \\ 1 & -1 \end{pmatrix} + \begin{pmatrix} -1 & 0 \\ 0 & -2 \end{pmatrix} \right) \begin{pmatrix} \dfrac{\partial V}{\partial a^1} \\ \dfrac{\partial V}{\partial a^2} \end{pmatrix}$$

其中矩阵为半负定的和对称负定的组合而成, 是对称负定的, 而函数 V 为

$$V = (a^1)^2(2 + \sin t) + (a^2)^2$$

这是一个广义梯度系统 I-10. V 正定且渐减, 因此, 解 $a^1 = a^2 = 0$ 是一致渐近稳定的.

7.14 广义 Hamilton 系统与广义梯度系统 (Ⅰ)

本节研究广义 Hamilton 系统的广义梯度 (Ⅰ) 表示, 包括系统的运动微分方程、系统的广义梯度 (Ⅰ) 表示、解及其稳定性, 以及具体应用.

7.14.1 系统的运动微分方程

广义 Hamilton 系统的微分方程有形式

$$\dot{a}^i = J_{ij}\frac{\partial H}{\partial a^j} \quad (i,j=1,2,\cdots,m) \tag{7.14.1}$$

其中 $J_{ij}=J_{ij}(\boldsymbol{a})=-J_{ji}(\boldsymbol{a}), H=H(t,\boldsymbol{a})$. 对方程 (7.14.1) 右端添加附加项 $\Lambda_i=\Lambda_i(t,\boldsymbol{a})$, 有

$$\dot{a}^i = J_{ij}\frac{\partial H}{\partial a^j}+\Lambda_i \quad (i,j=1,2,\cdots,m) \tag{7.14.2}$$

称其为带附加项的广义 Hamilton 系统.

7.14.2 系统的广义梯度 (Ⅰ) 表示

一般说, 系统 (7.14.1) 和 (7.14.2) 不是广义梯度系统 (Ⅰ). 对系统 (7.14.1), 如果存在矩阵 $(b_{\mu\nu}(\boldsymbol{a})),(s_{\mu\nu}(\boldsymbol{a})),(a_{\mu\nu}(\boldsymbol{a}))$ 和函数 $V=V(t,\boldsymbol{a})$ 满足以下各式

$$J_{ij}\frac{\partial H}{\partial a^j}=-\frac{\partial V(t,\boldsymbol{a})}{\partial a^i} \quad (i,j=1,2,\cdots,m) \tag{7.14.3}$$

$$J_{ij}\frac{\partial H}{\partial a^j}=b_{ij}(\boldsymbol{a})\frac{\partial V(t,\boldsymbol{a})}{\partial a^j} \tag{7.14.4}$$

$$J_{ij}\frac{\partial H}{\partial a^j}=s_{ij}(\boldsymbol{a})\frac{\partial V(t,\boldsymbol{a})}{\partial a^j} \tag{7.14.5}$$

$$J_{ij}\frac{\partial H}{\partial a^j}=a_{ij}(\boldsymbol{a})\frac{\partial V(t,\boldsymbol{a})}{\partial a^j} \tag{7.14.6}$$

$$J_{ij}\frac{\partial H}{\partial a^j}=-\frac{\partial V(t,\boldsymbol{a})}{\partial a^i}+b_{ij}(\boldsymbol{a})\frac{\partial V(t,\boldsymbol{a})}{\partial a^j} \tag{7.14.7}$$

$$J_{ij}\frac{\partial H}{\partial a^j}=-\frac{\partial V(t,\boldsymbol{a})}{\partial a^i}+s_{ij}(\boldsymbol{a})\frac{\partial V(t,\boldsymbol{a})}{\partial a^j} \tag{7.14.8}$$

$$J_{ij}\frac{\partial H}{\partial a^j}=-\frac{\partial V(t,\boldsymbol{a})}{\partial a^i}+a_{ij}(\boldsymbol{a})\frac{\partial V(t,\boldsymbol{a})}{\partial a^j} \tag{7.14.9}$$

$$J_{ij}\frac{\partial H}{\partial a^j}=b_{ij}(\boldsymbol{a})\frac{\partial V(t,\boldsymbol{a})}{\partial a^j}+s_{ij}(\boldsymbol{a})\frac{\partial V(t,\boldsymbol{a})}{\partial a^j} \tag{7.14.10}$$

$$J_{ij}\frac{\partial H}{\partial a^j}=b_{ij}(\boldsymbol{a})\frac{\partial V(t,\boldsymbol{a})}{\partial a^j}+a_{ij}(\boldsymbol{a})\frac{\partial V(t,\boldsymbol{a})}{\partial a^j} \tag{7.14.11}$$

$$J_{ij}\frac{\partial H}{\partial a^j}=a_{ij}(\boldsymbol{a})\frac{\partial V(t,\boldsymbol{a})}{\partial a^j}+s_{ij}(\boldsymbol{a})\frac{\partial V(t,\boldsymbol{a})}{\partial a^j} \tag{7.14.12}$$

则它可分别成为广义梯度系统 Ⅰ-1～Ⅰ-10.

对系统 (7.14.2), 如果存在矩阵 $(b_{ij}(\boldsymbol{a})),(s_{ij}(\boldsymbol{a})),(a_{ij}(\boldsymbol{a}))$ 和函数 $V=V(t,\boldsymbol{a})$ 满足以下各式

$$J_{ij}\frac{\partial H}{\partial a^j}+\Lambda_i=-\frac{\partial V(t,\boldsymbol{a})}{\partial a^i}\quad(i,j=1,2,\cdots,m) \tag{7.14.13}$$

$$J_{ij}\frac{\partial H}{\partial a^j}+\Lambda_i=b_{ij}(\boldsymbol{a})\frac{\partial V(t,\boldsymbol{a})}{\partial a^j} \tag{7.14.14}$$

$$J_{ij}\frac{\partial H}{\partial a^j}+\Lambda_i=s_{ij}(\boldsymbol{a})\frac{\partial V(t,\boldsymbol{a})}{\partial a^j} \tag{7.14.15}$$

$$J_{ij}\frac{\partial H}{\partial a^j}+\Lambda_i=a_{ij}(\boldsymbol{a})\frac{\partial V(t,\boldsymbol{a})}{\partial a^j} \tag{7.14.16}$$

$$J_{ij}\frac{\partial H}{\partial a^j}+\Lambda_i=-\frac{\partial V(t,\boldsymbol{a})}{\partial a^i}+b_{ij}(\boldsymbol{a})\frac{\partial V(t,\boldsymbol{a})}{\partial a^j} \tag{7.14.17}$$

$$J_{ij}\frac{\partial H}{\partial a^j}+\Lambda_i=-\frac{\partial V(t,\boldsymbol{a})}{\partial a^i}+s_{ij}(\boldsymbol{a})\frac{\partial V(t,\boldsymbol{a})}{\partial a^j} \tag{7.14.18}$$

$$J_{ij}\frac{\partial H}{\partial a^j}+\Lambda_i=-\frac{\partial V(t,\boldsymbol{a})}{\partial a^i}+a_{ij}(\boldsymbol{a})\frac{\partial V(t,\boldsymbol{a})}{\partial a^j} \tag{7.14.19}$$

$$J_{ij}\frac{\partial H}{\partial a^j}+\Lambda_i=b_{ij}(\boldsymbol{a})\frac{\partial V(t,\boldsymbol{a})}{\partial a^j}+s_{ij}(\boldsymbol{a})\frac{\partial V(t,\boldsymbol{a})}{\partial a^j} \tag{7.14.20}$$

$$J_{ij}\frac{\partial H}{\partial a^j}+\Lambda_i=b_{ij}(\boldsymbol{a})\frac{\partial V(t,\boldsymbol{a})}{\partial a^j}+a_{ij}(\boldsymbol{a})\frac{\partial V(t,\boldsymbol{a})}{\partial a^j} \tag{7.14.21}$$

$$J_{ij}\frac{\partial H}{\partial a^j}+\Lambda_i=a_{ij}(\boldsymbol{a})\frac{\partial V(t,\boldsymbol{a})}{\partial a^j}+s_{ij}(\boldsymbol{a})\frac{\partial V(t,\boldsymbol{a})}{\partial a^j} \tag{7.14.22}$$

则它可分别成为广义梯度系统 Ⅰ-1～Ⅰ-10.

7.14.3 解及其稳定性

广义 Hamilton 系统化成广义梯度系统（Ⅰ）之后, 便可利用广义梯度系统（Ⅰ）的性质来研究这类系统的解及其稳定性.

7.14.4 应用举例

例 1 广义 Hamilton 系统为

$$\begin{gathered}H=\frac{1}{2}(a^1)^2\\ \Lambda_1=-2(1+t)a^1,\quad \Lambda_2=a^1-2(1+t)a^2,\quad \Lambda_3=a^1-2(1+t)a^3\\ (J_{ij})=\begin{pmatrix}0&1&1\\-1&0&1\\-1&-1&0\end{pmatrix}\end{gathered} \tag{7.14.23}$$

试将其化成广义梯度系统 (I).

解　方程 (7.14.2) 给出

$$\dot{a}^1 = -2a^1(1+t)$$
$$\dot{a}^2 = -2a^2(1+t)$$
$$\dot{a}^3 = -2a^3(1+t)$$

它可写成如下形式

$$\begin{pmatrix} \dot{a}^1 \\ \dot{a}^2 \\ \dot{a}^3 \end{pmatrix} = \begin{pmatrix} -1 & 0 & 0 \\ 0 & -1 & 0 \\ 0 & 0 & -1 \end{pmatrix} \begin{pmatrix} \dfrac{\partial V}{\partial a^1} \\ \dfrac{\partial V}{\partial a^2} \\ \dfrac{\partial V}{\partial a^3} \end{pmatrix}$$

其中

$$V = (1+t)\{(a^1)^2 + (a^2)^2 + (a^3)^2\}$$

这是一个广义梯度系统 I-1. V 在 $t \geqslant 0$, 在 $a^1 = a^2 = a^3 = 0$ 的邻域内正定. 按方程求 $\dot{V}$, 得

$$\dot{V} = (a^1)^2 + (a^2)^2 + (a^3)^2 - 4(1+t)^2\{(a^1)^2 + (a^2)^2 + (a^3)^2\}$$

它是负定的, 因此, 解 $a^1 = a^2 = a^3 = 0$ 是渐近稳定的.

例 2　广义 Hamilton 系统为

$$(J_{ij}) = \begin{pmatrix} 0 & 1 & 1 \\ -1 & 0 & 1 \\ -1 & -1 & 0 \end{pmatrix}, \quad H = (a^1)^2(1+t)$$
$$\Lambda_1 = 2(1+t)(-a^1 + a^2 - a^3), \quad \Lambda_2 = 2(1+t)(-a^2 + a^3)$$
$$\Lambda_3 = 2(1+t)(2a^1 - a^2 - a^3) \tag{7.14.24}$$

试将其化成广义梯度系统 (I).

解　方程 (7.14.2) 给出

$$\dot{a}^1 = 2(1+t)(-a^1 + a^2 - a^3)$$
$$\dot{a}^2 = 2(1+t)(-a^1 - a^2 + a^3)$$
$$\dot{a}^3 = 2(1+t)(a^1 - a^2 - a^3)$$

它可写成如下形式

$$\begin{pmatrix} \dot{a}^1 \\ \dot{a}^2 \\ \dot{a}^3 \end{pmatrix} = \left(\begin{pmatrix} -1 & 0 & 0 \\ 0 & -1 & 0 \\ 0 & 0 & -1 \end{pmatrix} + \begin{pmatrix} 0 & 1 & -1 \\ -1 & 0 & 1 \\ 1 & -1 & 0 \end{pmatrix} \right) \begin{pmatrix} \dfrac{\partial V}{\partial a^1} \\ \dfrac{\partial V}{\partial a^2} \\ \dfrac{\partial V}{\partial a^3} \end{pmatrix}$$

其中矩阵为通常梯度的和斜梯度的组合而成, 是负定的, 而函数 V 为

$$V = \{(a^1)^2 + (a^2)^2 + (a^3)^2\}(1+t)$$

这是一个广义梯度系统 I-5. V 正定, $\dot{V}$ 负定, 因此, 解 $a^1 = a^2 = a^3 = 0$ 是渐近稳定的.

本章研究了各类约束力学系统的广义梯度（Ⅰ）表示, 给出它们成为广义梯度系统（Ⅰ）的条件. 这些条件中包含矩阵 $(b_{\mu\nu}(\boldsymbol{a})), (s_{\mu\nu}(\boldsymbol{a})), (a_{\mu\nu}(\boldsymbol{a}))$ 以及函数 $V = V(t, \boldsymbol{a})$, 欲使一个力学系统的方程能够用这些矩阵和函数 V 表示出来是不容易的, 特别是要求 V 为 Lyapunov 函数就更加困难了. 一旦力学系统表示为广义梯度系统（Ⅰ）, 便可利用广义梯度系统（Ⅰ）的性质来研究力学系统的解及其稳定性. 这样, 就提供了一种间接方法来研究非定常系统的稳定性问题.

习 题

7-1 已知

$$V = \frac{1}{2}x_1^2 + \frac{1}{2}x_2^2$$

以及下列各矩阵

$$\begin{pmatrix} -1 & 0 \\ 0 & -1 \end{pmatrix}, \quad \begin{pmatrix} 0 & 1 \\ -1 & 0 \end{pmatrix}, \quad \begin{pmatrix} -1 & 0 \\ 0 & -2 \end{pmatrix}, \quad \begin{pmatrix} -1 & 1 \\ 1 & -1 \end{pmatrix}$$

试求 $\dot{V}$, 并判断其符号.

7-2 已知方程为

$$\begin{pmatrix} \dot{a}^1 \\ \dot{a}^2 \end{pmatrix} = \begin{pmatrix} a_{11} & a_{12} \\ a_{21} & a_{22} \end{pmatrix} \begin{pmatrix} \dfrac{\partial V}{\partial a^1} \\ \dfrac{\partial V}{\partial a^2} \end{pmatrix}$$

其中 $a_{11}, a_{12}, a_{21}, a_{22}$ 为常数, 而

$$V = (a^1)^2 + \frac{(a^2)^2}{2 + \cos t}$$

试研究怎样的矩阵使系统的零解是稳定的?

7-3　Lagrange 函数和广义力分别为

$$
\begin{aligned}
L &= \frac{1}{2}\dot{q}^2 - q^2(4 + 2\cos t - \sin t) \\
Q &= -2\dot{q}(4 + \cos t)
\end{aligned}
$$

试将其化成广义梯度系统（Ⅰ）, 并研究零解的稳定性.

7-4　Birkhoff 系统为

$$
\begin{aligned}
&R_1 = a^2, \quad R_2 = 0 \\
&B = \{(a^1)^2 + (a^2)^2\}[1 + \exp(-t)]
\end{aligned}
$$

试将其化成广义梯度系统（Ⅰ）, 并研究零解的稳定性.

7-5　广义 Birkhoff 系统为

$$
\begin{aligned}
&R_1 = a^2, \quad R_2 = 0 \\
&B = 2(a^2)^2 \\
&\Lambda_1 = -4a^2, \quad \Lambda_2 = \frac{2a^1}{2 + \sin t}
\end{aligned}
$$

试将其化成广义梯度系统（Ⅰ）, 并研究零解的稳定性.

7-6　广义 Hamilton 系统为

$$
(J_{ij}) = \begin{pmatrix} 0 & 1 & -1 \\ -1 & 0 & 1 \\ 1 & -1 & 0 \end{pmatrix}, \quad H = (a^1)^2 + (a^2)^2 + \frac{(a^3)^2}{2 + \sin t}
$$

$$
\Lambda_1 = -2a^1, \quad \Lambda_2 = -2a^2, \quad \Lambda_3 = -\frac{2a^3}{2 + \sin t}
$$

试将其化成广义梯度系统（Ⅰ）, 并研究解 $a^1 = a^2 = a^3 = 0$ 的稳定性.

参考文献

[1] 高为炳. 运动稳定性基础. 北京: 高等教育出版社, 1987

[2] 梅凤翔, 史荣昌, 张永发, 朱海平. 约束力学系统的运动稳定性. 北京: 北京理工大学出版社, 1997

[3] Лурье АИ.Аналитическая Механика. Москва: ГИФМЛ, 1961

[4] 梅凤翔. 分析力学Ⅰ. 北京: 北京理工大学出版社, 2013

第 8 章　约束力学系统与广义梯度系统 (Ⅱ)

第 7 章研究的广义梯度系统中的矩阵是不含时间的. 本章研究矩阵包含时间的情形, 并称其为广义梯度系统 (Ⅱ). 在 1.7 节中已给出广义梯度系统Ⅱ-1～Ⅱ-9 的微分方程. 对研究系统的解的稳定性最方便的是广义斜梯度系统Ⅱ-1 以及具有对称负定矩阵的广义梯度系统Ⅱ-2. 本章研究各类约束力学系统的这两类广义梯度表示, 并利用其性质来研究各类约束力学系统的解的稳定性.

8.1　广义梯度系统 (Ⅱ) 的分类及性质

在 1.7 节中将广义梯度系统 (Ⅱ) 分成九类, 即广义梯度系统Ⅱ-1～Ⅱ-9. 下面研究其中的两类.

8.1.1　广义斜梯度系统 (Ⅱ)

系统的微分方程为

$$\dot{x}_i = b_{ij}(t, \boldsymbol{X})\frac{\partial V(t, \boldsymbol{X})}{\partial x_j} \quad (i, j = 1, 2, \cdots, m) \tag{8.1.1}$$

其中 $b_{ij}(t, \boldsymbol{X}) = -b_{ji}(t, \boldsymbol{X})$. 在 1.7 节中称其为广义梯度系统Ⅱ-1. 如果 b_{ij} 不含 t, 则式 (8.1.1) 给出广义斜梯度系统 (7.1.4). 按方程 (8.1.1) 求 $\dot{V}$, 得

$$\dot{V} = \frac{\partial V}{\partial t} + \frac{\partial V}{\partial x_i} b_{ij} \frac{\partial V}{\partial x_j} = \frac{\partial V}{\partial t} \tag{8.1.2}$$

因此, 如果函数 V 正定, 且 $\dfrac{\partial V}{\partial t} < 0$, 则解是稳定的, 如果 V 正定、渐减, 且 $\dfrac{\partial V}{\partial t} < 0$, 则解一致稳定.

8.1.2　具有对称负定矩阵的广义梯度系统 (Ⅱ)

系统的微分方程为

$$\dot{x}_i = s_{ij}(t, \boldsymbol{X})\frac{\partial V(t, \boldsymbol{X})}{\partial x_j} \quad (i, j = 1, 2, \cdots, m) \tag{8.1.3}$$

其中矩阵 $(s_{ij}(t, \boldsymbol{X}))$ 为对称负定的. 在 1.7 节中称其为广义梯度系统Ⅱ-2. 如果 s_{ij} 不含 t, 则式 (8.1.3) 给出广义梯度系统 (7.1.6). 按方程求 $\dot{V}$, 得

$$\dot{V} = \frac{\partial V}{\partial t} + \frac{\partial V}{\partial x_i} s_{ij} \frac{\partial V}{\partial x_j} \tag{8.1.4}$$

其中第二项小于零. 因此, 如果 V 正定, 且 $\dfrac{\partial V}{\partial t}<0$, 则解稳定; 如果 V 正定, $\dot{V}$ 负定, 则解渐近稳定.

8.2 Lagrange 系统与广义梯度系统 (Ⅱ)

本节研究 Lagrange 系统的广义梯度 (Ⅱ) 表示, 包括系统的运动微分方程、系统的广义梯度 (Ⅱ) 表示、解及其稳定性, 以及具体应用.

8.2.1 系统的运动微分方程

Lagrange 系统的运动微分方程为

$$\frac{\mathrm{d}}{\mathrm{d}t}\frac{\partial L}{\partial \dot{q}_s}-\frac{\partial L}{\partial q_s}=0 \quad (s=1,2,\cdots,n) \tag{8.2.1}$$

其中 $L=L(t,\boldsymbol{q},\dot{\boldsymbol{q}})$ 为系统的 Lagrange 函数.

为将方程 (8.2.1) 化成广义梯度系统的方程, 需将其化成一阶形式. 假设系统非奇异, 即设

$$\det\left(\frac{\partial^2 L}{\partial \dot{q}_s \partial \dot{q}_k}\right)\neq 0 \tag{8.2.2}$$

则由方程 (8.2.1) 可解出所有广义加速度, 记作

$$\ddot{q}_s=\alpha_s(t,\boldsymbol{q},\dot{\boldsymbol{q}}) \quad (s=1,2,\cdots,n) \tag{8.2.3}$$

令

$$a^s=q_s,\quad a^{n+s}=\dot{q}_s \quad (s=1,2,\cdots,n) \tag{8.2.4}$$

则方程 (8.2.3) 可写成一阶形式

$$\dot{a}^\mu=F_\mu(t,\boldsymbol{a}) \quad (\mu=1,2,\cdots,2n) \tag{8.2.5}$$

其中

$$F_s=a^{n+s},\quad F_{n+s}=\alpha_s \tag{8.2.6}$$

引进广义动量 p_s 和 Hamilton 函数 H

$$\begin{aligned} p_s&=\frac{\partial L}{\partial \dot{q}_s},\\ H&=p_s\dot{q}_s-L \end{aligned} \tag{8.2.7}$$

则方程 (8.2.1) 可写成如下形式

$$\dot{a}^\mu=\omega^{\mu\nu}\frac{\partial H}{\partial a^\nu} \quad (\mu,\nu=1,2,\cdots,2n) \tag{8.2.8}$$

其中

$$
\begin{aligned}
&a^s = q_s, \quad a^{n+s} = p_s \\
&(\omega^{\mu\nu}) = \begin{pmatrix} 0_{n\times n} & 1_{n\times n} \\ -1_{n\times n} & 0_{n\times n} \end{pmatrix}
\end{aligned} \tag{8.2.9}
$$

8.2.2 系统的广义梯度 (Ⅱ) 表示

一般说, 系统 (8.2.5) 或系统 (8.2.8) 还不是广义梯度系统 (Ⅱ). 对系统 (8.2.5), 如果存在反对称矩阵 $(b_{\mu\nu}(t,\boldsymbol{a}))$ 和函数 $V=V(t,\boldsymbol{a})$ 满足下式

$$
F_\mu = b_{\mu\nu}(t,\boldsymbol{a})\frac{\partial V(t,\boldsymbol{a})}{\partial a^\nu} \quad (\mu,\nu=1,2,\cdots,2n) \tag{8.2.10}
$$

则它可成为广义斜梯度系统 (8.1.1). 如果存在对称负定矩阵 $(s_{\mu\nu}(t,\boldsymbol{a}))$ 和函数 $V=V(t,\boldsymbol{a})$ 满足下式

$$
F_\mu = s_{\mu\nu}(t,\boldsymbol{a})\frac{\partial V(t,\boldsymbol{a})}{\partial a^\nu} \quad (\mu,\nu=1,2,\cdots,2n) \tag{8.2.11}
$$

则它可成为广义梯度系统 (8.1.3).

对系统 (8.2.8), 如果存在反对称矩阵 $(b_{\mu\rho}(t,\boldsymbol{a}))$ 和函数 $V=V(t,\boldsymbol{a})$ 满足下式

$$
\omega^{\mu\nu}\frac{\partial H}{\partial a^\nu} = b_{\mu\rho}(t,\boldsymbol{a})\frac{\partial V(t,\boldsymbol{a})}{\partial a^\rho} \quad (\mu,\nu,\rho=1,2,\cdots,2n) \tag{8.2.12}
$$

则它可成为广义斜梯度系统 (8.1.1). 如果存在对称负定矩阵 $(s_{\mu\rho}(t,\boldsymbol{a}))$ 和函数 $V=V(t,\boldsymbol{a})$ 满足下式

$$
\omega^{\mu\nu}\frac{\partial H}{\partial a^\nu} = s_{\mu\rho}(t,\boldsymbol{a})\frac{\partial V(t,\boldsymbol{a})}{\partial a^\rho} \quad (\mu,\nu,\rho=1,2,\cdots,2n) \tag{8.2.13}
$$

则它可成为广义梯度系统 (8.1.3).

值得注意的是, 如果式 (8.2.10) 或式 (8.2.12) 不满足, 还不能断定它不是广义斜梯度系统 (8.1.1), 因为这与方程的一阶形式选取相关. 类似地, 如果式 (8.2.11) 或式 (8.2.13) 不满足, 还不能断定它不是广义梯度系统 (8.1.3). 方程的一阶形式有多种选择, 而式 (8.2.5) 和式 (8.2.8) 是其中的两种. 除式 (8.2.5) 和式 (8.2.8) 外, 还有其他选择, 例如, 可选一部 $\boldsymbol{a}$ 为 $\boldsymbol{q}$, 另一部 $\boldsymbol{a}$ 为 $\dot{\boldsymbol{q}}$ 的线性式. 对单自由度系统

$$
\ddot{q} = \alpha(t,q,\dot{q}) \tag{8.2.14}
$$

可取

$$
\begin{aligned}
a^1 &= q \\
a^2 &= \dot{q}f(t)
\end{aligned} \tag{8.2.15}
$$

则方程 (8.2.14) 的一阶形式为

$$\begin{aligned} \dot{a}^1 &= \frac{a^2}{f(t)} \\ \dot{a}^2 &= f(t)\alpha\left(t, a^1, \frac{a^2}{f(t)}\right) + \frac{\dot{f}(t)}{f(t)}a^2 \end{aligned} \tag{8.2.16}$$

令

$$\begin{aligned} \dot{a}^1 &= b_{12}\frac{\partial V}{\partial a^2} \\ \dot{a}^2 &= b_{21}\frac{\partial V}{\partial a^1} \end{aligned} \tag{8.2.17}$$

则有

$$\begin{aligned} b_{12}\frac{\partial V}{\partial a^2} &= \frac{a^2}{f(t)} \\ b_{21}\frac{\partial V}{\partial a^1} &= f\alpha\left(t, a^1, \frac{a^2}{f}\right) + \frac{\dot{f}}{f}a^2 \end{aligned} \tag{8.2.18}$$

将第一个方程两端对 a^1 求偏导数, 将第二个方程两端对 a^2 求偏导数, 分别得到

$$\begin{aligned} b_{12}\frac{\partial^2 V}{\partial a^1 \partial a^2} + \frac{\partial b_{12}}{\partial a^1}\frac{\partial V}{\partial a^2} &= 0 \\ b_{21}\frac{\partial^2 V}{\partial a^1 \partial a^2} + \frac{\partial b_{21}}{\partial a^2}\frac{\partial V}{\partial a^1} &= f\frac{\partial \alpha}{\partial a^2} + \frac{\dot{f}}{f} \end{aligned} \tag{8.2.19}$$

这样, 对给定的 α, 可按式 (8.2.19) 来选取 $b_{12} = -b_{21}, V, f$ 使之成为广义斜梯度系统 (8.1.1). 特别地, 如果

$$\frac{\partial b_{12}}{\partial a^1} = \frac{\partial b_{12}}{\partial a^2} = 0 \tag{8.2.20}$$

则由式 (8.2.19) 得到

$$f\frac{\partial \alpha}{\partial a^2} + \frac{\dot{f}}{f} = 0 \tag{8.2.21}$$

8.2.3　解及其稳定性

如果 Lagrange 系统可以成为广义斜梯度系统 (8.1.1) 或成为广义梯度系统 (8.1.3), 而函数 $V = V(t, \boldsymbol{a})$ 又能成为 Lyapunov 函数, 那么就可利用式 (8.1.2) 或式 (8.1.4) 来判断系统解的稳定性.

8.2.4　应用举例

例 1　单自由度系统的 Lagrange 函数为

$$L = \frac{1}{4(1+t^2)}\dot{q}^2 - \left(1 + \frac{1}{1+t}\right)(1+t^2)^2 q^2 \tag{8.2.22}$$

试将其化成广义斜梯度系统 (8.1.1), 并研究零解的稳定性.

解 方程 (8.2.1) 给出

$$\frac{\mathrm{d}}{\mathrm{d}t}\left(\frac{\dot{q}}{2(1+t^2)}\right)+2q\left(1+\frac{1}{1+t}\right)(1+t^2)^2=0$$

即

$$\ddot{q}=\frac{2t}{1+t^2}\dot{q}-4q\left(1+\frac{1}{1+t}\right)(1+t^2)$$

令

$$\begin{aligned}a^1&=q\\a^2&=\frac{\dot{q}}{2(1+t)}\end{aligned}$$

则有

$$\begin{aligned}\dot{a}^1&=2a^2(1+t^2)\\\dot{a}^2&=-2a^1\left(1+\frac{1}{1+t}\right)(1+t^2)\end{aligned}$$

它可写成形式

$$\begin{pmatrix}\dot{a}^1\\\dot{a}^2\end{pmatrix}=\begin{pmatrix}0&1+t^2\\-(1+t^2)&0\end{pmatrix}\begin{pmatrix}\dfrac{\partial V}{\partial a^1}\\\dfrac{\partial V}{\partial a^2}\end{pmatrix}$$

其中矩阵为反对称的, 而函数 V 为

$$V=(a^1)^2\left(1+\frac{1}{1+t}\right)+(a^2)^2$$

它在 $t\geqslant 0$ 时, 在 $a^1=a^2=0$ 的邻域内正定、渐减, 且有

$$\frac{\partial V}{\partial t}=-\frac{1}{(1+t)^2}(a^1)^2<0$$

因此, 解 $a^1=a^2=0$ 是一致稳定的.

例 2 单自由度系统的 Lagrange 函数为

$$L=\frac{1}{4(2+\sin t)[1+\exp(-t)]}\dot{q}^2-\left(q^2+\frac{1}{3}q^3\right)(2+\sin t)\tag{8.2.23}$$

试将其化成广义斜梯度系统, 并研究零解的稳定性.

解 方程 (8.2.1) 给出

$$\frac{\mathrm{d}}{\mathrm{d}t}\left(\frac{\dot{q}}{2(2+\sin t)[1+\exp(-t)]}\right)+(2q+q^2)(2+\sin t)=0$$

即

$$\ddot{q} = -2(2+\sin t)^2[1+\exp(-t)](2q+q^2) + \dot{q}\left(\frac{\cos t}{2+\sin t} - \frac{\exp(-t)}{1+\exp(-t)}\right)$$

可按式 (8.2.20),(8.2.21) 进行计算. 令

$$\frac{\partial b_{12}}{\partial a^1} = \frac{\partial b_{12}}{\partial a^2} = 0$$

$$a^1 = q$$

$$a^2 = \dot{q} f(t)$$

因

$$\alpha = -2(2+\sin t)^2[1+\exp(-t)][2a^1+(a^1)^2] + \frac{a^2}{f}\left[\frac{\cos t}{2+\sin t} - \frac{\exp(-t)}{1+\exp(-t)}\right]$$

有

$$\frac{\partial \alpha}{\partial a^2} = \frac{1}{f}\left[\frac{\cos t}{2+\sin t} - \frac{\exp(-t)}{1+\exp(-t)}\right]$$

代入式 (8.2.21), 得

$$\frac{\cos t}{2+\sin t} - \frac{\exp(-t)}{1+\exp(-t)} + \frac{\dot{f}}{f} = 0$$

由此得

$$f = \frac{1}{2(2+\sin t)[1+\exp(-t)]}$$

这样就取

$$a^1 = q$$

$$a^2 = \frac{\dot{q}}{2(2+\sin t)[1+\exp(-t)]}$$

而方程成为

$$\dot{a}^1 = 2a^2(2+\sin t)[1+\exp(-t)]$$

$$\dot{a}^2 = -[2a^1+(a^1)^2](2+\sin t)$$

它可写成形式

$$\begin{pmatrix} \dot{a}^1 \\ \dot{a}^2 \end{pmatrix} = \begin{pmatrix} 0 & 2+\sin t \\ -(2+\sin t) & 0 \end{pmatrix} \begin{pmatrix} \dfrac{\partial V}{\partial a^1} \\ \dfrac{\partial V}{\partial a^2} \end{pmatrix}$$

这是一个广义斜梯度系统 (8.1.1), 而函数 V 为

$$V=(a^1)^2+\frac{1}{3}(a^1)^3+(a^2)^2[1+\exp(-t)]$$

它在 $t\geqslant 0$ 时, 在 $a^1=a^2=0$ 的邻域内正定、渐减, 且有

$$\frac{\partial V}{\partial t}=-(a^2)^2\exp(-t)<0$$

因此, 解 $a^1=a^2=0$ 是一致稳定的.

以上两例都是 Lagrange 系统的广义斜梯度表示. 对其他类型的广义梯度 (Ⅱ) 表示, 则有极大困难.

8.3 Hamilton 系统与广义梯度系统 (Ⅱ)

本节研究 Hamilton 系统的广义梯度 (Ⅱ) 表示, 包括系统的运动微分方程、系统的广义梯度 (Ⅱ) 表示、解及其稳定性, 以及具体应用.

8.3.1 系统的运动微分方程

Hamilton 系统的微分方程为

$$\dot{a}^\mu=\omega^{\mu\nu}\frac{\partial H}{\partial a^\nu}\quad(\mu,\nu=1,2,\cdots,2n)\tag{8.3.1}$$

其中

$$\begin{gathered}a^s=q_s,\quad a^{n+s}=p_s,\quad H=H(t,\boldsymbol{a})\\(\omega^{\mu\nu})=\begin{pmatrix}0_{n\times n}&1_{n\times n}\\-1_{n\times n}&0_{n\times n}\end{pmatrix}\end{gathered}\tag{8.3.2}$$

8.3.2 系统的广义梯度 (Ⅱ) 表示

一般说, 系统 (8.3.1) 还不能成为广义梯度系统 (Ⅱ). 对系统 (8.3.1), 如果存在反对称矩阵 $(b_{\mu\rho}(t,\boldsymbol{a}))$ 和函数 $V=V(t,\boldsymbol{a})$ 使得

$$\omega^{\mu\nu}\frac{\partial H}{\partial a^\nu}=b_{\mu\rho}(t,\boldsymbol{a})\frac{\partial V(t,\boldsymbol{a})}{\partial a^\rho}\quad(\mu,\nu,\rho=1,2,\cdots,2n)\tag{8.3.3}$$

则它可成为广义斜梯度系统 (8.11). 如果存在对称负定矩阵 $(s_{\mu\rho}(t,\boldsymbol{a}))$ 和函数 $V=V(t,\boldsymbol{a})$ 使得

$$\omega^{\mu\nu}\frac{\partial H}{\partial a^\nu}=s_{\mu\rho}(t,\boldsymbol{a})\frac{\partial V(t,\boldsymbol{a})}{\partial a^\rho}\quad(\mu,\nu,\rho=1,2,\cdots,2n)\tag{8.3.4}$$

则它可成为广义梯度系统 (8.1.3).

可以看出, 式 (8.3.3) 比式 (8.3.4) 容易满足.

8.3.3 解及其稳定性

如果 Hamilton 系统可以成为广义斜梯度系统 (8.1.1) 或广义梯度系统 (8.1.3), 而函数 V 又能成为 Lyapunov 函数, 那么就可利用式 (8.1.2) 或式 (8.1.4) 来研究系统解的稳定性.

8.3.4 应用举例

例 1 单自由度系统的 Hamilton 函数为

$$H=-\left[(a^1)^2+\frac{1}{4}(a^1)^4\right](2+\sin t)-(a^2)^2[1+\exp(-t)](2+\sin t) \tag{8.3.5}$$

试将其化成广义梯度系统 (Ⅱ), 并研究零解的稳定性.

解 方程 (8.3.1) 给出

$$\begin{aligned}\dot{a}^1&=-2a^2[1+\exp(-t)](2+\sin t)\\ \dot{a}^2&=[2a^1+(a^1)^3](2+\sin t)\end{aligned}$$

它可写成形式

$$\begin{pmatrix}\dot{a}^1\\ \dot{a}^2\end{pmatrix}=\begin{pmatrix}0 & -(2+\sin t)\\ 2+\sin t & 0\end{pmatrix}\begin{pmatrix}\dfrac{\partial V}{\partial a^1}\\ \dfrac{\partial V}{\partial a^2}\end{pmatrix}$$

其中矩阵为反对称的, 而函数 V 为

$$V=(a^1)^2+\frac{1}{4}(a^1)^4+(a^2)^2[1+\exp(-t)]$$

这是一个广义斜梯度系统 (8.1.1). V 正定、渐减, 且有

$$\frac{\partial V}{\partial t}=-(a^2)^2\exp(-t)<0$$

因此, 解 $a^1=a^2=0$ 是一致稳定的.

例 2 单自由度系统的 Hamilton 函数为

$$H=(a^1)^2(2+\cos t)+(a^2)^2\left(1+\frac{1}{1+t}\right)(2+\cos t) \tag{8.3.6}$$

试将其化成广义梯度系统 (Ⅱ), 并研究零解的稳定性.

解 方程 (8.3.1) 给出

$$\begin{aligned}\dot{a}^1&=2a^2\left(1+\frac{1}{1+t}\right)(2+\cos t)\\ \dot{a}^2&=-2a^1(2+\cos t)\end{aligned}$$

它可写成形式

$$\begin{pmatrix} \dot{a}^1 \\ \dot{a}^2 \end{pmatrix} = \begin{pmatrix} 0 & 2+\cos t \\ -(2+\cos t) & 0 \end{pmatrix} \begin{pmatrix} \dfrac{\partial V}{\partial a^1} \\ \dfrac{\partial V}{\partial a^2} \end{pmatrix}$$

其中

$$V = (a^1)^2 + (a^2)^2 \left(1 + \frac{1}{1+t}\right)$$

这是一个广义斜梯度系统 (8.1.1). V 正定、渐减, 而

$$\frac{\partial V}{\partial t} = -\frac{(a^2)^2}{(1+t)^2} < 0$$

因此, 解 $a^1 = a^2 = 0$ 是一致稳定的.

8.4 广义坐标下一般完整系统与广义梯度系统 (Ⅱ)

本节研究广义坐标下一般完整系统的广义梯度 (Ⅱ) 表示, 包括系统的运动微分方程、系统的广义梯度 (Ⅱ) 表示、解及其稳定性, 以及具体应用.

8.4.1 系统的运动微分方程

广义坐标下一般完整系统的微分方程为

$$\frac{\mathrm{d}}{\mathrm{d}t}\frac{\partial L}{\partial \dot{q}_s} - \frac{\partial L}{\partial q_s} = Q_s \quad (s = 1, 2, \cdots, n) \tag{8.4.1}$$

其中 $L = L(t, \boldsymbol{q}, \dot{\boldsymbol{q}})$ 为系统的 Lagrange 函数,$Q_s = Q_s(t, \boldsymbol{q}, \dot{\boldsymbol{q}})$ 为非势广义力. 设系统非奇异, 即设

$$\det\left(\frac{\partial^2 L}{\partial \dot{q}_s \partial \dot{q}_k}\right) \neq 0 \tag{8.4.2}$$

则由方程 (8.4.1) 可解出所有广义加速度, 记作

$$\ddot{q}_s = \alpha_s(t, \boldsymbol{q}, \dot{\boldsymbol{q}}) \quad (s = 1, 2, \cdots, n) \tag{8.4.3}$$

令

$$a^s = q_s, \quad a^{n+s} = \dot{q}_s \quad (s = 1, 2, \cdots, n) \tag{8.4.4}$$

则方程 (8.4.3) 可写成如下一阶形式

$$\dot{a}^\mu = F_\mu(t, \boldsymbol{a}) \quad (\mu = 1, 2, \cdots, 2n) \tag{8.4.5}$$

其中

$$F_s = a^{n+s}, \quad F_{n+s} = \alpha_s \tag{8.4.6}$$

引进广义动量 p_s 和 Hamilton 函数 H

$$\begin{aligned} p_s &= \frac{\partial L}{\partial \dot{q}_s} \\ H &= p_s \dot{q}_s - L \end{aligned} \tag{8.4.7}$$

则方程 (8.4.1) 可写成如下一阶形式

$$\dot{a}^\mu = \omega^{\mu\nu} \frac{\partial H}{\partial a^\nu} + \Lambda_\mu \quad (\mu, \nu = 1, 2, \cdots, 2n) \tag{8.4.8}$$

其中

$$\begin{aligned} & a^s = q_s, \quad a^{n+s} = p_s \\ & (\omega^{\mu\nu}) = \begin{pmatrix} 0_{n\times n} & 1_{n\times n} \\ -1_{n\times n} & 0_{n\times n} \end{pmatrix} \\ & \Lambda_s = 0, \quad \Lambda_{n+s} = \tilde{Q}_s(t, \boldsymbol{a}) \end{aligned} \tag{8.4.9}$$

8.4.2　系统的广义梯度 (Ⅱ) 表示

系统 (8.4.5) 或系统 (8.4.8) 一般还不能成为广义梯度系统 (Ⅱ). 对系统 (8.4.5), 如果存在反对称矩阵 $(b_{\mu\rho}(t, \boldsymbol{a}))$ 和函数 $V = V(t, \boldsymbol{a})$ 使得

$$F_\mu = b_{\mu\rho}(t, \boldsymbol{a}) \frac{\partial V(t, \boldsymbol{a})}{\partial a_\rho} \quad (\mu, \rho = 1, 2, \cdots, 2n) \tag{8.4.10}$$

则它可成为广义斜梯度系统 (8.1.1). 如果存在对称负定矩阵 $(s_{\mu\upsilon}(t, \boldsymbol{a}))$ 和函数 $V = V(t, \boldsymbol{a})$ 使得

$$F_\mu = s_{\mu\nu}(t, \boldsymbol{a}) \frac{\partial V(t, \boldsymbol{a})}{\partial a^\nu} \quad (\mu, \nu = 1, 2, \cdots, 2n) \tag{8.4.11}$$

则它可成为广义梯度系统 (8.1.3).

对系统 (8.4.8), 如果存在反对称矩阵 $(b_{\mu\rho}(t, \boldsymbol{a}))$ 和函数 $V = V(t, \boldsymbol{a})$ 使得

$$\omega^{\mu\nu} \frac{\partial H}{\partial a^\nu} + \Lambda_\mu = b_{\mu\rho}(t, \boldsymbol{a}) \frac{\partial V(t, \boldsymbol{a})}{\partial a^\rho} \quad (\mu, \nu, \rho = 1, 2, \cdots, 2n) \tag{8.4.12}$$

则它可成为广义斜梯度系统 (8.1.1). 如果存在对称负定矩阵 $(s_{\mu\rho}(t, \boldsymbol{a}))$ 和函数 $V = V(t, \boldsymbol{a})$ 使得

$$\omega^{\mu\nu} \frac{\partial H}{\partial a^\nu} + \Lambda_\mu = s_{\mu\rho}(t, \boldsymbol{a}) \frac{\partial V(t, \boldsymbol{a})}{\partial a^\rho} \quad (\mu, \nu, \rho = 1, 2, \cdots, 2n) \tag{8.4.13}$$

则它可成为广义梯度系统 (8.1.3).

值得注意的是, 如果条件 (8.4.10)~(8.4.13) 不满足, 还不能断定它不是广义梯度系统 (Ⅱ). 还有其他选择, 使它可能成为广义梯度系统 (Ⅱ).

8.4.3 解及其稳定性

对广义坐标下一般完整系统, 如果可以成为广义梯度系统 (8.1.1) 或 (8.1.3), 而函数 V 又能成为 Lyapunov 函数, 那么就可利用式 (8.1.2) 或式 (8.1.4) 来判断解的稳定性.

8.4.4 应用举例

例 1 单自由度系统为

$$\begin{aligned} L &= \frac{1}{2}\dot{q}^2 - \frac{1}{2}q^2(2+\cos t)^2\left(1+\frac{1}{1+t}\right) \\ Q &= -\dot{q}\frac{\sin t}{2+\cos t} \end{aligned} \tag{8.4.14}$$

试将其化成广义梯度系统 (Ⅱ), 并研究零解的稳定性.

解 方程 (8.4.1) 给出

$$\ddot{q} = -q(2+\cos t)^2\left(1+\frac{1}{1+t}\right) - \dot{q}\frac{\sin t}{2+\cos t}$$

令

$$\begin{aligned} a^1 &= q \\ a^2 &= \frac{\dot{q}}{2+\cos t} \end{aligned}$$

则有

$$\begin{aligned} \dot{a}^1 &= a^2(2+\cos t) \\ \dot{a}^2 &= -a^1(2+\cos t)\left(1+\frac{1}{1+t}\right) \end{aligned}$$

它可写成形式

$$\begin{pmatrix} \dot{a}^1 \\ \dot{a}^2 \end{pmatrix} = \begin{pmatrix} 0 & 2+\cos t \\ -(2+\cos t) & 0 \end{pmatrix} \begin{pmatrix} \dfrac{\partial V}{\partial a^1} \\ \dfrac{\partial V}{\partial a^2} \end{pmatrix}$$

其中

$$V = \frac{1}{2}(a^1)^2\left(1+\frac{1}{1+t}\right) + \frac{1}{2}(a^2)^2$$

这是一个广义斜梯度系统 (8.1.1). V 正定、渐减, 且

$$\frac{\partial V}{\partial t} = -\frac{1}{2}(a^2)\frac{1}{(1+t)^2} < 0$$

因此, 解 $a^1 = a^2 = 0$ 是一致稳定的.

例 2 单自由度系统为

$$L = \frac{1}{2}\dot{q}^2 - 2q^2(1+t)^2\left(1 + \frac{1}{1+t}\right)$$
$$Q = \frac{\dot{q}}{1+t} \tag{8.4.15}$$

试将其化成广义梯度系统 (Ⅱ), 并研究解的稳定性.

解 方程 (8.4.1) 给出

$$\ddot{q} = -4q(1+t)^2\left(1 + \frac{1}{1+t}\right) + \frac{\dot{q}}{1+t}$$

令

$$a^1 = -\frac{\dot{q}}{2(1+t)}$$
$$a^2 = q$$

则有

$$\dot{a}^1 = 2a^2(1+t)\left(1 + \frac{1}{1+t}\right)$$
$$\dot{a}^2 = -2a^1(1+t)$$

它可写成如下形式

$$\begin{pmatrix} \dot{a}^1 \\ \dot{a}^2 \end{pmatrix} = \begin{pmatrix} 0 & 1+t \\ -(1+t) & 0 \end{pmatrix} \begin{pmatrix} \dfrac{\partial V}{\partial a^1} \\ \dfrac{\partial V}{\partial a^2} \end{pmatrix}$$

其中

$$V = (a^1)^2 + (a^2)^2\left(1 + \frac{1}{1+t}\right)$$

这是一个广义斜梯度系统 (8.1.1). V 正定、渐减, 而

$$\frac{\partial V}{\partial t} = -(a^2)^2\frac{1}{(1+t)^2} < 0$$

因此, 解 $a^1 = a^2 = 0$ 是一致稳定的.

例 3 单自由度系统为

$$L = \frac{1}{2}\dot{q}^2 - 3q^2(1+t)^2$$
$$Q = -6\dot{q}(1+t) + \frac{\dot{q}}{1+t} \tag{8.4.16}$$

试将其化成广义梯度系统 (Ⅱ), 并研究零解的稳定性.

解 方程 (8.4.1) 给出

$$\ddot{q} = -6q(1+t)^2 - 6\dot{q}(1+t) + \frac{\dot{q}}{1+t}$$

令

$$\begin{aligned} a^1 &= q \\ a^2 &= \frac{\dot{q}}{1+t} + 2q \end{aligned}$$

则有

$$\begin{aligned} \dot{a}^1 &= -(1+t)(2a^1 - a^2) \\ \dot{a}^2 &= -2(1+t)(2a^2 - a^1) \end{aligned}$$

它可写成形式

$$\begin{pmatrix} \dot{a}^1 \\ \dot{a}^2 \end{pmatrix} = \begin{pmatrix} -(1+t) & 0 \\ 0 & -2(1+t) \end{pmatrix} \begin{pmatrix} \dfrac{\partial V}{\partial a^1} \\ \dfrac{\partial V}{\partial a^2} \end{pmatrix}$$

其中

$$V = (a^1)^2 + (a^2)^2 - a^1 a^2$$

这是一个广义梯度系统 (8.1.3). V 正定, 而 $\dot{V}$ 为

$$\dot{V} = -(1+t)[6(a^1)^2 + 9(a^2)^2 - 12a^1a^2]$$

它是负定的, 因此, 解 $a^1 = a^2 = 0$ 是渐近稳定的.

例 4 单自由度系统为

$$\begin{aligned} L &= \frac{1}{2}\dot{q}^2 - \frac{1}{2}q^2\left\{-\frac{2}{1+t} + (1+t)^2\left[4\left(1+\frac{1}{1+t}\right) - 1\right]\right\} \\ Q &= -\dot{q}\left[-\frac{1}{1+t} + 2(1+t)\left(1+\frac{1}{1+t}\right) + 2(1+t)\right] \end{aligned} \tag{8.4.17}$$

试将其化成广义梯度系统 (Ⅱ), 并研究零解的稳定性.

解 方程 (8.4.1) 给出

$$\begin{aligned} \ddot{q} = &-q\left\{-\frac{2}{1+t} + (1+t)^2\left[4\left(1+\frac{1}{1+t}\right) - 1\right]\right\} \\ &-\dot{q}\left[-\frac{1}{1+t} + 2(1+t)\left(1+\frac{1}{1+t}\right) + 2(1+t)\right] \end{aligned}$$

令

$$a^1 = q$$
$$a^2 = 2q\left(1+\frac{1}{1+t}\right)+\frac{\dot{q}}{1+t}$$

则有

$$\dot{a}^1 = -(1+t)\left[2a^1\left(1+\frac{1}{1+t}\right)-a^2\right]$$
$$\dot{a}^2 = -(1+t)(2a^2-a^1)$$

它可写成形式

$$\begin{pmatrix} \dot{a}^1 \\ \dot{a}^2 \end{pmatrix} = \begin{pmatrix} -(1+t) & 0 \\ 0 & -(1+t) \end{pmatrix} \begin{pmatrix} \dfrac{\partial V}{\partial a^1} \\ \dfrac{\partial V}{\partial a^2} \end{pmatrix}$$

其中矩阵是对称负定的, 而函数 V 为

$$V = (a^1)^2\left(1+\frac{1}{1+t}\right)+(a^2)^2-a^1a^2$$

这是一个广义梯度系统 (8.1.3). V 正定且渐减. 按方程求 $\dot{V}$, 得

$$\dot{V} = -(1+t)\left\{\left[2a^1\left(1+\frac{1}{1+t}\right)-a^2\right]^2+(2a^2-a^1)^2\right\}-\frac{(a^1)^2}{(1+t)^2}$$

它是负定的, 因此, 解 $a^1=a^2=0$ 是一致渐近稳定的.

例 5　单自由度系统为

$$L = \frac{1}{2}\dot{q}^2 - q^2[2t(2+\sin t)+\cos t]$$
$$Q = -2\dot{q}(3+t+\sin t) \tag{8.4.18}$$

试将其化成广义梯度系统 (Ⅱ), 并研究解的稳定性.

解　方程 (8.4.1) 给出

$$\ddot{q} = -2q[2t(2+\sin t)+\cos t]-2\dot{q}(3+t+\sin t)$$

令

$$a^1 = q$$
$$a^2 = \frac{1}{2}[\dot{q}+2q(2+\sin t)]$$

则有

$$\dot{a}^1 = -2a^1(2+\sin t) + 2a^2$$
$$\dot{a}^2 = 2a^1(2+\sin t) - 2a^2(1+t)$$

它可写成如下形式

$$\begin{pmatrix} \dot{a}^1 \\ \dot{a}^2 \end{pmatrix} = \begin{pmatrix} -1 & 1 \\ 1 & -(1+t) \end{pmatrix} \begin{pmatrix} \dfrac{\partial V}{\partial a^1} \\ \dfrac{\partial V}{\partial a^2} \end{pmatrix}$$

其中矩阵为对称负定的, 而函数 V 为

$$V = (a^1)^2(2+\sin t) + (a^2)^2$$

这是一个广义梯度系统 (8.1.3).V 正定且渐减. 按方程求 $\dot{V}$, 得

$$\dot{V} = -(a^1)^2[4(2+\sin t)^2 - \cos t] - 4(1+t)(a^2)^2 + 8a^1a^2(2+\sin t)$$

它是负定的, 因此, 解 $a^1 = a^2 = 0$ 是一致渐近稳定的.

8.5 带附加项的 Hamilton 系统与广义梯度系统 (Ⅱ)

本节研究带附加项的 Hamilton 系统的广义梯度 (Ⅱ) 表示, 包括系统的运动微分方程、系统的梯度 (Ⅱ) 表示、解及其稳定性, 以及具体应用.

8.5.1 系统的运动微分方程

带附加项的 Hamilton 系统的微分方程有形式

$$\dot{q}_s = \frac{\partial H}{\partial p_s}, \quad \dot{p}_s = -\frac{\partial H}{\partial q_s} + Q_s \quad (s = 1, 2, \cdots, n) \tag{8.5.1}$$

其中 $H = H(t, \boldsymbol{q}, \boldsymbol{p})$ 为系统的 Hamilton 函数, $Q_s = Q_s(t, \boldsymbol{q}, \boldsymbol{p})$ 为用正则坐标表示的广义力, 即附加项. 方程 (8.5.1) 可写成如下形式

$$\dot{a}^\mu = \omega^{\mu\nu}\frac{\partial H}{\partial a^\nu} + P_\mu \quad (\mu, \nu = 1, 2, \cdots, 2n) \tag{8.5.2}$$

其中

$$\begin{aligned} & a^s = q_s, \quad a^{n+s} = p_s \\ & (\omega^{\mu\nu}) = \begin{pmatrix} 0_{n\times n} & 1_{n\times n} \\ -1_{n\times n} & 0_{n\times n} \end{pmatrix} \\ & P_s = 0, \quad P_{n+s} = Q_s \end{aligned} \tag{8.5.3}$$

8.5.2 系统的广义梯度 (Ⅱ) 表示

一般说, 系统 (8.5.2) 还不能成为广义梯度系统 (8.1.1) 或 (8.1.3). 对系统 (8.5.2), 如果存在反对称矩阵 $(b_{\mu\rho}(t,\boldsymbol{a}))$ 和函数 $V=V(t,\boldsymbol{a})$ 使得

$$\omega^{\mu\nu}\frac{\partial H}{\partial a^\nu}+P_\mu=b_{\mu\rho}(t,\boldsymbol{a})\frac{\partial V(t,\boldsymbol{a})}{\partial a^\rho}\quad(\mu,\nu,\rho=1,2,\cdots,2n)\tag{8.5.4}$$

则它可成为广义斜梯度系统 (8.1.1). 如果存在对称负定矩阵 $(s_{\mu\rho}(t,\boldsymbol{a}))$ 和函数 $V=V(t,\boldsymbol{a})$ 使得

$$\omega^{\mu\nu}\frac{\partial H}{\partial a^\nu}+P_\mu=s_{\mu\rho}(t,\boldsymbol{a})\frac{\partial V(t,\boldsymbol{a})}{\partial a^\rho}\quad(\mu,\nu,\rho=1,2,\cdots,2n)\tag{8.5.5}$$

则它可成为广义梯度系统 (8.1.3).

如果条件 (8.5.4) 或条件 (8.5.5) 不易实现, 还有其他选择. 如对单自由度系统, 可选

$$a^1=q$$
$$a^2=pf(t)$$

8.5.3 解及其稳定性

带附加项的 Hamilton 系统, 如果可以成为广义斜梯度系统 (8.1.1) 或广义梯度系统 (8.1.3), 而函数 V 又能成为 Lyapunov 函数, 那么便可利用式 (8.1.2) 或式 (8.1.4) 来判断解的稳定性.

8.5.4 应用举例

例 1　单自由度 Hamilton 系统为

$$\begin{aligned}&H=\frac{1}{2}p^2+2q^2(1+t^2)^2\left(1+\frac{1}{1+t}\right)\\&Q=\frac{2tp}{1+t^2}\end{aligned}\tag{8.5.6}$$

试将其化成广义梯度系统 (Ⅱ), 并研究零解的稳定性.

解　微分方程为

$$\begin{aligned}&\dot q=p\\&\dot p=-4q(1+t^2)^2\left(1+\frac{1}{1+t}\right)+\frac{2tp}{1+t^2}\end{aligned}$$

若令

$$a^1=q$$

$$a^2 = p$$

它还不能成为广义梯度系统 (Ⅱ). 现令

$$a^1 = q$$
$$a^2 = \frac{p}{2(1+t^2)}$$

则有

$$\dot{a}^1 = 2a^2(1+t^2)$$
$$\dot{a}^2 = -2a^1\left(1+\frac{1}{1+t}\right)(1+t^2)$$

它可写成形式

$$\begin{pmatrix} \dot{a}^1 \\ \dot{a}^2 \end{pmatrix} = \begin{pmatrix} 0 & 1+t^2 \\ -(1+t^2) & 0 \end{pmatrix} \begin{pmatrix} \dfrac{\partial V}{\partial a^1} \\ \dfrac{\partial V}{\partial a^2} \end{pmatrix}$$

其中矩阵为反对称的, 而函数 V 为

$$V = (a^1)^2\left(1+\frac{1}{1+t}\right) + (a^2)^2$$

这是一个广义斜梯度系统 (8.1.1). V 正定且渐减, 且

$$\frac{\partial V}{\partial t} = -\frac{(a^1)^2}{(1+t)^2} < 0$$

因此, 解 $a^1 = a^2 = 0$ 是一致稳定的.

例 2 单自由度系统 Hamilton 函数和广义力分别为

$$H = -2pq(1+t)(2+\sin t)$$
$$Q = -2p(1+t)(4+\sin t) \tag{8.5.7}$$

试将其化成广义梯度系统 (Ⅱ), 并研究零解的稳定性.

解 微分方程为

$$\dot{q} = -2q(1+t)(2+\sin t)$$
$$\dot{p} = -4p(1+t)$$

令

$$a^1 = q$$

$$a^2 = p$$

则有

$$\dot{a}^1 = -2a^1(1+t)(2+\sin t)$$
$$\dot{a}^2 = -4a^2(1+t)$$

它可写成形式

$$\begin{pmatrix} \dot{a}^1 \\ \dot{a}^2 \end{pmatrix} = \begin{pmatrix} -(1+t) & 0 \\ 0 & -2(1+t) \end{pmatrix} \begin{pmatrix} \dfrac{\partial V}{\partial a^1} \\ \dfrac{\partial V}{\partial a^2} \end{pmatrix}$$

其中矩阵为对称负定的, 而函数 V 为

$$V = (a^1)^2(2+\sin t) + (a^2)^2$$

这是一个广义梯度系统 (8.1.3). V 正定且渐减. 按方程求 $\dot{V}$, 得

$$\dot{V} = -(a^1)^2[4(1+t)(2+\sin t) - \cos t] - 8(a^2)^2(1+t)$$

它是负定的, 因此, 零解 $a^1 = a^2 = 0$ 是一致渐近稳定的.

例 3　单自由度系统为

$$\begin{aligned} H &= -2pq(1+t)^2 \\ Q &= -2p[1+q^2+(1+t)^2] \end{aligned} \tag{8.5.8}$$

试将其化成广义梯度系统 (Ⅱ), 并研究零解的稳定性.

解　微分方程为

$$\dot{q} = -2q(1+t)^2$$
$$\dot{p} = -2p(1+q^2)$$

令

$$a^1 = q$$
$$a^2 = p$$

则有

$$\begin{pmatrix} \dot{a}^1 \\ \dot{a}^2 \end{pmatrix} = \begin{pmatrix} -(1+t) & 0 \\ 0 & -[1+(a^1)^2] \end{pmatrix} \begin{pmatrix} \dfrac{\partial V}{\partial a^1} \\ \dfrac{\partial V}{\partial a^2} \end{pmatrix}$$

其中矩阵是对称负定的, 而函数 V 为

$$V = (a^1)^2(1+t) + (a^2)^2$$

这是一个广义梯度系统 (8.1.3). V 正定, 而 $\dot{V}$ 为

$$\dot{V} = -(a^1)^2[4(1+t)^3 - 1] - 4(a^2)^2[1+(a^1)^2]$$

它是负定的, 因此, 解 $a^1 = a^2 = 0$ 是渐近稳定的.

例 4 单自由度系统为

$$\begin{aligned} &H = p^2 - 2pq(1+t^2)(2+\sin t) - q^2(2+\sin t) \\ &Q = -2p[(1+t^2)(2+\sin t) + 1 + q^2] \end{aligned} \tag{8.5.9}$$

试将其化成广义梯度系统 (Ⅱ), 并研究零解的稳定性.

解 微分方程为

$$\begin{aligned} &\dot{q} = -2q(1+t^2)(2+\sin t) + 2p \\ &\dot{p} = 2q(2+\sin t) - 2p(1+q^2) \end{aligned}$$

令

$$\begin{aligned} a^1 &= q \\ a^2 &= p \end{aligned}$$

它可写成形式

$$\begin{pmatrix} \dot{a}^1 \\ \dot{a}^2 \end{pmatrix} = \begin{pmatrix} -(1+t^2) & 1 \\ 1 & -[1+(a^1)^2] \end{pmatrix} \begin{pmatrix} \dfrac{\partial V}{\partial a^1} \\ \dfrac{\partial V}{\partial a^2} \end{pmatrix}$$

其中矩阵为对称负定的, 而函数 V 为

$$V = (a^1)^2(2+\sin t) + (a^2)^2$$

这是一个广义梯度系统 (8.1.3). V 在 $a^1 = a^2 = 0$ 的邻域内正定且渐减. 按方程求 $\dot{V}$, 得

$$\dot{V} = -(a^1)^2[4(2+\sin t)^2(1+t^2) - \cos t] - 4(a^2)^2[1+(a^1)^2] + 8a^1a^2(2+\sin t)$$

它是负定的, 因此, 解 $a^1 = a^2 = 0$ 是一致渐近稳定的.

8.6 准坐标下完整系统与广义梯度系统 (Ⅱ)

本节研究准坐标下完整力学系统的广义梯度 (Ⅱ) 表示, 包括系统的运动微分方程、系统的广义梯度 (Ⅱ) 表示、解及其稳定性, 以及具体应用.

8.6.1 系统的运动微分方程

准坐标下完整系统的微分方程为式 (2.6.4), 即

$$\frac{\mathrm{d}}{\mathrm{d}t}\frac{\partial L^*}{\partial \omega_s}-\frac{\partial L^*}{\partial \pi_s}+\frac{\partial L^*}{\partial \omega_k}\gamma_{rs}^k\omega_r=P_s^* \quad (s,k,r=1,2,\cdots,n) \tag{8.6.1}$$

设系统非奇异, 即设

$$\det\left(\frac{\partial^2 L^*}{\partial \omega_s\partial \omega_k}\right)\neq 0 \tag{8.6.2}$$

则由方程 (8.6.1) 可解出所有 $\dot{\omega}_s$, 记作

$$\dot{\omega}_s=\alpha_s(t,\boldsymbol{q},\boldsymbol{\omega}) \quad (s=1,2,\cdots,n) \tag{8.6.3}$$

它与以下关系

$$\dot{q}_s=b_{sk}(\boldsymbol{q})\omega_k \quad (s,k=1,2,\cdots,n) \tag{8.6.4}$$

联合可求解运动. 令

$$a^s=q_s,\quad a^{n+s}=\omega_s \tag{8.6.5}$$

则方程 (8.6.3) 和 (8.6.4) 可写成统一形式

$$\dot{a}^\mu=F_\mu(t,\boldsymbol{a}) \quad (\mu=1,2,\cdots,2n) \tag{8.6.6}$$

其中

$$F_s=b_{sk}a^{n+k},\quad F_{n+s}=\alpha_s(t,\boldsymbol{a}) \tag{8.6.7}$$

8.6.2 系统的广义梯度 (Ⅱ) 表示

系统 (8.6.6) 一般不是广义梯度系统 (Ⅱ). 对系统 (8.6.6), 如果存在反对称矩阵 $(b_{\mu\nu}(t,\boldsymbol{a}))$ 和函数 $V=V(t,\boldsymbol{a})$ 满足下式

$$F_\mu=b_{\mu\nu}(t,\boldsymbol{a})\frac{\partial V(t,\boldsymbol{a})}{\partial a^\nu} \quad (\mu,\nu=1,2,\cdots,2n) \tag{8.6.8}$$

则它可成为广义斜梯度系统 (8.1.1). 如果存在对称负定矩阵 $(s_{\mu\nu}(t,\boldsymbol{a}))$ 和函数 $V=V(t,\boldsymbol{a})$ 使得

$$F_\mu=s_{\mu\nu}(t,\boldsymbol{a})\frac{\partial V(t,\boldsymbol{a})}{\partial a^\nu} \quad (\mu,\nu=1,2,\cdots,2n) \tag{8.6.9}$$

则它可成为广义梯度系统 (8.1.3).

如果条件 (8.6.8) 或 (8.6.9) 不满足, 还不能断定它不是广义梯度系统 (Ⅱ), 因为这与方程的一阶形式选取相关. 如果整个系统不能化成广义梯度系统 (Ⅱ), 则可将一部分方程化成广义梯度系统 (Ⅱ) 的方程.

8.6.3 解及其稳定性

准坐标下完整系统的全部或部分方程化成广义梯度系统 (Ⅱ) 的方程后, 便可利用广义梯度系统 (Ⅱ) 的性质来研究这类力学系统的解及其稳定性.

8.6.4 应用举例

例 1 二自由度系统准速度下的 Lagrange 函数为

$$L^* = \frac{1}{2}(\omega_1^2 + \omega_2^2) + \frac{1}{2}q_1^2$$

其中

$$\dot{q}_1 = q_1\omega_1$$
$$\dot{q}_2 = \omega_2$$

而广义力为

$$P_1^* = 0$$
$$P_2^* = -4q_2(1+t)^2\left(1 + \frac{1}{1+t}\right) + \frac{\omega_2}{1+t}$$

试将其化成广义梯度系统 (Ⅱ), 并研究解的稳定性.

解 方程 (8.6.1) 给出

$$\dot{\omega}_1 = q_1^2$$
$$\dot{\omega}_2 = -4q_2(1+t)^2\left(1 + \frac{1}{1+t}\right) + \frac{\omega_2}{1+t}$$

现将第二个方程化成广义梯度系统 (Ⅱ). 令

$$a^1 = q_2$$
$$a^2 = -\frac{\omega_2}{2(1+t)}$$

则有

$$\dot{a}^1 = 2a^2(1+t)\left(1 + \frac{1}{1+t}\right)$$
$$\dot{a}^2 = -2a^1(1+t)$$

它可写成形式

$$\begin{pmatrix} \dot{a}^1 \\ \dot{a}^2 \end{pmatrix} = \begin{pmatrix} 0 & 1+t \\ -(1+t) & 0 \end{pmatrix} \begin{pmatrix} \dfrac{\partial V}{\partial a^1} \\ \dfrac{\partial V}{\partial a^2} \end{pmatrix}$$

其中矩阵是反对称的, 而函数 V 为

$$V=(a^1)^2+(a^2)^2\left(1+\frac{1}{1+t}\right)$$

这是一个广义斜梯度系统 (8.1.1).V 在 $a^1=a^2=0$ 的邻域内正定且渐减, 且有

$$\frac{\partial V}{\partial t}=-\frac{(a^2)^2}{(1+t)^2}<0$$

因此, 解 $a^1=a^2=0$ 是一致稳定的.

例 2　二自由度系统准速度下的 Lagrange 函数为

$$L^*=\frac{1}{2}(\omega_1^2+\omega_2^2)+\frac{1}{2}q_1^2$$

其中

$$\begin{aligned}\dot{q}_1&=q_1\omega_1\\ \dot{q}_2&=\omega_2\end{aligned}$$

而广义力为

$$\begin{aligned}P_1^*&=0\\ P_2^*&=-2q_2[2t(2+\sin t)+\cos t]-2\omega_2(3+t+\sin t)\end{aligned}$$

试将其化成广义梯度系统 (Ⅱ), 并研究零解的稳定性.

解　方程 (8.6.1) 给出

$$\begin{aligned}\dot{\omega}_1&=q_1^2\\ \dot{\omega}_2&=-2q_2[2t(2+\sin t)+\cos t]-2\omega_2(3+t+\sin t)\end{aligned}$$

现将第二个方程化成广义梯度系统 (Ⅱ). 令

$$\begin{aligned}a^1&=q_2\\ a^2&=\frac{1}{2}[\omega_2+2q_2(2+\sin t)]\end{aligned}$$

则有

$$\begin{aligned}\dot{a}^1&=-2a^1(2+\sin t)+2a^2\\ \dot{a}^2&=2a^1(2+\sin t)-2a^2(1+t)\end{aligned}$$

它可写成如下形式

$$\begin{pmatrix}\dot{a}^1\\ \dot{a}^2\end{pmatrix}=\begin{pmatrix}-1&1\\ 1&-(1+t)\end{pmatrix}\begin{pmatrix}\dfrac{\partial V}{\partial a^1}\\ \dfrac{\partial V}{\partial a^2}\end{pmatrix}$$

其中矩阵为对称负定的, 而函数 V 为

$$V=(a^1)^2(2+\sin t)+(a^2)^2$$

这是一个广义梯度系统 (8.1.3). V 在 $a^1=a^2=0$ 的邻域内正定且渐减, 而 $\dot{V}$ 负定, 因此, 零解 $a^1=a^2=0$ 是一致渐近稳定的.

8.7 相对运动动力学系统与广义梯度系统 (Ⅱ)

本节研究相对运动动力学系统的广义梯度 (Ⅱ) 表示, 包括系统的运动微分方程、系统的广义梯度 (Ⅱ) 表示、解及其稳定性, 以及具体应用.

8.7.1 系统的运动微分方程

具有双面理想完整约束系统的相对运动动力学方程有形式 [1,2]

$$\frac{\mathrm{d}}{\mathrm{d}t}\frac{\partial L_r}{\partial \dot{q}_s}-\frac{\partial L_r}{\partial q_s}=Q_s+Q_s^{\dot{\omega}}+\varGamma_s\quad(s=1,2,\cdots,n)\tag{8.7.1}$$

其中相对运动的 Lagrange 函数为

$$L_r=T_r-V-V^0-V^\omega\tag{8.7.2}$$

设系统非奇异, 即设

$$\det\left(\frac{\partial^2 L_r}{\partial \dot{q}_s\partial \dot{q}_k}\right)\neq 0\tag{8.7.3}$$

则由方程 (8.7.1) 可解出所有广义加速度, 记作

$$\ddot{q}_s=\alpha_s(t,\boldsymbol{q},\dot{\boldsymbol{q}})\quad(s=1,2,\cdots,n)\tag{8.7.4}$$

令

$$a^s=q_s,\quad a^{n+s}=\dot{q}_s\tag{8.7.5}$$

则方程 (8.7.4) 可写成一阶形式

$$\dot{a}^\mu=F_\mu(t,\boldsymbol{a})\quad(\mu=1,2,\cdots,2n)\tag{8.7.6}$$

其中

$$F_s=a^{n+s},\quad F_{n+s}=\alpha_s\tag{8.7.7}$$

引进广义动量 p_s 和 Hamilton 函数 H

$$\begin{aligned}p_s&=\frac{\partial L_r}{\partial \dot{q}_s}\\ H&=p_s\dot{q}_s-L_r\end{aligned}\tag{8.7.8}$$

则方程 (8.7.1) 可写成如下一阶形式

$$\dot{a}^\mu = \omega^{\mu\nu}\frac{\partial H}{\partial a^\nu} + P_\mu \quad (\mu,\nu = 1,2,\cdots,2n) \tag{8.7.9}$$

其中

$$\begin{aligned}
&a^s = q_s, \quad a^{n+s} = p_s \\
&(\omega^{\mu\nu}) = \begin{pmatrix} 0_{n\times n} & 1_{n\times n} \\ -1_{n\times n} & 0_{n\times n} \end{pmatrix} \\
&P_s = 0, \quad P_{n+s} = \tilde{Q}_s + \tilde{Q}_s^{\dot\omega} + \tilde{\varGamma}_s
\end{aligned} \tag{8.7.10}$$

这里 $\tilde{Q}_s, \tilde{Q}_s^{\dot\omega}$ 和 $\tilde{\varGamma}_s$ 分别为用 $\boldsymbol{a}$ 表示的 $Q_s, Q_s^{\dot\omega}$ 和 $\varGamma_s$.

8.7.2　系统的广义梯度 (Ⅱ) 表示

系统 (8.7.6) 和系统 (8.7.9) 一般都不能成为广义梯度系统 (Ⅱ). 对系统 (8.7.6), 如果存在反对称矩阵 $(b_{\mu\nu}(t,\boldsymbol{a}))$ 和函数 $V = V(t,\boldsymbol{a})$ 使得

$$F_\mu = b_{\mu\nu}(t,\boldsymbol{a})\frac{\partial V(t,\boldsymbol{a})}{\partial a^\nu} \quad (\mu,\nu = 1,2,\cdots,2n) \tag{8.7.11}$$

则它可成为广义斜梯度系统 (8.1.1). 如果存在对称负定矩阵 $(s_{\mu\nu}(t,\boldsymbol{a}))$ 和函数 $V = V(t,\boldsymbol{a})$ 使得

$$F_\mu = s_{\mu\nu}(t,\boldsymbol{a})\frac{\partial V(t,\boldsymbol{a})}{\partial a^\nu} \quad (\mu,\nu = 1,2,\cdots,2n) \tag{8.7.12}$$

则它可成为广义梯度系统 (8.1.3).

对系统 (8.7.9), 如果存在反对称矩阵 $(b_{\mu\rho}(t,\boldsymbol{a}))$ 和函数 $V = V(t,\boldsymbol{a})$ 使得

$$\omega^{\mu\nu}\frac{\partial H}{\partial a^\nu} + P_\mu = b_{\mu\rho}(t,\boldsymbol{a})\frac{\partial V(t,\boldsymbol{a})}{\partial a^\rho} \quad (\mu,\nu,\rho = 1,2,\cdots,2n) \tag{8.7.13}$$

则它可成为广义斜梯度系统 (8.1.1). 如果存在对称负定矩阵 $(s_{\mu\rho}(t,\boldsymbol{a}))$ 和函数 $V = V(t,\boldsymbol{a})$ 使得

$$\omega^{\mu\nu}\frac{\partial H}{\partial a^\nu} + P_\mu = s_{\mu\rho}(t,\boldsymbol{a})\frac{\partial V(t,\boldsymbol{a})}{\partial a^\rho} \quad (\mu,\nu,\rho = 1,2,\cdots,2n) \tag{8.7.14}$$

则它可成为广义梯度系统 (8.1.3).

8.7.3　解及其稳定性

相对运动动力学系统化成广义梯度系统 (Ⅱ) 之后, 便可利用其性质来研究这类力学系统的解及其稳定性.

8.7.4 应用举例

例 1 单自由度相对运动动力学系统为

$$
\begin{aligned}
&L_r = \frac{1}{2}\dot{q}^2 - 2q^2(2+\cos t)^2[1+\exp(-t)] \\
&Q = -\dot{q}\left[\frac{\exp(-t)}{1+\exp(-t)} + \frac{\sin t}{2+\cos t}\right] \\
&Q^{\dot{\omega}} = \Gamma = 0
\end{aligned}
\tag{8.7.15}
$$

试将其化成广义梯度系统 (II), 并研究零解的稳定性.

解 方程 (8.7.1) 给出

$$
\ddot{q} = -4q(2+\cos t)^2[1+\exp(-t)] - \dot{q}\left[\frac{\exp(-t)}{1+\exp(-t)} + \frac{\sin t}{2+\cos t}\right]
$$

令

$$
\begin{aligned}
a^1 &= q \\
a^2 &= \frac{\dot{q}}{2(2+\cos t)[1+\exp(-t)]}
\end{aligned}
$$

则有

$$
\begin{aligned}
\dot{a}^1 &= 2a^2(2+\cos t)[1+\exp(-t)] \\
\dot{a}^2 &= -2a^1(2+\cos t)
\end{aligned}
$$

它可写成如下形式

$$
\begin{pmatrix} \dot{a}^1 \\ \dot{a}^2 \end{pmatrix} = \begin{pmatrix} 0 & 2+\cos t \\ -(2+\cos t) & 0 \end{pmatrix} \begin{pmatrix} \dfrac{\partial V}{\partial a^1} \\ \dfrac{\partial V}{\partial a^2} \end{pmatrix}
$$

其中矩阵是反对称的, 而函数 V 为

$$
V = (a^1)^2 + (a^2)^2[1+\exp(-t)]
$$

这是一个广义斜梯度系统 (8.1.1). V 正定、渐减, 且有

$$
\frac{\partial V}{\partial t} = -(a^2)^2\exp(-t) < 0
$$

因此, 解 $a^1 = a^2 = 0$ 是一致稳定的.

例 2 二自由度相对运动动力学系统为

$$
\begin{aligned}
&L_r=\frac{1}{2}(\dot{q}_1^2+\dot{q}_2^2)-\frac{1}{2}q_1^2(1+t)\{4(2+\sin t)-1\}-\frac{1}{2}q_2^2(1+t)\{4(2+\cos t)-1\}\\
&Q_1=-2\dot{q}_1\{1+(1+t)(2+\sin t)\},\quad Q_2=-2\dot{q}_2\{1+(1+t)(2+\cos t)\}\\
&Q_1^{\dot{\omega}}=Q_2^{\dot{\omega}}=\varGamma_1=\varGamma_2=0
\end{aligned}\tag{8.7.16}
$$

试将其化成广义梯度系统 (Ⅱ), 并研究零解的稳定性.

解 方程 (8.7.1) 给出

$$
\begin{aligned}
&\ddot{q}_1=-q_1(1+t)[4(2+\sin t)-1]-2\dot{q}_1[1+(1+t)(2+\sin t)]\\
&\ddot{q}_2=-q_2(1+t)[4(2+\cos t)-1]-2\dot{q}_2[1+(1+t)(2+\cos t)]
\end{aligned}
$$

令

$$
\begin{aligned}
&a^1=q_1\\
&a^2=\dot{q}_1+2q_1\\
&a^3=q_2\\
&a^4=\dot{q}_2+2q_2
\end{aligned}
$$

则有

$$
\begin{aligned}
&\dot{a}^1=-2a^1+a^2\\
&\dot{a}^2=-(1+t)[2a^2(2+\sin t)-a^1]\\
&\dot{a}^3=-2a^3+a^4\\
&\dot{a}^4=-(1+t)[2a^4(2+\cos t)-a^3]
\end{aligned}
$$

它可写成如下形式

$$
\begin{pmatrix}\dot{a}^1\\ \dot{a}^2\\ \dot{a}^3\\ \dot{a}^4\end{pmatrix}=\begin{pmatrix}-1&0&0&0\\0&-(1+t)&0&0\\0&0&-1&0\\0&0&0&-(1+t)\end{pmatrix}\begin{pmatrix}\dfrac{\partial V}{\partial a^1}\\ \dfrac{\partial V}{\partial a^2}\\ \dfrac{\partial V}{\partial a^3}\\ \dfrac{\partial V}{\partial a^4}\end{pmatrix}
$$

其中矩阵是对称负定的, 而函数 V 为

$$
V=(a^1)^2+(a^2)^2(2+\sin t)+(a^3)^2+(a^4)^2(2+\cos t)-a^1a^2-a^3a^4
$$

这是一个广义梯度系统 (8.1.3). V 正定且渐减, 而 $\dot{V}$ 负定, 因此解 $a^1=a^2=a^3=a^4=0$ 一致渐近稳定.

8.8 变质量力学系统与广义梯度系统 (Ⅱ)

本节研究变质量完整力学系统的广义梯度 (Ⅱ) 表示, 包括系统的运动微分方程、系统的广义梯度 (Ⅱ) 表示、解及其稳定性, 以及具体应用.

8.8.1 系统的运动微分方程

变质量完整力学系统的 Lagrange 方程有形式 [3]

$$\frac{\mathrm{d}}{\mathrm{d}t}\frac{\partial L}{\partial \dot{q}_s}-\frac{\partial L}{\partial q_s}=Q_s+P_s \quad (s=1,2,\cdots,n) \tag{8.8.1}$$

其中 L 为系统的 Lagrange 函数; Q_s 为非势广义力; P_s 为广义反推力, 在假设 $m_i=m_i(t)$ 下, 有

$$P_s=(\boldsymbol{R}_i+\dot{m}_i\dot{\boldsymbol{r}}_i)\cdot\frac{\partial \boldsymbol{r}_i}{\partial q_s} \quad (i=1,2,\cdots,N;s=1,2,\cdots,n) \tag{8.8.2}$$

其中 $\boldsymbol{R}_i$ 为反推力

$$\boldsymbol{R}_i=\dot{m}_i\boldsymbol{u}_i \tag{8.8.3}$$

而 $\boldsymbol{u}_i$ 为由质量 m_i 分离 (或併入) 的微粒相对质点的速度. 设系统非奇异, 即设

$$\det\left(\frac{\partial^2 L}{\partial \dot{q}_s\partial \dot{q}_k}\right)\neq 0 \tag{8.8.4}$$

则由方程 (8.8.1) 可解出所有广义加速度, 记作

$$\ddot{q}_s=\alpha_s(t,\boldsymbol{q},\dot{\boldsymbol{q}}) \quad (s=1,2,\cdots,n) \tag{8.8.5}$$

现将方程 (8.8.5) 化成一阶形式, 有多种方法, 例如, 可取

$$a^s=q_s, \quad a^{n+s}=\dot{q}_s \tag{8.8.6}$$

则方程 (8.8.5) 可写成如下一阶形式

$$\dot{a}^\mu=F_\mu(t,\boldsymbol{a}) \quad (\mu=1,2,\cdots,2n) \tag{8.8.7}$$

其中

$$F_s=a^{n+s}, \quad F_{n+s}=\alpha_s \tag{8.8.8}$$

8.8.2　系统的广义梯度 (II) 表示

系统 (8.8.7) 一般不能成为广义梯度系统 (II). 对系统 (8.8.7), 如果存在反对称矩阵 $(b_{\mu\nu}(t,\boldsymbol{a}))$ 和函数 $V=V(t,\boldsymbol{a})$ 使得

$$F_{\mu}=b_{\mu\nu}(t,\boldsymbol{a})\frac{\partial V(t,\boldsymbol{a})}{\partial a^{\nu}}\quad(\mu,\nu=1,2,\cdots,2n)\tag{8.8.9}$$

则它可成为广义斜梯度系统 (8.1.1). 如果存在对称负定矩阵 $(s_{\mu\nu}(t,\boldsymbol{a}))$ 和函数 $V=V(t,\boldsymbol{a})$ 使得

$$F_{\mu}=s_{\mu\nu}(t,\boldsymbol{a})\frac{\partial V(t,\boldsymbol{a})}{\partial a^{\nu}}\quad(\mu,\nu=1,2,\cdots,2n)\tag{8.8.10}$$

则它可成为广义梯度系统 (8.1.3).

8.8.3　解及其稳定性

变质量完整力学系统化成广义梯度系统 (8.1.1) 或 (8.1.3) 之后, 便可利用广义梯度系统的性质来研究这类力学系统的解及其稳定性.

8.8.4　应用举例

例 1　研究变质量质点的一维运动, 其动能为 $T=\frac{1}{2}m\dot{q}^2$, 质量变化规律为 $m=m(t)$, 微粒併入的速度 $u=0$, 所受广义力为

$$Q=m\left[-4q(2+\sin t)\left(1+\frac{1}{1+t}\right)+\frac{\dot{q}\cos t}{2+\sin t}\right]$$

试将其化成广义梯度系统 (II), 并研究解的稳定性.

解　微分方程 (8.8.1) 给出

$$\frac{\mathrm{d}}{\mathrm{d}t}(m\dot{q})=\dot{m}\dot{q}+m\left[-4q(2+\sin t)\left(1+\frac{1}{1+t}\right)+\frac{\dot{q}\cos t}{2+\sin t}\right]$$

消去 m, 得

$$\ddot{q}=-4q(2+\sin t)\left(1+\frac{1}{1+t}\right)+\dot{q}\frac{\cos t}{2+\sin t}$$

令

$$\begin{aligned}a^2&=q\\a^1&=-\frac{\dot{q}}{2(2+\sin t)}\end{aligned}$$

则有

$$\begin{aligned}\dot{a}^1&=2a^2(2+\sin t)\left(1+\frac{1}{1+t}\right)\\\dot{a}^2&=-2a^1(2+\sin t)\end{aligned}$$

它可写成形式

$$\begin{pmatrix} \dot{a}^1 \\ \dot{a}^2 \end{pmatrix} = \begin{pmatrix} 0 & 2+\sin t \\ -(2+\sin t) & 0 \end{pmatrix} \begin{pmatrix} \dfrac{\partial V}{\partial a^1} \\ \dfrac{\partial V}{\partial a^2} \end{pmatrix}$$

其中矩阵为反对称的, 而函数 V 为

$$V = (a^1)^2 + (a^2)^2 \left(1 + \frac{1}{1+t}\right)$$

这是一个广义斜梯度系统 (8.1.1). V 正定、渐减, 且有

$$\frac{\partial V}{\partial t} = -(a^2)^2 \frac{1}{(1+t)^2} < 0$$

因此, 解 $a^1 = a^2 = 0$ 是一致稳定的.

例 2 单自由度变质量系统的动能为 $T = \frac{1}{2} m \dot{q}^2$, 质量变化规律为 $m = m(t)$, 微粒併入的速度 $u = 0$, 所受广义力为

$$Q = -2\dot{q}(1+t+2+\cos t) - q\{(1+t)[4(2+\cos t)-1] - 2\sin t\}$$

试将其化成广义梯度系统 (Ⅱ), 并研究解的稳定性.

解 方程 (8.8.1) 给出

$$\frac{\mathrm{d}}{\mathrm{d}t}(m\dot{q}) = \dot{m}\dot{q} + m\{-2\dot{q}(1+t+2+\cos t) - q(1+t)[4(2+\cos t)-1] + 2q\sin t\}$$

消去 m, 得

$$\ddot{q} = -2\dot{q}(1+t+2+\cos t) - q(1+t)[4(2+\cos t)-1] + 2q\sin t$$

令

$$a^1 = q$$
$$a^2 = \dot{q} + 2q(2+\cos t)$$

则有

$$\dot{a}^1 = a^2 - 2a^1(2+\cos t)$$
$$\dot{a}^2 = -(2a^2 - a^1)(1+t)$$

它可写成如下形式

$$\begin{pmatrix} \dot{a}^1 \\ \dot{a}^2 \end{pmatrix} = \begin{pmatrix} -1 & 0 \\ 0 & -(1+t) \end{pmatrix} \begin{pmatrix} \dfrac{\partial V}{\partial a^1} \\ \dfrac{\partial V}{\partial a^2} \end{pmatrix}$$

其中矩阵为对称负定的, 而函数 V 为

$$V=(a^1)^2(2+\cos t)+(a^2)^2-a^1a^2$$

这是一个广义梯度系统 (8.1.3). V 在 $a^1=a^2=0$ 的邻域内正定且渐减. 按方程求 $\dot{V}$, 得

$$\dot{V}=-[2a^1(2+\cos t)-a^2]^2-(2a^2-a^1)^2(1+t)-(a^1)^2\sin t$$

它是负定的, 因此, 解 $a^1=a^2=0$ 是一致渐近稳定的.

8.9 事件空间中动力学系统与广义梯度系统 (Ⅱ)

本节研究事件空间中完整动力学系统的广义梯度 (Ⅱ) 表示, 包括系统的运动微分方程、系统的广义梯度 (Ⅱ) 表示、解及其稳定性, 以及具体应用.

8.9.1 系统的运动微分方程

事件空间中完整系统的微分方程为式 (7.9.1), 即

$$\frac{\mathrm{d}}{\mathrm{d}\tau}\frac{\partial\Lambda}{\partial x'_\alpha}-\frac{\partial\Lambda}{\partial x_\alpha}=P_\alpha\quad(\alpha=1,2,\cdots,n+1)\tag{8.9.1}$$

其中

$$\begin{aligned}\Lambda(x_\alpha,x'_\alpha)&=x'_{n+1}L\left(x_1,x_2,\cdots,x_{n+1},\frac{x'_1}{x'_{n+1}},\frac{x'_2}{x'_{n+1}},\cdots,\frac{x'_n}{x'_{n+1}}\right)\\P_s(x_\alpha,x'_\alpha)&=x'_{n+1}Q_s\left(x_1,x_2,\cdots,x_{n+1},\frac{x'_1}{x'_{n+1}},\frac{x'_2}{x'_{n+1}},\cdots,\frac{x'_n}{x'_{n+1}}\right)\end{aligned}\tag{8.9.2}$$

假设由方程 (8.9.1) 的前 n 个方程可解出 x''_s $(s=1,2,\cdots,n)$, 记作

$$x''_s=\alpha_s(x_\alpha,x'_\alpha,x''_{n+1})\quad(s=1,2,\cdots,n)\tag{8.9.3}$$

取 $t=\tau$, 则有 $x'_{n+1}=1$, $x''_{n+1}=0$, 于是有

$$x''_s=\alpha_s(x_\alpha,x'_k)\quad(s,k=1,2,\cdots,n;\alpha=1,2,\cdots,n+1)\tag{8.9.4}$$

令

$$a^s=x_s,\quad a^{n+s}=x'_s\tag{8.9.5}$$

则方程 (8.9.4) 可写成一阶形式

$$(a^\mu)'=F_\mu(\tau,\boldsymbol{a})\quad(\mu=1,2,\cdots,2n)\tag{8.9.6}$$

其中

$$F_s=a^{n+s},\quad F_{n+s}=\alpha_s(\tau,\boldsymbol{a})\tag{8.9.7}$$

8.9.2 系统的广义梯度 (II) 表示

事件空间中动力学系统 (8.9.6) 一般不能成为广义梯度系统 (8.1.1) 或 (8.1.3). 对系统 (8.9.6), 如果存在反对称矩阵 $(b_{\mu\nu}(\tau,\boldsymbol{a}))$ 和函数 $V=V(\tau,\boldsymbol{a})$ 使得

$$F_\mu = b_{\mu\nu}(\tau,\boldsymbol{a})\frac{\partial V(\tau,\boldsymbol{a})}{\partial a^\nu}\quad (\mu,\nu=1,2,\cdots,2n) \tag{8.9.8}$$

则它可成为广义斜梯度系统 (8.1.1). 如果存在对称负定矩阵 $(s_{\mu\nu}(\tau,\boldsymbol{a}))$ 和函数 $V=V(\tau,\boldsymbol{a})$ 使得

$$F_\mu = s_{\mu\nu}(\tau,\boldsymbol{a})\frac{\partial V(\tau,\boldsymbol{a})}{\partial a^\nu}\quad (\mu,\nu=1,2,\cdots,2n) \tag{8.9.9}$$

则它可成为广义斜梯度系统 (8.1.1).

8.9.3 解及其稳定性

事件空间中动力学系统化成广义梯度系统 (8.1.1) 或 (8.1.3) 之后, 便可利用广义梯度系统的性质来研究这类力学系统的解及其稳定性.

8.9.4 应用举例

例 二自由度系统位形空间中的 Lagrange 函数和广义力分别为

$$\begin{aligned}&L=\frac{1}{2}(\dot{q}_1^2+\dot{q}_2^2)\\ &Q_1=-4q_1(2+\sin t)^2\left(1+\frac{1}{1+t}\right)+\dot{q}_1\frac{\cos t}{2+\sin t},\quad Q_2=-\dot{q}_2\end{aligned} \tag{8.9.10}$$

试在事件空间中将其化成广义梯度系统 (II), 并研究解的稳定性.

解 由 L,Q_1,Q_2 构造事件空间中的 Lagrange 函数和广义力, 有

$$\begin{aligned}&\Lambda=\frac{1}{2}\left[\frac{1}{x_3'}((x_1')^2+(x_2')^2)\right]\\ &P_1=x_3'\left[-4x_1(2+\sin x_3)^2\left(1+\frac{1}{1+x_3}\right)+\frac{x_1'}{x_3'}\frac{\cos x_3}{2+\sin x_3}\right]\\ &P_2=x_3'\left(-\frac{x_2'}{x_3'}\right)\end{aligned}$$

方程 (8.9.1) 的前两个方程为

$$\begin{aligned}&\frac{\mathrm{d}}{\mathrm{d}\tau}\left(\frac{x_1'}{x_3'}\right)=x_3'\left[-4x_1(2+\sin x_3)^2\left(1+\frac{1}{1+x_3}\right)+\frac{x_1'}{x_3'}\frac{\cos x_3}{2+\sin x_3}\right]\\ &\frac{\mathrm{d}}{\mathrm{d}\tau}\left(\frac{x_2'}{x_3'}\right)=x_3'\left(-\frac{x_2'}{x_3'}\right)\end{aligned}$$

取 $\tau=x_3$, 则有 $x_3'=1, x_3''=0$, 于是有

$$x_1''=-4x_1(2+\sin\tau)^2\left(1+\frac{1}{1+\tau}\right)+x_1'\frac{\cos\tau}{2+\sin\tau}$$
$$x_2''=-x_2'$$

现将第一个方程化成广义梯度系统 (Ⅱ). 令

$$a^1=-\frac{x_1'}{2(2+\sin\tau)}$$
$$a^3=x_1$$

则有

$$(a^1)'=2a^3(2+\sin\tau)\left(1+\frac{1}{1+\tau}\right)$$
$$(a^3)'=-2a^1(2+\sin\tau)$$

它可写成形式

$$\begin{pmatrix}(a^1)'\\(a^3)'\end{pmatrix}=\begin{pmatrix}0&2+\sin\tau\\-(2+\sin\tau)&0\end{pmatrix}\begin{pmatrix}\dfrac{\partial V}{\partial a^1}\\\dfrac{\partial V}{\partial a^3}\end{pmatrix}$$

其中矩阵为反对称的, 而函数 V 为

$$V=(a^1)^2+(a^3)^2\left(1+\frac{1}{1+\tau}\right)$$

这是一个广义斜梯度系统 (8.1.1). V 在 $a^1=a^3=0$ 的邻域内正定、渐减, 且有

$$\frac{\partial V}{\partial\tau}=-(a^3)^2\frac{1}{(1+\tau)^2}<0$$

因此, 解 $a^1=a^3=0$ 是一致稳定的.

8.10　Chetaev 型非完整系统与广义梯度系统 (Ⅱ)

本节研究 Chetaev 型非完整系统的广义梯度 (Ⅱ) 表示, 包括系统的运动微分方程、系统的广义梯度 (Ⅱ) 表示、解及其稳定性, 以及具体应用.

8.10.1　系统的运动微分方程

设力学系统的位形由 n 个广义坐标 $q_s\ (s=1,2,\cdots,n)$ 来确定, 它的运动受有 g 个双面理想 Chetaev 型非完整约束

$$f_\beta(t,\boldsymbol{q},\dot{\boldsymbol{q}})=0\quad(\beta=1,2,\cdots,g)\tag{8.10.1}$$

系统的运动微分方程为

$$\frac{\mathrm{d}}{\mathrm{d}t}\frac{\partial L}{\partial \dot{q}_s}-\frac{\partial L}{\partial q_s}=Q_s+\lambda_\beta\frac{\partial f_\beta}{\partial \dot{q}_s}\quad(\beta=1,2,\cdots,g;s=1,2,\cdots,n)\tag{8.10.2}$$

设系统非奇异, 即设

$$\det\left(\frac{\partial^2 L}{\partial \dot{q}_s\partial \dot{q}_k}\right)\neq 0\tag{8.10.3}$$

则在微分方程积分之前, 可求得约束乘子 λ_β 为 $t,\boldsymbol{q},\dot{\boldsymbol{q}}$ 的函数, 于是方程 (8.10.2) 可写成形式

$$\frac{\mathrm{d}}{\mathrm{d}t}\frac{\partial L}{\partial \dot{q}_s}-\frac{\partial L}{\partial q_s}=Q_s+\varLambda_s\quad(s=1,2,\cdots,n)\tag{8.10.4}$$

其中

$$\varLambda_s=\varLambda_s(t,\boldsymbol{q},\dot{\boldsymbol{q}})=\lambda_\beta(t,\boldsymbol{q},\dot{\boldsymbol{q}})\frac{\partial f_\beta}{\partial \dot{q}_s}\tag{8.10.5}$$

为广义非完整约束力, 已表示为 $t,\boldsymbol{q},\dot{\boldsymbol{q}}$ 的函数. 称方程 (8.10.4) 为与非完整系统 (8.10.1)、(8.10.2) 相应的完整系统的方程. 注意到, 对约束为

$$f_\beta(t,\boldsymbol{q},\dot{\boldsymbol{q}})=C_\beta\quad(\beta=1,2,\cdots,g)\tag{8.10.6}$$

的系统, 方程也有形式 (8.10.4). 因此, 为由方程 (8.10.4) 得到非完整系统的解, 需对初始条件施加限制. 如果初始条件满足约束方程 (8.10.1), 则相应完整系统的解就给出非完整系统的运动. 因此, 只需研究方程 (8.10.4).

在假设 (8.10.3) 下, 可由方程 (8.10.4) 求得所有广义加速度, 记作

$$\ddot{q}_s=\alpha_s(t,\boldsymbol{q},\dot{\boldsymbol{q}})\quad(s=1,2,\cdots,n)\tag{8.10.7}$$

令

$$a_s=q_s,\quad a^{n+s}=\dot{q}_s\tag{8.10.8}$$

则方程 (8.10.7) 可写成一阶形式

$$\dot{a}^\mu=F_\mu(t,\boldsymbol{a})\quad(\mu=1,2,\cdots,2n)\tag{8.10.9}$$

其中

$$F_s=a^{n+s},\quad F_{n+s}=\alpha_s(t,\boldsymbol{a})\tag{8.10.10}$$

引进广义动量 p_s 和 Hamilton 函数 H

$$\begin{aligned}p_s&=\frac{\partial L}{\partial \dot{q}_s}\\ H&=p_s\dot{q}_s-L\end{aligned}\tag{8.10.11}$$

则方程 (8.10.4) 可写成如下形式

$$\dot{a}^{\mu} = \omega^{\mu\nu}\frac{\partial H}{\partial a^{\nu}} + P_{\mu} \quad (\mu, \nu = 1, 2, \cdots, 2n) \tag{8.10.12}$$

其中

$$\begin{aligned} &a^{s} = q_{s}, \quad a^{n+s} = p_{s}, \quad H = H(t, \boldsymbol{a}) \\ &(\omega^{\mu\nu}) = \begin{pmatrix} 0_{n\times n} & 1_{n\times n} \\ -1_{n\times n} & 0_{n\times n} \end{pmatrix} \\ &P_{s} = 0, \quad P_{n+s} = \tilde{Q}_{s} + \tilde{\Lambda}_{s} \end{aligned} \tag{8.10.13}$$

这里 $\tilde{Q}_s, \tilde{\Lambda}_s$ 分别为用正则变量表示的 Q_s, Λ_s.

8.10.2　系统的广义梯度（Ⅱ）表示

系统 (8.10.9) 或系统 (8.10.12) 一般都不是广义梯度系统 (8.1.1) 或 (8.1.3). 对系统 (8.10.9), 如果存在反对称矩阵 $(b_{\mu\nu}(t, \boldsymbol{a}))$ 和函数 $V = V(t, \boldsymbol{a})$ 使得

$$F_{\mu} = b_{\mu\nu}(t, \boldsymbol{a})\frac{\partial V(t, \boldsymbol{a})}{\partial a^{\nu}} \quad (\mu, \nu = 1, 2, \cdots, 2n) \tag{8.10.14}$$

则它可成为广义斜梯度系统 (8.1.1). 如果存在对称负定矩阵 $(s_{\mu\nu}(t, \boldsymbol{a}))$ 和函数 $V = V(t, \boldsymbol{a})$ 使得

$$F_{\mu} = s_{\mu\nu}(t, \boldsymbol{a})\frac{\partial V(t, \boldsymbol{a})}{\partial a^{\nu}} \quad (\mu, \nu = 1, 2, \cdots, 2n) \tag{8.10.15}$$

则它可成为广义梯度系统 (8.1.3).

对系统 (8.10.12), 如果存在反对称矩阵 $(b_{\mu\rho}(t, \boldsymbol{a}))$ 和函数 $V = V(t, \boldsymbol{a})$ 使得

$$\omega^{\mu\nu}\frac{\partial H}{\partial a^{\nu}} + P_{\mu} = b_{\mu\rho}(t, \boldsymbol{a})\frac{\partial V(t, \boldsymbol{a})}{\partial a^{\rho}} \quad (\mu, \nu, \rho = 1, 2, \cdots, 2n) \tag{8.10.16}$$

则它可成为广义斜梯度系统 (8.1.1). 如果存在对称负定矩阵 $(s_{\mu\rho}(t, \boldsymbol{a}))$ 和函数 $V = V(t, \boldsymbol{a})$ 使得

$$\omega^{\mu\nu}\frac{\partial H}{\partial a^{\nu}} + P_{\mu} = s_{\mu\rho}(t, \boldsymbol{a})\frac{\partial V(t, \boldsymbol{a})}{\partial a^{\rho}} \quad (\mu, \nu, \rho = 1, 2, \cdots, 2n) \tag{8.10.17}$$

则它可成为广义梯度系统 (8.1.3).

注意到, 如果条件 (8.10.14)~(8.10.17) 不满足, 还不能断定它不是广义梯度系统（Ⅱ）, 因为这与方程的一阶形式选取相关. 需要时, 可选其他一阶形式.

8.10.3　解及其稳定性

Chetaev 型非完整系统化成广义梯度系统 (8.1.1) 或 (8.1.3) 之后, 便可利用广义梯度系统的性质来研究这类力学系统的解及其稳定性.

8.10.4 应用举例

例 1 Chetaev 型非完整系统为

$$
\begin{aligned}
&L=\frac{1}{2}(\dot{q}_1^2+\dot{q}_2^2)\\
&Q_1=-12q_1(2+\cos t)^2\left(1+\frac{1}{1+t}\right)-3\dot{q}_1\frac{\sin t}{2+\cos t},\quad Q_2=-\dot{q}_2\\
&f=2\dot{q}_1+\dot{q}_2+q_2=0
\end{aligned}
\tag{8.10.18}
$$

试将其化成广义梯度系统 (II), 并研究解的稳定性.

解 方程 (8.10.2) 给出

$$
\begin{aligned}
\ddot{q}_1&=-12q_1(2+\cos t)^2\left(1+\frac{1}{1+t}\right)-3\dot{q}_1\frac{\sin t}{2+\cos t}+2\lambda\\
\ddot{q}_2&=-\dot{q}_2+\lambda
\end{aligned}
$$

解得

$$
\lambda=4q_1(2+\cos t)^2\left(1+\frac{1}{1+t}\right)+\dot{q}_1\frac{\sin t}{2+\cos t}
$$

代入得相应完整系统的方程

$$
\begin{aligned}
\ddot{q}_1&=-4q_1(2+\cos t)^2\left(1+\frac{1}{1+t}\right)-\dot{q}_1\frac{\sin t}{2+\cos t}\\
\ddot{q}_2&=-\dot{q}_2+4q_1(2+\cos t)^2\left(1+\frac{1}{1+t}\right)+\dot{q}_1\frac{\sin t}{2+\cos t}
\end{aligned}
$$

现将第一个方程化成广义梯度系统 (II). 令

$$
\begin{aligned}
a^1&=q_1\\
a^2&=\frac{\dot{q}_1}{2(2+\cos t)}
\end{aligned}
$$

则有

$$
\begin{aligned}
\dot{a}^1&=2a^2(2+\cos t)\\
\dot{a}^2&=-2a^1(2+\cos t)\left(1+\frac{1}{1+t}\right)
\end{aligned}
$$

它可写成如下形式

$$
\begin{pmatrix}\dot{a}^1\\ \dot{a}^2\end{pmatrix}=\begin{pmatrix}0 & 2+\cos t\\ -(2+\cos t) & 0\end{pmatrix}\begin{pmatrix}\dfrac{\partial V}{\partial a^1}\\ \dfrac{\partial V}{\partial a^2}\end{pmatrix}
$$

其中矩阵为反对称的, 而函数 V 为

$$V=(a^1)^2\left(1+\frac{1}{1+t}\right)+(a^2)^2$$

这是一个广义斜梯度系统 (8.1.1). V 在 $a^1=a^2=0$ 的邻域内正定且渐减, 且有

$$\frac{\partial V}{\partial t}=-(a^1)^2\frac{1}{(1+t)^2}<0$$

因此, 解 $a^1=a^2=0$ 是一致稳定的.

例 2　Chetaev 型非完整系统为

$$\begin{aligned}&L=\frac{1}{2}(\dot{q}_1^2+\dot{q}_2^2)\\&Q_1=-8q_1(1+q_1^2)^2(2+\sin t)^2[1+\exp(-t)]+2\dot{q}_1\frac{\cos t}{2+\sin t}+4\frac{q_1\dot{q}_1^2}{1+q_1^2},\quad Q_2=-\dot{q}_2\\&f=\dot{q}_1-\dot{q}_2-q_2=0\end{aligned}\tag{8.10.19}$$

试将其化成广义梯度系统 (Ⅱ), 并研究解的稳定性.

解　方程 (8.10.2) 给出

$$\begin{aligned}&\ddot{q}_1=-8q_1(1+q_1^2)^2(2+\sin t)^2[1+\exp(-t)]+2\dot{q}_1\frac{\cos t}{2+\sin t}+4\frac{q_1\dot{q}_1^2}{1+q_1^2}+\lambda\\&\ddot{q}_2=-\dot{q}_2-\lambda\end{aligned}$$

解得

$$\lambda=4q_1(1+q_1^2)^2(2+\sin t)^2[1+\exp(-t)]-\dot{q}_1\frac{\cos t}{2+\sin t}-2\frac{q_1\dot{q}_1^2}{1+q_1^2}$$

代入得相应完整系统的方程

$$\begin{aligned}&\ddot{q}_1=-4q_1(1+q_1^2)^2(2+\sin t)^2[1+\exp(-t)]+\dot{q}_1\frac{\cos t}{2+\sin t}+2\frac{q_1\dot{q}_1^2}{1+q_1^2}\\&\ddot{q}_2=-\dot{q}_2-4q_1(1+q_1^2)^2(2+\sin t)^2[1+\exp(-t)]+\dot{q}_1\frac{\cos t}{2+\sin t}+2\frac{q_1\dot{q}_1^2}{1+q_1^2}\end{aligned}$$

现将第一个方程化成广义梯度系统 (Ⅱ). 令

$$\begin{aligned}&a^1=q_1\\&a^2=\frac{\dot{q}_1}{2(2+\sin t)(1+q_1^2)}\end{aligned}$$

则有

$$\begin{aligned}&\dot{a}^1=2a^2(2+\sin t)[1+(a^1)^2]\\&\dot{a}^2=-2a^1(2+\sin t)[1+(a^1)^2][1+\exp(-t)]\end{aligned}$$

它可写成形式

$$\begin{pmatrix} \dot{a}^1 \\ \dot{a}^2 \end{pmatrix} = \begin{pmatrix} 0 & (2+\sin t)[1+(a^1)^2] \\ -(2+\sin t)[1+(a^1)^2] & 0 \end{pmatrix} \begin{pmatrix} \dfrac{\partial V}{\partial a^1} \\ \dfrac{\partial V}{\partial a^2} \end{pmatrix}$$

其中矩阵是反对称的, 而函数 V 为

$$V = (a^1)^2[1+\exp(-t)] + (a^2)^2$$

这是一个广义斜梯度系统 (8.1.1). V 正定且渐减, 且有

$$\frac{\partial V}{\partial t} = -(a^1)^2 \exp(-t) < 0$$

因此, 解 $a^1 = a^2 = 0$ 是一致稳定的.

例 3 Chetaev 型非完整系统为

$$\begin{aligned} &L = \frac{1}{2}(\dot{q}_1^2 + \dot{q}_2^2) \\ &Q_1 = -\frac{15}{4}q_1(1+t)^2 - 5\dot{q}_1(1+t) + \frac{5\dot{q}_1}{4(1+t)}, \quad Q_2 = \frac{1}{2}\dot{q}_1 \\ &f = \dot{q}_1 + 2\dot{q}_2 + q_1 = 0 \end{aligned} \tag{8.10.20}$$

试将其化成广义梯度系统 (Ⅱ), 并研究解的稳定性.

解 方程 (8.10.2) 给出

$$\begin{aligned} \ddot{q}_1 &= -\frac{15}{4}q_1(1+t)^2 - 5\dot{q}_1(1+t) + \frac{5\dot{q}_1}{4(1+t)} + \lambda \\ \ddot{q}_2 &= -\frac{1}{2}\dot{q}_1 + 2\lambda \end{aligned}$$

解得

$$\lambda = \frac{3}{4}q_1(1+t)^2 + \dot{q}_1(1+t) - \frac{\dot{q}_1}{4(1+t)}$$

代入得相应完整系统的方程

$$\begin{aligned} \ddot{q}_1 &= -3q_1(1+t)^2 - 4\dot{q}_1(1+t) + \frac{\dot{q}_1}{1+t} \\ \ddot{q}_2 &= -\frac{1}{2}\dot{q}_1 + \frac{3}{2}q_1(1+t)^2 + 2\dot{q}_1(1+t) - \frac{\dot{q}_1}{2(1+t)} \end{aligned}$$

现将第一个方程化成广义梯度系统 (Ⅱ). 令

$$a^1 = q_1$$

$$a^2 = \frac{\dot{q}_1}{1+t} + 2q_1$$

则有

$$\dot{a}^1 = (1+t)(a^2 - 2a^1)$$
$$\dot{a}^2 = -(1+t)(2a^2 - a^1)$$

它可写成形式

$$\begin{pmatrix} \dot{a}^1 \\ \dot{a}^2 \end{pmatrix} = \begin{pmatrix} -(1+t) & 0 \\ 0 & -(1+t) \end{pmatrix} \begin{pmatrix} \dfrac{\partial V}{\partial a^1} \\ \dfrac{\partial V}{\partial a^2} \end{pmatrix}$$

其中矩阵为对称负定的, 而函数 V 为

$$V = (a^1)^2 + (a^2)^2 - a^1 a^2$$

这是一个广义梯度系统 (8.1.3). V 在 $a^1 = a^2 = 0$ 的邻域内正定, 且有

$$\dot{V} = -(1+t)[5(a^1)^2 + 5(a^2)^2 - 8a^1 a^2]$$

它是负定的, 因此, 解 $a^1 = a^2 = 0$ 是渐近稳定的.

例 4　Chetaev 型非完整系统为

$$\begin{aligned} &L = \frac{1}{2}(\dot{q}_1^2 + \dot{q}_2^2) \\ &Q_1 = -4\dot{q}_1[2 + t + \exp(-t)] - 2q_1\{(1+t)[3 + 4\exp(-t)] - 2\exp(-t)\}, \quad Q_2 = \dot{q}_2 \\ &f = \dot{q}_1 + \dot{q}_2 - q_2 = 0 \end{aligned} \tag{8.10.21}$$

试将其化成广义梯度系统 (Ⅱ), 并研究解的稳定性.

解　方程 (8.10.2) 给出

$$\begin{aligned} &\ddot{q}_1 = -4\dot{q}_1[2 + t + \exp(-t)] - 2q_1\{(1+t)[3 + 4\exp(-t)] - 2\exp(-t)\} + \lambda \\ &\ddot{q}_2 = \dot{q}_2 + \lambda \end{aligned}$$

解得

$$\lambda = 2\dot{q}_1[2 + t + \exp(-t)] + q_1\{(1+t)[3 + 4\exp(-t)] - 2\exp(-t)\}$$

代入得相应完整系统的方程

$$\begin{aligned} &\ddot{q}_1 = -2\dot{q}_1[2 + t + \exp(-t)] - q_1\{(1+t)[3 + 4\exp(-t)] - 2\exp(-t)\} \\ &\ddot{q}_2 = \dot{q}_2 + 2\dot{q}_1[2 + t + \exp(-t)] + q_1\{(1+t)[3 + 4\exp(-t)] - 2\exp(-t)\} \end{aligned}$$

现将第一个方程化成广义梯度系统 (Ⅱ). 令

$$
\begin{aligned}
a^1 &= q_1 \\
a^2 &= \dot{q}_1 + 2q_1[1+\exp(-t)]
\end{aligned}
$$

则有

$$
\begin{aligned}
\dot{a}^1 &= -2a^1[1+\exp(-t)] + a^2 \\
\dot{a}^2 &= -(1+t)(2a^2 - a^1)
\end{aligned}
$$

它可写成如下形式

$$
\begin{pmatrix} \dot{a}^1 \\ \dot{a}^2 \end{pmatrix} = \begin{pmatrix} -1 & 0 \\ 0 & -(1+t) \end{pmatrix} \begin{pmatrix} \dfrac{\partial V}{\partial a^1} \\ \dfrac{\partial V}{\partial a^2} \end{pmatrix}
$$

其中矩阵为对称负定的, 而函数 V 为

$$
V = (a^1)^2[1+\exp(-t)] + (a^2)^2 - a^1a^2
$$

这是一个广义梯度系统 (8.1.3). V 在 $a^1 = a^2 = 0$ 的邻域内正定且渐减. 按方程求 $\dot{V}$, 得

$$
\dot{V} = -\{2a^1[1+\exp(-t)] - a^2\}^2 - (1+t)(2a^2 - a^1)^2 - (a^1)^2\exp(-t)
$$

它是负定的. 因此, 解 $a^1 = a^2 = 0$ 是一致渐近稳定的.

8.11 非 Chetaev 型非完整系统与广义梯度系统 (Ⅱ)

本节研究非 Chetaev 型非完整系统的广义梯度 (Ⅱ) 表示, 包括系统的运动微分方程、系统的广义梯度 (Ⅱ) 表示、解及其稳定性, 以及具体应用.

8.11.1 系统的运动微分方程

假设力学系统的位形由 n 个广义坐标 q_s $(s = 1, 2, \cdots, n)$ 来确定, 它的运动受有 g 个双面理想非 Chetaev 型非完整约束

$$
f_\beta(t, \boldsymbol{q}, \dot{\boldsymbol{q}}) = 0 \quad (\beta = 1, 2, \cdots, g) \tag{8.11.1}
$$

虚位移方程为

$$
f_{\beta s}(t, \boldsymbol{q}, \dot{\boldsymbol{q}})\delta q_s = 0 \quad (s = 1, 2, \cdots, n; \beta = 1, 2, \cdots, g) \tag{8.11.2}
$$

系统的运动微分方程有形式 [5]

$$\frac{\mathrm{d}}{\mathrm{d}t}\frac{\partial L}{\partial \dot{q}_s}-\frac{\partial L}{\partial q_s}=Q_s+\lambda_\beta f_{\beta s}\quad (s=1,2,\cdots,n;\beta=1,2,\cdots,g) \tag{8.11.3}$$

其中 $L=L(t,\boldsymbol{q},\dot{\boldsymbol{q}})$ 为系统的 Lagrange 函数, $Q_s=Q_s(t,\boldsymbol{q},\dot{\boldsymbol{q}})$ 为非势广义力, λ_β 为约束乘子. 在运动微分方程积分之前, 可由方程 (8.11.1) 和方程 (8.11.3) 求出 λ_β 为 $t,\boldsymbol{q},\dot{\boldsymbol{q}}$ 的函数, 于是方程 (8.11.3) 成为

$$\frac{\mathrm{d}}{\mathrm{d}t}\frac{\partial L}{\partial \dot{q}_s}-\frac{\partial L}{\partial q_s}=Q_s+\Lambda_s\quad (s=1,2,\cdots,n) \tag{8.11.4}$$

其中

$$\Lambda_s=\Lambda_s(t,\boldsymbol{q},\dot{\boldsymbol{q}})=\lambda_\beta(t,\boldsymbol{q},\dot{\boldsymbol{q}})f_{\beta s} \tag{8.11.5}$$

称方程 (8.11.4) 为与非完整系统 (8.11.1)、(8.11.3) 相应的完整系统的方程. 如果运动的初始条件满足约束方程 (8.11.1), 那么相应完整系统的解就给出非完整系统的运动. 因此, 只需首先研究方程 (8.11.4).

在非奇异假设下, 由方程 (8.11.4) 可求出所有广义加速度, 记作

$$\ddot{q}_s=\alpha_s(t,\boldsymbol{q},\dot{\boldsymbol{q}})\quad (s=1,2,\cdots,n) \tag{8.11.6}$$

令

$$a^s=q_s,\quad a^{n+s}=\dot{q}_s \tag{8.11.7}$$

则方程 (8.11.6) 可写成一阶形式

$$\dot{a}^\mu=F_\mu(t,\boldsymbol{a})\quad (\mu=1,2,\cdots,2n) \tag{8.11.8}$$

其中

$$F_s=a^{n+s},\quad F_{n+s}=\alpha_s\quad (s=1,2,\cdots,n) \tag{8.11.9}$$

引进广义动量 p_s 和 Hamilton 函数 H

$$\begin{aligned}p_s&=\frac{\partial L}{\partial \dot{q}_s}\\ H&=p_s\dot{q}_s-L\end{aligned} \tag{8.11.10}$$

则方程 (8.11.4) 可写成如下一阶形式

$$\dot{a}^\mu=\omega^{\mu\nu}\frac{\partial H}{\partial a^\nu}+P_\mu\quad (\mu,\nu=1,2,\cdots,2n) \tag{8.11.11}$$

其中

$$a^s = q_s, \quad a^{n+s} = p_s$$
$$(\omega^{\mu\nu}) = \begin{pmatrix} 0_{n\times n} & 1_{n\times n} \\ -1_{n\times n} & 0_{n\times n} \end{pmatrix} \tag{8.11.12}$$
$$P_s = 0, \quad P_{n+s} = \tilde{Q}_s + \tilde{\Lambda}_s$$

这里 $\tilde{Q}_s$ 和 $\tilde{\Lambda}_s$ 分别为用正则变量表示的 Q_s 和 Λ_s.

8.11.2 系统的广义梯度 (Ⅱ) 表示

系统 (8.11.8) 和系统 (8.11.11) 一般都不是广义梯度系统 (Ⅱ). 对系统 (8.11.8), 如果存在反对称矩阵 $(b_{\mu\rho}(t,\boldsymbol{a}))$ 和函数 $V = V(t,\boldsymbol{a})$ 使得

$$F_\mu = b_{\mu\rho}(t,\boldsymbol{a})\frac{\partial V(t,\boldsymbol{a})}{\partial a^\rho} \quad (\mu,\rho = 1,2,\cdots,2n) \tag{8.11.13}$$

则它可成为广义斜梯度系统 (8.1.1). 如果存在对称负定矩阵 $(s_{\mu\rho}(t,\boldsymbol{a}))$ 和函数 $V = V(t,\boldsymbol{a})$ 使得

$$F_\mu = s_{\mu\rho}(t,\boldsymbol{a})\frac{\partial V(t,\boldsymbol{a})}{\partial a^\rho} \quad (\mu,\rho = 1,2,\cdots,2n) \tag{8.11.14}$$

则它可成为广义梯度系统 (8.1.3).

对系统 (8.11.11), 如果存在反对称矩阵 $(b_{\mu\rho}(t,\boldsymbol{a}))$ 和函数 $V = V(t,\boldsymbol{a})$ 使得

$$\omega^{\mu\nu}\frac{\partial H}{\partial a^\nu} + P_\mu = b_{\mu\rho}(t,\boldsymbol{a})\frac{\partial V(t,\boldsymbol{a})}{\partial a^\rho} \quad (\mu,\nu,\rho = 1,2,\cdots,2n) \tag{8.11.15}$$

则它可成为广义斜梯度系统 (8.1.1). 如果存在对称负定矩阵 $(s_{\mu\rho}(t,\boldsymbol{a}))$ 和函数 $V = V(t,\boldsymbol{a})$ 使得

$$\omega^{\mu\nu}\frac{\partial H}{\partial a^\nu} + P_\mu = s_{\mu\rho}(t,\boldsymbol{a})\frac{\partial V(t,\boldsymbol{a})}{\partial a^\rho} \quad (\mu,\nu,\rho = 1,2,\cdots,2n) \tag{8.11.16}$$

则它可成为广义梯度系统 (8.1.3).

值得注意的是, 如果式 (8.11.13)~(8.11.16) 不满足, 还不能断定它不是广义梯度系统 (Ⅱ). 因为这与方程的一阶形式选取相关: 在一种形式下它不是广义梯度系统 (Ⅱ), 在另一种形式下它可能成为广义梯度系统 (Ⅱ). 因此, 除一阶形式 (8.11.8) 和 (8.11.11) 外, 还可考虑其他一阶形式.

8.11.3 解及其稳定性

将与非 Chetaev 型非完整系统相应的完整系统化成广义梯度系统 (8.1.1) 和 (8.1.3) 之后, 便可利用其性质来研究这类力学系统的解及其稳定性.

8.11.4　应用举例

例 1　非 Chetaev 型非完整系统为

$$
\begin{aligned}
&L=\frac{1}{2}(\dot{q}_1^2+\dot{q}_1^2)\\
&Q_1=\frac{\dot{q}_1}{2(1+t)}-2q_1(1+t)^2[1+\exp(-t)],\quad Q_2=\frac{1}{2}\dot{q}_2\\
&f=\dot{q}_1+2\dot{q}_2-q_2=0,\quad \delta q_1-\delta q_2=0
\end{aligned}
\tag{8.11.17}
$$

试将其化成广义梯度系统 (Ⅱ), 并研究解的稳定性.

解　方程 (8.11.3) 给出

$$
\begin{aligned}
&\ddot{q}_1=\frac{\dot{q}_1}{2(1+t)}-2q_1(1+t)^2[1+\exp(-t)]+\lambda\\
&\ddot{q}_2=\frac{1}{2}\dot{q}_2-\lambda
\end{aligned}
$$

解得

$$
\lambda=\frac{\dot{q}_1}{2(1+t)}-2q_1(1+t)^2[1+\exp(-t)]
$$

代入得相应完整系统的方程

$$
\begin{aligned}
&\ddot{q}_1=\frac{\dot{q}_1}{1+t}-4q_1(1+t)^2[1+\exp(-t)]\\
&\ddot{q}_2=\frac{1}{2}\dot{q}_2-\frac{\dot{q}_1}{2(1+t)}+2q_1(1+t)^2[1+\exp(-t)]
\end{aligned}
$$

现将第一个方程化成广义梯度系统 (Ⅱ). 令

$$
\begin{aligned}
&a^1=-\frac{\dot{q}_1}{2(1+t)}\\
&a^2=q_1
\end{aligned}
$$

则有

$$
\begin{aligned}
&\dot{a}^1=2a^2(1+t)[1+\exp(-t)]\\
&\dot{a}^2=-2a^1(1+t)
\end{aligned}
$$

它可写成形式

$$
\begin{pmatrix}\dot{a}^1\\ \dot{a}^2\end{pmatrix}=\begin{pmatrix}0 & 1+t\\ -(1+t) & 0\end{pmatrix}\begin{pmatrix}\dfrac{\partial V}{\partial a^1}\\ \dfrac{\partial V}{\partial a^2}\end{pmatrix}
$$

其中矩阵是反对称的, 而函数 V 为

$$
V=(a^1)^2+(a^2)^2[1+\exp(-t)]
$$

这是一个广义斜梯度系统 (8.1.1). V 正定、渐减, 且有

$$\frac{\partial V}{\partial t}=-(a^2)^2\exp(-t)<0$$

因此, 解 $a^1=a^2=0$ 是一致稳定的.

例 2 非 Chetaev 型非完整系统为

$$\begin{aligned}&L=\frac{1}{2}(\dot q_1^2+\dot q_2^2)\\&Q_1=-2q_1\frac{1}{(1+t)^2}\left(1+\frac{1}{1+t}\right)-\frac{\dot q_1}{2(1+t)},\quad Q_2=\dot q_2\\&f=\dot q_1+\dot q_2-q_2=0,\quad \delta q_1-2\delta q_2=0\end{aligned}\tag{8.11.18}$$

试将其化成广义梯度系统 (Ⅱ), 并研究解的稳定性.

解 方程 (8.11.3) 给出

$$\begin{aligned}&\ddot q_1=-2q_1\frac{1}{(1+t)^2}\left(1+\frac{1}{1+t}\right)-\frac{\dot q_1}{2(1+t)}+\lambda\\&\ddot q_2=\dot q_2-2\lambda\end{aligned}$$

解得

$$\lambda=-2q_1\frac{1}{(1+t)^2}(1+\frac{1}{1+t})-\frac{\dot q_1}{2(1+t)}$$

代入得相应完整系统的方程

$$\begin{aligned}&\ddot q_1=-4q_1\frac{1}{(1+t)^2}\left(1+\frac{1}{1+t}\right)-\frac{\dot q_1}{1+t}\\&\ddot q_2=\dot q_2+4q_1\frac{1}{(1+t)^2}\left(1+\frac{1}{1+t}\right)+\frac{\dot q_1}{1+t}\end{aligned}$$

现将第一个方程化成广义梯度系统 (Ⅱ). 令

$$\begin{aligned}&a^1=-\frac{1}{2}\dot q_1(1+t)\\&a^2=q_1\end{aligned}$$

则有

$$\begin{aligned}&\dot a^1=2a^2\frac{1}{1+t}\left(1+\frac{1}{1+t}\right)\\&\dot a^2=-2a^1\frac{1}{1+t}\end{aligned}$$

它可写成形式

$$\begin{pmatrix}\dot a^1\\ \dot a^2\end{pmatrix}=\begin{pmatrix}0&\dfrac{1}{1+t}\\-\dfrac{1}{1+t}&0\end{pmatrix}\begin{pmatrix}\dfrac{\partial V}{\partial a^1}\\ \dfrac{\partial V}{\partial a^2}\end{pmatrix}$$

其中矩阵为反对称的, 而函数 V 为

$$V=(a^1)^2+(a^2)^2\left(1+\frac{1}{1+t}\right)$$

这是一个广义斜梯度系统 (8.1.1). V 在 $a^1=a^2=0$ 的邻域内正定、渐减, 且有

$$\frac{\partial V}{\partial t}=-(a^2)^2\frac{1}{(1+t)^2}<0$$

因此, 解 $a^1=a^2=0$ 是一致稳定的.

例 3 非 Chetaev 型非完整系统为

$$\begin{aligned}&L=\frac{1}{2}(\dot{q}_1^2+\dot{q}_2^2)\\&Q_1=4\dot{q}_1[1+\exp(-t)]+3q_1[1+\exp(-t)]^2,\quad Q_2=q_2+\dot{q}_2t\\&f=2\dot{q}_1+\dot{q}_2-q_2t=0,\quad \delta q_1-\delta q_2=0\end{aligned}\tag{8.11.19}$$

试将其化成广义梯度系统 (Ⅱ), 并研究解的稳定性.

解 方程 (8.11.3) 给出

$$\begin{aligned}\ddot{q}_1&=4\dot{q}_1[1+\exp(-t)]+3q_1[1+\exp(-t)]^2+\lambda\\\ddot{q}_2&=q_2+\dot{q}_2t-\lambda\end{aligned}$$

解得约束乘子

$$\lambda=-8\dot{q}_1[1+\exp(-t)]-6q_1[1+\exp(-t)]^2$$

代入得相应完整系统的方程

$$\begin{aligned}\ddot{q}_1&=-4\dot{q}_1[1+\exp(-t)]-3q_1[1+\exp(-t)]^2\\\ddot{q}_2&=q_2+\dot{q}_2t+8\dot{q}_1[1+\exp(-t)]+6q_1[1+\exp(-t)]^2\end{aligned}$$

现将第一个方程化成广义梯度系统 (Ⅱ). 令

$$\begin{aligned}a^1&=q_1\\a^2&=2q_1+\frac{\dot{q}_1}{1+\exp(-t)}\end{aligned}$$

则有

$$\begin{aligned}\dot{a}^1&=-(2a^1-a^2)[1+\exp(-t)]\\\dot{a}^2&=-(2a^2-a^1)[1+\exp(-t)]\end{aligned}$$

它可写成如下形式

$$\begin{pmatrix}\dot{a}^1\\\dot{a}^2\end{pmatrix}=\begin{pmatrix}-[1+\exp(-t)]&0\\0&-[1+\exp(-t)]\end{pmatrix}\begin{pmatrix}\dfrac{\partial V}{\partial a^1}\\\dfrac{\partial V}{\partial a^2}\end{pmatrix}$$

其中矩阵为对称负定的, 而函数 V 为

$$V = (a^1)^2 + (a^2)^2 - a^1 a^2$$

这是一个广义梯度系统 (8.1.3). V 在 $a^1 = a^2 = 0$ 的邻域内正定. 按方程求 $\dot{V}$, 得

$$\dot{V} = -\{5(a^1)^2 + 5(a^2)^2 - 8a^1 a^2\}[1 + \exp(-t)]$$

它是负定的. 因此, 解 $a^1 = a^2 = 0$ 是渐近稳定的.

例 4 非 Chetaev 型非完整系统为

$$\begin{aligned}
&L = \frac{1}{2}(\dot{q}_1^2 + \dot{q}_2^2)\\
&Q_1 = -\dot{q}_1\left(1 + \frac{1}{1+t} + 1 + t\right) - \frac{1}{2}q_1\left[4(1+t)\left(1 + \frac{1}{1+t}\right) - (1+t) - \frac{2}{(1+t)^2}\right]\\
&Q_2 = -\dot{q}_2\\
&f = \dot{q}_1 + \dot{q}_2 + q_2 = 0, \quad \delta q_1 - 2\delta q_2 = 0
\end{aligned} \tag{8.11.20}$$

试将其化成广义梯度系统 (Ⅱ), 并研究解的稳定性.

解 方程 (8.11.3) 给出

$$\begin{aligned}
&\ddot{q}_1 = -\dot{q}_1\left(1 + \frac{1}{1+t} + 1 + t\right) - \frac{1}{2}q_1\left[4(1+t)\left(1 + \frac{1}{1+t}\right) - (1+t) - \frac{2}{(1+t)^2}\right] + \lambda\\
&\ddot{q}_2 = -\dot{q}_2 - 2\lambda
\end{aligned}$$

解得

$$\lambda = -\dot{q}_1\left(1 + \frac{1}{1+t} + 1 + t\right) - \frac{1}{2}q_1\left[4(1+t)\left(1 + \frac{1}{1+t}\right) - (1+t) - \frac{2}{(1+t)^2}\right]$$

代入得相应完整系统的方程

$$\begin{aligned}
&\ddot{q}_1 = -2\dot{q}_1\left(1 + \frac{1}{1+t} + 1 + t\right) - q_1\left[4(1+t)\left(1 + \frac{1}{1+t}\right) - (1+t) - \frac{2}{(1+t)^2}\right]\\
&\ddot{q}_2 = -\dot{q}_2 + 2\dot{q}_1\left(1 + \frac{1}{1+t} + 1 + t\right) + q_1\left[4(1+t)\left(1 + \frac{1}{1+t}\right) - (1+t) - \frac{2}{(1+t)^2}\right]
\end{aligned}$$

现将第一个方程化成广义梯度系统 (Ⅱ). 令

$$\begin{aligned}
&a^1 = q_1\\
&a^2 = \dot{q}_1 + 2q_1\left(1 + \frac{1}{1+t}\right)
\end{aligned}$$

则有

$$\begin{aligned}\dot{a}^1 &= -2a^1\left(1+\frac{1}{1+t}\right)+a^2\\ \dot{a}^2 &= -(2a^2-a^1)(1+t)\end{aligned}$$

它可写成形式

$$\begin{pmatrix}\dot{a}^1\\ \dot{a}^2\end{pmatrix}=\begin{pmatrix}-1 & 0\\ 0 & -(1+t)\end{pmatrix}\begin{pmatrix}\dfrac{\partial V}{\partial a^1}\\ \dfrac{\partial V}{\partial a^2}\end{pmatrix}$$

其中矩阵是对称负定的, 而函数 V 为

$$V=(a^1)^2\left(1+\frac{1}{1+t}\right)+(a^2)^2-a^1a^2$$

这是一个广义梯度系统 (8.1.3). V 在 $a^1=a^2=0$ 的邻域内正定、渐减. 按方程求 $\dot{V}$, 得

$$\dot{V}=-\left[2a^1\left(1+\frac{1}{1+t}\right)-a^2\right]^2-(1+t)(2a^2-a^1)^2-(a^1)^2\frac{1}{(1+t)^2}$$

它是负定的, 因此, 解 $a^1=a^2=0$ 是一致渐近稳定的.

8.12 Birkhoff 系统与广义梯度系统 (Ⅱ)

本节研究 Birkhoff 系统的广义梯度 (Ⅱ) 表示, 包括系统的运动微分方程、系统的广义梯度 (Ⅱ) 表示、解及其稳定性, 以及具体应用.

8.12.1 系统的运动微分方程

Birkhoff 系统的微分方程为 [6,7]

$$\dot{a}^\mu=\Omega^{\mu\nu}\left(\frac{\partial B}{\partial a^\nu}+\frac{\partial R_\nu}{\partial t}\right)\quad(\mu,\nu=1,2,\cdots,2n)\tag{8.12.1}$$

其中

$$\begin{aligned}&B=B(t,\boldsymbol{a}),\quad R_\nu=R_\nu(t,\boldsymbol{a})\\ &\Omega^{\mu\nu}\Omega_{\nu\rho}=\delta^\mu_\rho,\quad \Omega_{\nu\rho}=\frac{\partial R_\rho}{\partial a^\nu}-\frac{\partial R_\nu}{\partial a^\rho}\\ &\det(\Omega_{\nu\rho})\neq 0\end{aligned}\tag{8.12.2}$$

8.12.2 系统的广义梯度（Ⅱ）表示

系统 (8.12.1) 一般不能成为广义梯度系统（Ⅱ）. 对系统 (8.12.1), 如果存在反对称矩阵 $(b_{\mu\rho}(t,\boldsymbol{a}))$ 和函数 V 使得

$$\Omega^{\mu\nu}\left(\frac{\partial B}{\partial a^\nu}+\frac{\partial R_\nu}{\partial t}\right)=b_{\mu\rho}(t,\boldsymbol{a})\frac{\partial V(t,\boldsymbol{a})}{\partial a^\rho}\quad(\mu,\nu,\rho=1,2,\cdots,2n)\tag{8.12.3}$$

则它可成为广义斜梯度系统 (8.1.1). 如果存在对称负定矩阵 $(s_{\mu\rho}(t,\boldsymbol{a}))$ 和函数 $V=V(t,\boldsymbol{a})$ 使得

$$\Omega^{\mu\nu}\left(\frac{\partial B}{\partial a^\nu}+\frac{\partial R_\nu}{\partial t}\right)=s_{\mu\rho}(t,\boldsymbol{a})\frac{\partial V(t,\boldsymbol{a})}{\partial a^\rho}\quad(\mu,\nu,\rho=1,2,\cdots,2n)\tag{8.12.4}$$

则它可成为广义梯度系统 (8.1.3).

容易看出, 条件 (8.12.3) 较条件 (8.12.4) 易实现.

8.12.3 解及其稳定性

Birkhoff 系统化成广义梯度系统 (8.1.1) 或 (8.1.3) 之后, 便可利用广义梯度系统的性质来研究这类约束力学系统的解及其稳定性.

8.12.4 应用举例

例 1 Birkhoff 系统为

$$\begin{aligned}&R_1=a^2,\quad R_2=0,\quad R_3=a^4,\quad R_4=a^2\\&B=\left\{(a^1)^2+(a^2)^2\left(1+\frac{1}{1+t}\right)+(a^3)^2+(a^4)^2[1+\exp(-t)]\right\}(1+t)\end{aligned}\tag{8.12.5}$$

试将其化成广义梯度系统（Ⅱ）, 并研究解的稳定性.

解 由 R_ν 得

$$(\Omega_{\mu\nu})=\begin{pmatrix}0&-1&0&0\\1&0&0&1\\0&0&0&-1\\0&-1&1&0\end{pmatrix}$$

反转得

$$(\Omega^{\mu\nu})=\begin{pmatrix}0&1&1&0\\-1&0&0&0\\-1&0&0&1\\0&0&-1&0\end{pmatrix}$$

Birkhoff 系统的方程为

$$
\begin{aligned}
\dot{a}^1 &= \left[2a^2\left(1+\frac{1}{1+t}\right)+2a^3\right](1+t) \\
\dot{a}^2 &= -2a^1(1+t) \\
\dot{a}^3 &= \{-2a^1+2a^4[1+\exp(-t)]\}(1+t) \\
\dot{a}^4 &= -2a^3(1+t)
\end{aligned}
$$

它可写成如下形式

$$
\begin{pmatrix} \dot{a}^1 \\ \dot{a}^2 \\ \dot{a}^3 \\ \dot{a}^4 \end{pmatrix} = \begin{pmatrix} 0 & 1+t & 1+t & 0 \\ -(1+t) & 0 & 0 & 0 \\ -(1+t) & 0 & 0 & 1+t \\ 0 & 0 & -(1+t) & 0 \end{pmatrix} \begin{pmatrix} \dfrac{\partial V}{\partial a^1} \\ \dfrac{\partial V}{\partial a^2} \\ \dfrac{\partial V}{\partial a^3} \\ \dfrac{\partial V}{\partial a^4} \end{pmatrix}
$$

其中矩阵是反对称的, 而函数 V 为

$$
V = (a^1)^2 + (a^2)^2\left(1+\frac{1}{1+t}\right) + (a^3)^2 + (a^4)^2[1+\exp(-t)]
$$

这是一个广义斜梯度系统 (8.1.1). V 在 $a^1=a^2=a^3=a^4=0$ 的邻域内正定且渐减, 且有

$$
\dot{V} = \frac{\partial V}{\partial t} = -\frac{(a^2)^2}{(1+t)^2} - (a^4)^2\exp(-t) < 0
$$

因此, 解 $a^1=a^2=a^3=a^4=0$ 是一致稳定的.

例 2　Birkhoff 系统为

$$
\begin{aligned}
&R_1 = a^2, \quad R_2 = 0 \\
&B = [(a^1)^2+(a^2)^2]\left(1+\frac{1}{1+t}\right)[1+\exp(-t)]
\end{aligned} \tag{8.12.6}
$$

试将其化成广义梯度系统 (Ⅱ), 并研究解的稳定性.

解　Birkhoff 方程 (8.12.1) 给出

$$
\begin{aligned}
\dot{a}^1 &= 2a^2\left(1+\frac{1}{1+t}\right)[1+\exp(-t)] \\
\dot{a}^2 &= -2a^1\left(1+\frac{1}{1+t}\right)[1+\exp(-t)]
\end{aligned}
$$

它可写成形式

$$\begin{pmatrix} \dot{a}^1 \\ \dot{a}^2 \end{pmatrix} = \begin{pmatrix} 0 & 1+\dfrac{1}{1+t} \\ -\left(1+\dfrac{1}{1+t}\right) & 0 \end{pmatrix} \begin{pmatrix} \dfrac{\partial V}{\partial a^1} \\ \dfrac{\partial V}{\partial a^2} \end{pmatrix}$$

其中矩阵为反对称的, 而函数 V 为

$$V = [(a^1)^2 + (a^2)^2][1 + \exp(-t)]$$

这是一个广义斜梯度系统 (8.1.1). V 在 $a^1 = a^2 = 0$ 的邻域内正定、渐减, 且有

$$\frac{\partial V}{\partial t} = -[(a^1)^2 + (a^2)^2]\exp(-t) < 0$$

因此, 解 $a^1 = a^2 = 0$ 是一致稳定的.

8.13 广义 Birkhoff 系统与广义梯度系统 (Ⅱ)

本节研究广义 Birkhoff 系统的广义梯度 (Ⅱ) 表示, 包括系统的运动微分方程、系统的广义梯度 (Ⅱ) 表示、解及其稳定性, 以及具体应用.

8.13.1 系统的运动微分方程

广义 Birkhoff 系统的微分方程有形式 [8]

$$\dot{a}^\mu = \Omega^{\mu\nu}\left(\frac{\partial B}{\partial a^\nu} + \frac{\partial R_\nu}{\partial t} - \Lambda_\nu\right) \quad (\mu, \nu = 1, 2, \cdots, 2n) \tag{8.13.1}$$

其中 $B = B(t, \boldsymbol{a})$ 为 Birkhoff 函数, $R_\nu = R_\nu(t, \boldsymbol{a})$ 为 Birkhoff 函数组, $\Lambda_\nu = \Lambda_\nu(t, \boldsymbol{a})$ 为附加项, 且有

$$\begin{aligned} &\Omega^{\mu\nu}\Omega_{\nu\rho} = \delta^\mu_\rho \\ &\Omega_{\nu\rho} = \frac{\partial R_\rho}{\partial a^\nu} - \frac{\partial R_\nu}{\partial a^\rho} \\ &\det(\Omega_{\nu\rho}) \neq 0 \end{aligned} \tag{8.13.2}$$

8.13.2 系统的广义梯度 (Ⅱ) 表示

系统 (8.13.1) 一般不是广义梯度系统 (Ⅱ). 对系统 (8.13.1), 如果存在反对称矩阵 $(b_{\mu\rho}(t, \boldsymbol{a}))$ 和函数 $V = V(t, \boldsymbol{a})$ 使得

$$\Omega^{\mu\nu}\left(\frac{\partial B}{\partial a^\nu} + \frac{\partial R_\nu}{\partial t} - \Lambda_\nu\right) = b_{\mu\rho}(t, \boldsymbol{a})\frac{\partial V(t, \boldsymbol{a})}{\partial a^\rho} \quad (\mu, \nu, \rho = 1, 2, \cdots, 2n) \tag{8.13.3}$$

则它可成为广义斜梯度系统 (8.1.1). 如果存在对称负定矩阵 $(s_{\mu\rho}(t,\boldsymbol{a}))$ 和函数 $V = V(t,\boldsymbol{a})$ 使得

$$\Omega^{\mu\nu}\left(\frac{\partial B}{\partial a^\nu}+\frac{\partial R_\nu}{\partial t}-\Lambda_\nu\right)=s_{\mu\rho}(t,\boldsymbol{a})\frac{\partial V(t,\boldsymbol{a})}{\partial a^\rho}\quad(\mu,\nu,\rho=1,2,\cdots,2n) \tag{8.13.4}$$

则它可成为广义梯度系统 (8.1.3).

8.13.3　解及其稳定性

广义 Birkhoff 系统化成广义梯度系统 (8.1.1) 或 (8.1.3), 并使 V 成为 Lyapunov 函数之后, 便可利用式 (8.1.2) 或式 (8.1.4) 来研究这类力学系统的解及其稳定性.

8.13.4　应用举例

例 1　广义 Birkhoff 系统为

$$\begin{aligned}&R_1=a^2(1+t),\quad R_2=0\\&B=-(a^1)^2[1+\exp(-t)]-2a^1a^2(1+t)[1+\exp(-t)]+(a^2)^2\\&\Lambda_1=a^2-2a^2(1+t)[1+\exp(-t)]-2a^2(1+t)^2,\quad \Lambda_2=0\end{aligned} \tag{8.13.5}$$

试将其化成广义梯度系统 (II), 并研究解的稳定性.

解　广义 Birkhoff 方程 (8.13.1) 给出

$$\begin{aligned}\dot a^1&=-2a^1[1+\exp(-t)]+\frac{2a^2}{1+t}\\\dot a^2&=\frac{2a^1}{1+t}[1+\exp(-t)]-2a^2(1+t)\end{aligned}$$

它可写成如下形式

$$\begin{pmatrix}\dot a^1\\\dot a^2\end{pmatrix}=\begin{pmatrix}-1&\dfrac{1}{1+t}\\\dfrac{1}{1+t}&-(1+t)\end{pmatrix}\begin{pmatrix}\dfrac{\partial V}{\partial a^1}\\\dfrac{\partial V}{\partial a^2}\end{pmatrix}$$

其中矩阵为对称负定的, 而函数 V 为

$$V=(a^1)^2[1+\exp(-t)]+(a^2)^2$$

这是一个广义梯度系统 (8.1.3). V 在 $a^1=a^2=0$ 的邻域内正定且渐减. 按方程求 $\dot V$, 得

$$\dot V=-(a^1)^2\{4[1+\exp(-t)]^2+\exp(-t)\}-4(a^2)^2(1+t)$$

它是负定的, 因此, 解 $a^1=a^2=0$ 是一致渐近稳定的.

例 2 广义 Birkhoff 系统为

$$
\begin{aligned}
&R_1 = a^2, \quad R_2 = 0 \\
&B = -2a^1a^2\left(1+\frac{1}{1+t}\right)(1+t) \\
&\Lambda_1 = -2a^2(1+t)\left(1+\frac{1}{1+t}+2\right) - 2(a^2)^2(1+t), \quad \Lambda_2 = 0
\end{aligned}
\tag{8.13.6}
$$

试将其化成广义梯度系统 (Ⅱ), 并研究解的稳定性.

解 方程 (8.13.1) 给出

$$
\begin{aligned}
\dot{a}^1 &= -2a^1\left(1+\frac{1}{1+t}\right)(1+t) \\
\dot{a}^2 &= -2[2a^2+(a^2)^2](1+t)
\end{aligned}
$$

它可写成形式

$$
\begin{pmatrix} \dot{a}^1 \\ \dot{a}^2 \end{pmatrix} = \begin{pmatrix} -(1+t) & 0 \\ 0 & -2(1+t) \end{pmatrix} \begin{pmatrix} \dfrac{\partial V}{\partial a^1} \\ \dfrac{\partial V}{\partial a^2} \end{pmatrix}
$$

其中矩阵为对称负定的, 而函数 V 为

$$
V = (a^1)^2\left(1+\frac{1}{1+t}\right) + (a^2)^2 + \frac{1}{3}(a^2)^3
$$

这是一个广义梯度系统 (8.1.3). V 在 $a^1 = a^2 = 0$ 的邻域内正定且渐减. 按方程求 $\dot{V}$, 得

$$
\dot{V} = -4(a^1)^2\left(1+\frac{1}{1+t}\right)^2(1+t) - 2[2a^2+(a^2)^2](1+t)
$$

它是负定的. 因此, 解 $a^1 = a^2 = 0$ 是一致渐近稳定的.

例 3 广义 Birkhoff 系统为

$$
\begin{aligned}
&R_1 = a^2, \quad R_2 = 0 \\
&B = -2a^1a^2[1+\exp(-t)] + (a^2)^2 + \frac{1}{3}(a^2)^3 - (a^1)^2[1+\exp(-t)] \\
&\Lambda_1 = -2a^2(1+t)[1+\exp(-t)] - (a^2)^2(1+t), \quad \Lambda_2 = 0
\end{aligned}
\tag{8.13.7}
$$

试将其化成广义梯度系统 (Ⅱ), 并研究解的稳定性.

解 方程 (8.13.1) 给出

$$
\begin{aligned}
\dot{a}^1 &= -2a^1(1+t)[1+\exp(-t)] + 2a^2 + (a^2)^2 \\
\dot{a}^2 &= 2a^1[1+\exp(-t)] - [2a^2+(a^2)^2](1+t)
\end{aligned}
$$

它可写成形式

$$\begin{pmatrix} \dot{a}^1 \\ \dot{a}^2 \end{pmatrix} = \begin{pmatrix} -(1+t) & 1 \\ 1 & -(1+t) \end{pmatrix} \begin{pmatrix} \dfrac{\partial V}{\partial a^1} \\ \dfrac{\partial V}{\partial a^2} \end{pmatrix}$$

其中矩阵为对称负定的, 而函数 V 为

$$V = (a^1)^2[1+\exp(-t)] + (a^2)^2 + \frac{1}{3}(a^2)^3$$

这是一个广义梯度系统 (8.1.3), V 在 $a^1 = a^2 = 0$ 的邻域内正定且渐减. 按方程求 $\dot{V}$, 得

$$\begin{aligned}\dot{V} = & -(a^1)^2\{4(1+t)[1+\exp(-t)]^2 + \exp(-t)\} - [2a^2 + (a^2)^2](1+t) \\ & +8a^1a^2[1+\exp(-t)] + 4a^1(a^2)^2[1+\exp(-t)]\end{aligned}$$

它是负定的. 因此, 解 $a^1 = a^2 = 0$ 是一致渐近稳定的.

例 4 广义 Birkhoff 系统为

$$\begin{aligned} & R_1 = a^2, \quad R_2 = 0 \\ & B = -2a^1a^2(2+\sin t) \\ & \Lambda_1 = -2a^2(3+t+\sin t) - (a^2)^2(1+t), \quad \Lambda_2 = 0 \end{aligned} \tag{8.13.8}$$

试将其化成广义梯度系统 (Ⅱ), 并研究解的稳定性.

解 方程 (8.13.1) 给出

$$\begin{aligned} & \dot{a}^1 = -2a^1(2+\sin t) \\ & \dot{a}^2 = -[2a^2 + (a^2)^2](1+t) \end{aligned}$$

它可写成形式

$$\begin{pmatrix} \dot{a}^1 \\ \dot{a}^2 \end{pmatrix} = \begin{pmatrix} -1 & 0 \\ 0 & -(1+t) \end{pmatrix} \begin{pmatrix} \dfrac{\partial V}{\partial a^1} \\ \dfrac{\partial V}{\partial a^2} \end{pmatrix}$$

其中矩阵为对称负定的, 而函数 V 为

$$V = (a^1)^2(2+\sin t) + (a^2)^2 + \frac{1}{3}(a^2)^3$$

这是一个广义梯度系统 (8.1.3), V 在 $a^1 = a^2 = 0$ 的邻域内正定、渐减. 按方程求 $\dot{V}$, 得

$$\begin{aligned}\dot{V} = & -(a^1)^2[4(2+\sin t)^2 - \cos t] - 4(a^2)^2(1+t) \\ & -[4(a^2)^3 + (a^2)^4](1+t)\end{aligned}$$

它是负定的. 因此, 解 $a^1=a^2=0$ 是一致渐近稳定的.

例 5　广义 Birkhoff 系统为

$$\begin{aligned}&R_1=a^2(1+t),\quad R_2=0\\&B=(a^2)^2(1+t)^2\\&\Lambda_1=a^2-2a^1\left(1+\frac{1}{1+t}\right)(1+t)^2,\quad \Lambda_2=0\end{aligned}\tag{8.13.9}$$

试将其化成广义梯度系统 (Ⅱ), 并研究解的稳定性.

解　由 R_1,R_2, 得

$$(\Omega_{\mu\nu})=\begin{pmatrix}0 & -(1+t)\\ 1+t & 0\end{pmatrix}$$

反转得

$$(\Omega^{\mu\nu})=\begin{pmatrix}0 & \dfrac{1}{1+t}\\ -\dfrac{1}{1+t} & 0\end{pmatrix}$$

广义 Birkhoff 方程 (8.13.1) 给出

$$\dot{a}^1=\Omega^{12}\left(\frac{\partial B}{\partial a^2}+\frac{\partial R_2}{\partial t}-\Lambda_2\right)=2a^2(1+t)$$

$$\dot{a}^2=\Omega^{21}\left(\frac{\partial B}{\partial a^1}+\frac{\partial R_1}{\partial t}-\Lambda_1\right)=-2a^1\left(1+\frac{1}{1+t}\right)(1+t)$$

它可写成形式

$$\begin{pmatrix}\dot{a}^1\\ \dot{a}^2\end{pmatrix}=\begin{pmatrix}0 & 1+t\\ -(1+t) & 0\end{pmatrix}\begin{pmatrix}\dfrac{\partial V}{\partial a^1}\\ \dfrac{\partial V}{\partial a^2}\end{pmatrix}$$

其中矩阵是反对称的, 而函数 V 为

$$V=(a^1)^2\left(1+\frac{1}{1+t}\right)+(a^2)^2$$

这是一个广义斜梯度系统 (8.1.1). V 在 $a^1=a^2=0$ 的邻域内正定、渐减, 且有

$$\frac{\partial V}{\partial t}=-(a^1)^2\frac{1}{(1+t)^2}<0$$

因此, 解 $a^1=a^2=0$ 是一致稳定的.

8.14 广义 Hamilton 系统与广义梯度系统 (Ⅱ)

本节研究广义 Hamilton 系统的广义梯度 (Ⅱ) 表示, 包括系统的运动微分方程、系统的广义梯度 (Ⅱ) 表示、解及其稳定性, 以及具体应用.

8.14.1 系统的运动微分方程

广义 Hamilton 系统的微分方程有形式 [9]

$$\dot{a}^i = J_{ij}\frac{\partial H}{\partial a^j} \quad (i,j=1,2,\cdots,m) \tag{8.14.1}$$

其中 $J_{ij}(\boldsymbol{a}) = -J_{ji}(\boldsymbol{a})$, $H = H(t,\boldsymbol{a})$. 对方程 (8.14.1) 的右端添加附加项 $\Lambda_i = \Lambda_i(t,\boldsymbol{a})$, 有

$$\dot{a}^i = J_{ij}\frac{\partial H}{\partial a^j} + \Lambda_i \quad (i,j=1,2,\cdots,m) \tag{8.14.2}$$

称其为带附加项的广义 Hamilton 系统.

8.14.2 系统的广义梯度 (Ⅱ) 表示

系统 (8.14.1) 或系统 (8.14.2) 一般都不是广义梯度系统 (8.1.1) 或 (8.1.3). 对系统 (8.14.1), 如果存在反对称矩阵 $(b_{ik}(t,\boldsymbol{a}))$ 和函数 $V=V(t,\boldsymbol{a})$ 使得

$$J_{ij}\frac{\partial H}{\partial a^j} = b_{ik}(t,\boldsymbol{a})\frac{\partial V(t,\boldsymbol{a})}{\partial a^k} \quad (i,j,k=1,2,\cdots,m) \tag{8.14.3}$$

则它可成为广义斜梯度系统 (8.1.1). 如果存在对称负定矩阵 $(s_{ik}(t,\boldsymbol{a}))$ 和函数 $V = V(t,\boldsymbol{a})$ 使得

$$J_{ij}\frac{\partial H}{\partial a^j} = s_{ik}(t,\boldsymbol{a})\frac{\partial V(t,\boldsymbol{a})}{\partial a^k} \quad (i,j,k=1,2,\cdots,m) \tag{8.14.4}$$

则它可成为广义梯度系统 (8.1.3).

对系统 (8.14.2), 如果存在反对称矩阵 $(b_{ik}(t,\boldsymbol{a}))$ 和函数 $V=V(t,\boldsymbol{a})$ 使得

$$J_{ij}\frac{\partial H}{\partial a^j} + \Lambda_i = b_{ik}(t,\boldsymbol{a})\frac{\partial V(t,\boldsymbol{a})}{\partial a^k} \quad (i,j,k=1,2,\cdots,m) \tag{8.14.5}$$

则它可成为广义斜梯度系统 (8.1.1). 如果存在对称负定矩阵 $(s_{ik}(t,\boldsymbol{a}))$ 和函数 $V = V(t,\boldsymbol{a})$ 使得

$$J_{ij}\frac{\partial H}{\partial a^j} + \Lambda_i = s_{ik}(t,\boldsymbol{a})\frac{\partial V(t,\boldsymbol{a})}{\partial a^k} \quad (i,j,k=1,2,\cdots,m) \tag{8.14.6}$$

则它可成为广义梯度系统 (8.1.3).

8.14.3 解及其稳定性

广义 Hamilton 系统 (8.14.1) 和带附加项的广义 Hamilton 系统 (8.14.2), 在化成广义梯度系统 (8.1.1) 或 (8.1.3) 之后, 便可利用广义梯度系统的性质来研究这类约束力学系统的解及其稳定性.

8.14.4 应用举例

例 1 已知广义 Hamilton 系统为

$$(J_{ij}) = \begin{pmatrix} 0 & 1 & 1 \\ -1 & 0 & 1 \\ -1 & -1 & 0 \end{pmatrix}$$
$$H = \frac{1}{2}(1+t)\{(a^1)^2[1+\exp(-t)] + (a^2)^2 + (a^3)^2\} \tag{8.14.7}$$

试将其化成广义梯度系统 (II), 并研究解的稳定性.

解 方程 (8.14.1) 给出

$$\dot{a}^1 = (a^2 + a^3)(1+t)$$
$$\dot{a}^2 = \{-a^1[1+\exp(-t)] + a^3\}(1+t)$$
$$\dot{a}^3 = \{-a^1[1+\exp(-t)] - a^2\}(1+t)$$

它可写成形式

$$\begin{pmatrix} \dot{a}^1 \\ \dot{a}^2 \\ \dot{a}^3 \end{pmatrix} = \begin{pmatrix} 0 & 1+t & 1+t \\ -(1+t) & 0 & 1+t \\ -(1+t) & -(1+t) & 0 \end{pmatrix} \begin{pmatrix} \dfrac{\partial V}{\partial a^1} \\ \dfrac{\partial V}{\partial a^2} \\ \dfrac{\partial V}{\partial a^3} \end{pmatrix}$$

其中矩阵是反对称的, 而函数 V 为

$$V = \frac{1}{2}(a^1)^2[1+\exp(-t)] + \frac{1}{2}(a^2)^2 + \frac{1}{2}(a^3)^2$$

这是一个广义斜梯度系统 (8.1.1). V 在 $a^1 = a^2 = a^3 = 0$ 的邻域内正定、渐减, 且有

$$\frac{\partial V}{\partial t} = -\frac{1}{2}(a^1)^2 \exp(-t) < 0$$

因此, 解 $a^1 = a^2 = a^3 = 0$ 是一致稳定的.

例 2 带附加项的广义 Hamilton 系统为

$$(J_{ij}) = \begin{pmatrix} 0 & 1 & 1 \\ -1 & 0 & 1 \\ -1 & -1 & 0 \end{pmatrix}$$

$$H = -\frac{1}{2}(a^1)^2\left(1+\frac{1}{1+t}\right) - a^1 a^2\left(1+\frac{1}{1+t}\right) + \frac{1}{2}(a^2)^2 \tag{8.14.8}$$

$$\Lambda_1 = 0, \quad \Lambda_2 = -a^2\left(3+\frac{1}{1+t}\right)$$

$$\Lambda_3 = -2a^1\left(1+\frac{1}{1+t}\right) - \frac{a^2}{1+t} - a^3(1+t)$$

试将其化成广义梯度系统 (Ⅱ), 并研究解的稳定性.

解 方程 (8.14.2) 给出

$$\dot{a}^1 = -a^1\left(1+\frac{1}{1+t}\right) + a^2$$

$$\dot{a}^2 = a^1\left(1+\frac{1}{1+t}\right) - 2a^2$$

$$\dot{a}^3 = -a^3(1+t)$$

它可写成形式

$$\begin{pmatrix} \dot{a}^1 \\ \dot{a}^2 \\ \dot{a}^3 \end{pmatrix} = \begin{pmatrix} -1 & 1 & 0 \\ 1 & -2 & 0 \\ 0 & 0 & -(1+t) \end{pmatrix} \begin{pmatrix} \dfrac{\partial V}{\partial a^1} \\ \dfrac{\partial V}{\partial a^2} \\ \dfrac{\partial V}{\partial a^3} \end{pmatrix}$$

其中矩阵为对称负定的, 而函数 V 为

$$V = \frac{1}{2}(a^1)^2\left(1+\frac{1}{1+t}\right) + \frac{1}{2}(a^2)^2 + \frac{1}{2}(a^3)^2$$

这是一个广义梯度系统 (8.1.3). V 在 $a^1 = a^2 = a^3 = 0$ 的邻域内正定且渐减. 按方程求 $\dot{V}$, 得

$$\dot{V} = -(a^1)^2\left[\left(1+\frac{1}{1+t}\right)^2 + \frac{1}{2(1+t)^2}\right] - 2(a^2)^2 - (a^3)^2(1+t) + 2a^1 a^2\left(1+\frac{1}{1+t}\right)$$

它是负定的. 因此, 解 $a^1 = a^2 = a^3 = 0$ 是一致渐近稳定的.

本章研究了矩阵和函数都包含时间 t 的两类广义梯度系统 (8.1.1) 和 (8.1.3). 给出各类约束力学系统可以成为这两类广义梯度系统的条件. 广义梯度系统 (8.1.1) 适合研究解的稳定性, 而广义梯度系统 (8.1.3) 适合研究解的渐近稳定性.Lagrange 系统,Hamilton 系统, Birkhoff 系统, 广义 Hamilton 系统等较易化成广义梯度系统 (8.1.1), 而其他约束力学系统较易化成广义梯度系统 (8.1.3). 本章方法也可用来研究其他类型的广义梯度系统及其对约束力学系统的应用. 本章提供了一种间接方法来研究非定常力学系统的稳定性.

习　题

8-1　试证: Hamilton 系统

$$(\omega^{\mu\nu}) = \begin{pmatrix} 0 & 1 \\ -1 & 0 \end{pmatrix}$$
$$H(t,\boldsymbol{a}) = h(t)V(t,a^1,a^2)$$

可以化成广义梯度系统 (8.1.1).

8-2　试证: Hamilton 系统

$$(\omega^{\mu\nu}) = \begin{pmatrix} 0 & 0 & 1 & 0 \\ 0 & 0 & 0 & 1 \\ -1 & 0 & 0 & 0 \\ 0 & -1 & 0 & 0 \end{pmatrix}$$
$$H = \frac{1}{2}(1+t)\{(a^1)^2[1+\exp(-t)] + (a^2)^2 + (a^3)^2 + (a^4)^2\}$$

的零解 $a^1 = a^2 = a^3 = a^4 = 0$ 是稳定的.

8-3　试证: 一般完整系统

$$L = \frac{1}{2}\dot{q}^2 - 2q^2(1+t)^2\left(1+\frac{1}{1+t}\right)$$
$$Q = \frac{\dot{q}}{1+t}$$

的零解是稳定的.

8-4　试证: Birkhoff 系统

$$R_1 = a^2, \quad R_2 = 0$$
$$B = (1+t^2)\{(a^1)^2 + (a^2)^2[1+\exp(-t)]\}$$

的解 $a^1 = a^2 = 0$ 是稳定的.

8-5　试证: 广义 Birkhoff 系统

$$R_1 = a^2, \quad R_2 = 0$$
$$B = -a^1a^2(1+t^2)$$
$$\Lambda_1 = -2a^2(1+t^2), \quad \Lambda_2 = 0$$

的解 $a^1 = a^2 = 0$ 是渐近稳定的.

8-6　试证: 广义 Hamilton 系统

$$
(J_{ij}) = \begin{pmatrix} 0 & 1 & 1 \\ -1 & 0 & 1 \\ -1 & -1 & 0 \end{pmatrix}
$$

$$
H = \frac{1}{2}(1+t^2)\{(a^1)^2\left(1+\frac{1}{1+t}\right)+(a^2)^2+(a^3)^2\}
$$

的解 $a^1 = a^2 = a^3 = 0$ 是稳定的.

参 考 文 献

[1] Лурье АИ. Аналитическая Механика. Москва: ГИФМЛ, 1961

[2] 梅凤翔. 分析力学 Ⅰ. 北京: 北京理工大学出版社, 2013

[3] 杨来伍, 梅凤翔. 变质量系统力学. 北京: 北京理工大学出版社, 1989

[4] Новосёлов ВС. Вариационные Методы в Механике. Ленинград: ЛГУ, 1966

[5] 梅凤翔. 非完整动力学研究. 北京: 北京工业学院出版社, 1987

[6] Santilli R M. Theoretical Mechanics Ⅱ. New York: Springer–Verlag, 1983

[7] 梅凤翔, 史荣昌, 张永发, 吴惠彬. Birkhoff 系统动力学. 北京: 北京理工大学出版社, 1996

[8] 李继彬, 赵晓华, 刘正荣. 广义哈密顿系统理论及其应用. 北京: 科学出版社, 1994

[9] 梅凤翔. 广义 Birkhoff 系统动力学. 北京: 科学出版社, 2013

第 9 章　逆问题的提法和解法

前述第 2~ 第 8 章研究了各类约束力学系统的梯度表示, 即将一个给定的约束力学系统在一定条件下化成梯度系统, 再利用梯度系统的性质来研究力学系统的积分, 特别是解及其稳定性. 这类问题称为正问题. 有关正问题研究已有一些结果, 如文献 [1~13]. 本章讨论上述问题的逆问题, 即将一个给定的梯度系统化成各类约束力学系统.

9.1~9.4 节将通常梯度系统、斜梯度系统、具有对称负定矩阵的梯度系统, 以及具有半负定矩阵的梯度系统等 4 类基本梯度系统化成各类约束力学系统. 9.5 节将 6 类组合梯度系统化成各类约束力学系统. 9.1~9.5 节中的函数 V 都不含时间. 9.6 节将十类广义梯度系统（Ⅰ）化成各类约束力学系统, 其中函数 V 包含时间. 9.7 节将九类广义梯度系统 (Ⅱ) 化成各类约束力学系统, 其中函数 V 包含时间.

9.1　通常梯度系统与约束力学系统

本节将通常梯度系统化成各类约束力学系统, 包括问题的提法、解法以及具体应用.

9.1.1　问题的提法

对通常梯度系统

$$\dot{x}_i = -\frac{\partial V(\boldsymbol{X})}{\partial x_i} \quad (i = 1, 2, \cdots, m) \tag{9.1.1}$$

按给定的函数 $V = V(\boldsymbol{X})$, 来构造相应的约束力学系统.

9.1.2　问题的解法

将函数 V 分成两类：一类为 Lyapunov 函数; 另一类为非 Lyapunov 函数. 将力学系统分成两类：一类为广义坐标下一般完整系统, 带附加项的 Hamilton 系统, 广义 Birkhoff 系统等; 另一类为 Lagrange 系统, Hamilton 系统, Birkhoff 系统等. 当 V 为 Lyapunov 函数时, 前一类系统的解是渐近稳定的; 当 V 取为非 Lyapunov 函数时, 两类系统的解都是不稳定的.

9.1.3　应用举例

例 1　已知梯度系统的势函数为

$$V = x_1^2 + x_2^2 - x_1x_2 + x_1^3 \tag{9.1.2}$$

试求相应的约束力学系统.

解 方程 (9.1.1) 给出

$$\dot{x}_1 = -2x_1 + x_2 - 3x_1^2$$
$$\dot{x}_2 = x_1 - 2x_2$$

首先, 令

$$x_1 = q$$

将第一个方程对 t 求导数, 并利用第二个方程, 得到一个二阶方程

$$\ddot{q} = -3q - 6q^2 - 4\dot{q} - 6q\dot{q}$$

它可化成一个广义坐标下的一般完整系统, 其 Lagrange 函数和非势力分别为

$$L = \frac{1}{2}\dot{q}^2 - \frac{3}{2}q^2 - 2q^3$$
$$Q = -4\dot{q} - 6q\dot{q}$$

其次, 令

$$x_1 = q$$
$$x_2 = p$$

则方程可化成带附加项的 Hamilton 系统, 其 Hamilton 函数和附加项分别为

$$H = \frac{1}{2}(p^2 - q^2) - 2qp - 3q^2p$$
$$Q = -4p - 6qp$$

最后, 令

$$x_1 = a^1$$
$$x_2 = a^2$$

则方程可表示为一个广义 Birkhoff 系统, 有

$$R_1 = a^2, \quad R_2 = 0$$
$$B = \frac{1}{2}(a^2)^2$$

$$\Lambda_1 = a^1 - 2a^2, \quad \Lambda_2 = 2a^1 + 3(a^1)^2$$

以上三个力学系统的零解都是渐近稳定的.

例 2 已知

$$V = x_1^2 + x_2^2 \tag{9.1.3}$$

试求得相应的约束力学系统.

解 方程 (9.1.1) 给出

$$\dot{x}_1 = -2x_1$$
$$\dot{x}_2 = -2x_2$$

首先, 令

$$x_1 = q$$
$$x_2 = p$$

则方程可化成一个带附加项的 Hamilton 系统, 其 Hamilton 函数和附加项分别为

$$H = -2pq$$
$$Q = -4p$$

其次, 令

$$x_1 = a^1$$
$$x_2 = a^2$$

则方程可化成一个广义 Birkhoff 系统, 有

$$R_1 = a^2, \quad R_2 = 0$$
$$B = -2a^1a^2$$
$$\Lambda_1 = -4a^2, \quad \Lambda_2 = 0$$

以上两个力学系统的零解都是渐近稳定的.

本例因 $\dot{x}_1, \dot{x}_2$ 彼此独立, 尚不能化成广义坐标下的一般完整系统.

例 3 已知

$$V = x_1x_2 \tag{9.1.4}$$

试求得相应的约束力学系统.

解　方程 (9.1.1) 给出

$$\dot{x}_1 = -x_2$$
$$\dot{x}_2 = -x_1$$

首先, 令

$$x_1 = q$$

将第一个方程对 t 求导数, 并利用第二个方程, 得到

$$\ddot{q} = q$$

它可化成一个 Lagrange 系统, 其 Lagrange 函数为

$$L = \frac{1}{2}\dot{q}^2 + \frac{1}{2}q^2$$

其次, 令

$$x_1 = q$$
$$x_2 = p$$

它可化成一个 Hamilton 系统, 其 Hamilton 函数为

$$H = \frac{1}{2}q^2 - \frac{1}{2}p^2$$

最后, 令

$$x_1 = a^1$$
$$x_2 = a^2$$

它可化成一个 Birkhoff 系统, 有

$$R_1 = a^2, \quad R_2 = 0$$
$$B = \frac{1}{2}(a^1)^2 - \frac{1}{2}(a^2)^2$$

以上三个力学系统的零解都是不稳定的.

例 4　已知

$$V = x_1 x_2 + x_1^2 \tag{9.1.5}$$

试求得相应的约束力学系统.

解 方程 (9.1.1) 给出

$$\dot{x}_1 = -x_2 - 2x_1$$
$$\dot{x}_2 = -x_1$$

首先, 令

$$x_1 = q$$

可得到一个二阶方程

$$\ddot{q} = q - 2\dot{q}$$

它可化成一个广义坐标下的一般完整系统, 其 Lagrange 函数和广义力分别为

$$L = \frac{1}{2}\dot{q}^2 + \frac{1}{2}q^2$$
$$Q = -2\dot{q}$$

其次, 令

$$x_1 = q$$
$$x_2 = p$$

则方程可化成一个带附加项的 Hamilton 系统, 有

$$H = \frac{1}{2}q^2 - \frac{1}{2}p^2 - 2pq$$
$$Q = -2p$$

最后, 令

$$x_1 = a^1$$
$$x_2 = a^2$$

则方程可化成一个广义 Birkhoff 系统, 有

$$R_1 = a^2, \quad R_2 = 0$$
$$B = \frac{1}{2}(a^1)^2 - \frac{1}{2}(a^2)^2$$
$$\Lambda_1 = 0, \quad \Lambda_2 = 2a^1$$

以上三个力学系统的零解都是不稳定的.

由通常梯度系统可以找到零解为渐近稳定的广义坐标下一般完整系统, 带附加项的 Hamilton 系统, 广义 Birkhoff 系统等约束力学系统.

9.2 斜梯度系统与约束力学系统

本节将斜梯度系统化成各类约束力学系统, 包括问题的提法、解法和具体应用.

9.2.1 问题的提法

对斜梯度系统

$$\dot{x}_i = b_{ij}(\boldsymbol{X})\frac{\partial V(\boldsymbol{X})}{\partial x_j} \quad (i,j=1,2,\cdots,m) \tag{9.2.1}$$

其中 $b_{ij}(\boldsymbol{X}) = -b_{ji}(\boldsymbol{X})$, 按给定的 b_{ij} 和 V 来构造相应的约束力学系统.

9.2.2 问题的解法

将函数 V 分成两类: 一类为 Lyapunov 函数; 另一类为非 Lyapunov 函数. 将约束力学系统分成两类: 一类为广义坐标下的一般完整系统, 带附加项的 Hamilton 系统, 广义 Birkhoff 系统等; 另一类为 Lagrange 系统, Hamilton 系统, Birkhoff 系统等. 因为有

$$\dot{V} = \frac{\partial V}{\partial x_i} b_{ij} \frac{\partial V}{\partial x_j} = 0 \tag{9.2.2}$$

因此, V 是积分, 而当 V 为 Lyapunov 函数时, 系统的解是稳定的, 但非渐近稳定.

9.2.3 应用举例

例 1　已知

$$(b_{ij}) = \begin{pmatrix} 0 & 1 \\ -1 & 0 \end{pmatrix}, \quad V = x_1^2 + x_2^2 - x_1x_2 + x_1^3 \tag{9.2.3}$$

试将其化成相应的约束力学系统.

解　方程 (9.2.1) 给出

$$\begin{aligned} \dot{x}_1 &= 2x_2 - x_1 \\ \dot{x}_2 &= -2x_1 + x_2 - 3x_1^2 \end{aligned}$$

首先, 令

$$x_1 = q$$

则方程归为一个二阶方程

$$\ddot{q} = -3q - 6q^2$$

它可化成一个 Lagrange 系统, 有

$$L = \frac{1}{2}\dot{q}^2 - \frac{3}{2}q^2 - 2q^3$$

其次, 令

$$
\begin{aligned}
x_1 &= q \\
x_2 &= p
\end{aligned}
$$

则有

$$
\begin{aligned}
\dot{q} &= 2p - q \\
\dot{p} &= -2q + p - 3q^2
\end{aligned}
$$

这是一个 Hamilton 系统, 有

$$
H = p^2 - pq + q^2 + q^3
$$

最后, 令

$$
\begin{aligned}
x_1 &= a^1 \\
x_2 &= a^2
\end{aligned}
$$

则有

$$
\begin{aligned}
\dot{a}^1 &= 2a^2 - a^1 \\
\dot{a}^2 &= -2a^1 + a^2 - 3(a^1)^2
\end{aligned}
$$

它表示为一个 Birkhoff 系统, 有

$$
\begin{aligned}
&R_1 = a^2, \quad R_2 = 0 \\
&B = (a^2)^2 - a^1 a^2 + (a^1)^2 + (a^1)^3
\end{aligned}
$$

以上三个力学系统的零解都是稳定的.

例 2 已知

$$
(b_{ij}) = \begin{pmatrix} 0 & 1 \\ -1 & 0 \end{pmatrix}, \quad V = x_1 x_2 + x_1^2 \tag{9.2.4}
$$

试将其化成相应的约束力学系统.

解 方程 (9.2.1) 给出

$$
\begin{aligned}
\dot{x}_1 &= x_1 \\
\dot{x}_2 &= -x_2 - 2x_1
\end{aligned}
$$

令

$$x_1 = q$$

$$x_2 = p$$

则它可化成一个 Hamilton 系统, 有

$$H = qp + q^2$$

令

$$x_1 = a^1$$

$$x_2 = a^2$$

则它可化成一个 Birkhoff 系统, 有

$$R_1 = a^2, \quad R_2 = 0$$

$$B = a^1 a^2 + (a^1)^2$$

以上两个力学系统中的函数 H, B 是积分.

例 3　已知

$$(b_{ij}) = \begin{pmatrix} 0 & 1 \\ -1 & 0 \end{pmatrix}, \quad V = x_1^2 + x_2^2(2 + \sin x_2) \tag{9.2.5}$$

试将其化成相应的约束力学系统.

解　方程 (9.2.1) 给出

$$\dot{x}_1 = 2x_2(2 + \sin x_2) + x_2^2 \cos x_2$$

$$\dot{x}_2 = -2x_1$$

首先, 令

$$x_2 = q$$

则有

$$\ddot{q} = -4q(2 + \sin q) - 2q^2 \cos q$$

这是一个 Lagrange 系统, 有

$$L = \frac{1}{2}\dot{q}^2 - 2q^2(2 + \sin q)$$

其次, 令

$$x_2 = q$$
$$x_1 = p$$

则可化成一个 Hamilton 系统, 有

$$H = -p^2 - q^2(2 + \sin q)$$

最后, 令

$$x_1 = a^1$$
$$x_2 = a^2$$

则可化成一个 Birkhoff 系统, 有

$$R_1 = a^2, \quad R_2 = 0$$
$$B = (a^1)^2 + (a^2)^2(2 + \sin a^2)$$

以上三个力学系统的零解都是稳定的.

例 4 已知

$$(b_{ij}) = \begin{pmatrix} 0 & 1 + x_1^2 \\ -(1 + x_1^2) & 0 \end{pmatrix}, \quad V = \frac{1}{2}x_1^2 + \frac{1}{2}x_2^2 \tag{9.2.6}$$

试求得相应的约束力学系统.

解 方程 (9.2.1) 给出

$$\dot{x}_1 = x_2(1 + x_1^2)$$
$$\dot{x}_2 = -x_1(1 + x_1^2)$$

首先, 令

$$x_1 = q$$

则有

$$\ddot{q} = -q(1 + q^2)^2 + \frac{2q\dot{q}^2}{1 + q^2}$$

它可化成一个广义坐标下的一般完整系统, 有

$$L = \frac{1}{2}\dot{q}^2 - \frac{1}{2}q^2 - \frac{1}{2}q^4 - \frac{1}{6}q^6$$

$$Q = \frac{2q\dot{q}^2}{1+q^2}$$

其次, 令

$$x_1 = q$$

$$x_2 = p$$

它可化成一个带附加项的 Hamilton 系统, 有

$$H = \frac{1}{2}q^2 + \frac{1}{4}q^4 + \frac{1}{2}p^2(1+q^2)$$
$$Q = qp^2$$

最后, 令

$$x_1 = a^1$$

$$x_2 = a^2$$

它可化成一个广义 Birkhoff 系统, 有

$$R_1 = a^2, \quad R_2 = 0$$

$$B = \frac{1}{2}(a^1)^2 + \frac{1}{4}(a^1)^4 + \frac{1}{2}(a^2)^2[1+(a^1)^2]$$

$$\Lambda_1 = a^1(a^2)^2, \quad \Lambda_2 = 0$$

以上三个力学系统的零解都是稳定的.

由斜梯度系统可以找到零解为稳定的各类约束力学系统.

9.3 具有对称负定矩阵的梯度系统与约束力学系统

本节研究将具有对称负定矩阵的梯度系统化成各类约束力学系统, 包括问题的提法、问题的解法, 以及具体应用等.

9.3.1 问题的提法

假设微分方程为

$$\dot{x}_i = s_{ij}(\boldsymbol{X})\frac{\partial V(\boldsymbol{X})}{\partial x_j} \quad (i,j=1,2,\cdots,m) \tag{9.3.1}$$

其中矩阵 $(s_{ij}(\boldsymbol{X}))$ 是对称负定的. 问题是, 对给定的 (s_{ij}) 和 V 来构造相应的约束力学系统.

9.3.2 问题的解法

为解上述问题, 首先由给定的 (s_{ij}) 和 V 来列写一阶微分方程组 (9.3.1). 然后, 将其与 Hamilton 系统、带附加项的 Hamilton 系统、Birkhoff 系统、广义 Birkhoff 系统等相对照, 而求得这些约束力学系统. 最后, 将方程 (9.3.1) 化成二阶形式, 并与 Lagrange 系统、广义坐标下一般完整系统相对照, 而求得这些约束力学系统.

9.3.3 应用举例

例 1 已知

$$(s_{ij}) = \begin{pmatrix} -1 & 0 \\ 0 & -2 \end{pmatrix}, \quad V = x_1^2 + x_2^2 - x_1 x_2 + x_1^3 \tag{9.3.2}$$

试求得相应的约束力学系统.

解 方程 (9.3.1) 给出

$$\begin{aligned} \dot{x}_1 &= -2x_1 + x_2 - 3x_1^2 \\ \dot{x}_2 &= -4x_2 + 2x_1 \end{aligned}$$

令

$$x_1 = q$$

则方程化为一个二阶方程

$$\ddot{q} = -6q - 12q^2 - 6\dot{q} - 6q\dot{q}$$

它可表示为一个广义坐标下的完整系统, 其 Lagrange 函数和广义力分别为

$$L = \frac{1}{2}\dot{q}^2 - 3q^2 - 4q^3$$

$$Q = -6\dot{q} - 6q\dot{q}$$

再令

$$x_1 = q$$

$$x_2 = p$$

则有

$$\dot{q} = -2q + p - 3q^2$$

$$\dot{p} = -4p + 2q$$

它可表示为一个带附加项的 Hamilton 系统, 有

$$H = \frac{1}{2}p^2 - 2pq - 3pq^2 - q^2$$
$$Q = -6p - 6qp$$

最后, 令

$$x_1 = a^1$$
$$x_2 = a^2$$

它可表示为一个广义 Birkhoff 系统, 有

$$R_1 = a^2, \quad R_2 = 0$$
$$B = \frac{1}{2}(a^2)^2 - 2a^1a^2 - 3(a^1)^2a^2 - (a^1)^2$$
$$\Lambda_1 = -6a^2 - 6a^1a^2, \quad \Lambda_2 = 0$$

以上三个力学系统的零解都是渐近稳定的.

例 2 已知

$$(s_{ij}) = \begin{pmatrix} -1 & 0 \\ 0 & -(1+x_1^2) \end{pmatrix}, \quad V = x_1^2 + x_2^2 - x_1x_2 \tag{9.3.3}$$

试求得相应的约束力学系统.

解 方程 (9.3.1) 给出

$$\dot{x}_1 = -2x_1 + x_2$$
$$\dot{x}_2 = -(2x_1 - x_2)(1 + x_1^2)$$

令

$$x_1 = q$$

则有二阶方程

$$\ddot{q} = -3q(1+q^2) - 2\dot{q}(2+q^2)$$

它可表示为一个广义坐标下的完整系统, 有

$$L = \frac{1}{2}\dot{q}^2 - \frac{3}{2}q^2 - \frac{3}{4}q^4$$
$$Q = -2\dot{q}(2+q^2)$$

再令

$$x_1 = q$$
$$x_2 = p$$

它可表示为一个带附加项的 Hamilton 系统, 有

$$\begin{aligned} H &= \frac{1}{2}p^2 - 2qp - \frac{1}{2}q^2 - \frac{1}{4}q^4 \\ Q &= -2p(2+q^2) \end{aligned}$$

最后, 令

$$x_1 = a^1$$
$$x_2 = a^2$$

它可表示为一个广义 Birkhoff 系统, 有

$$\begin{aligned} &R_1 = a^2, \quad R_2 = 0 \\ &B = \frac{1}{2}(a^2)^2 - 2a^1a^2 - \frac{1}{2}(a^1)^2 - \frac{1}{4}(a^1)^4 \\ &\Lambda_1 = -2a^2[2+(a^1)^2], \quad \Lambda_2 = 0 \end{aligned}$$

以上三个力学系统的零解都是渐近稳定的.

例 3 已知

$$(s_{ij}) = \begin{pmatrix} -1 & 0 \\ 0 & -2 \end{pmatrix}, \quad V = x_1x_2 \tag{9.3.4}$$

试求得相应的约束力学系统.

解 方程 (9.3.1) 给出

$$\dot{x}_1 = -x_2$$
$$\dot{x}_2 = -2x_1$$

令

$$x_1 = q$$

则有二阶方程

$$\ddot{q} = 2q$$

它是一个 Lagrange 系统, 其 Lagrange 函数为

$$L = \frac{1}{2}\dot{q}^2 + q^2$$

再令

$$x_1 = q$$
$$x_2 = p$$

则有

$$\dot{q} = -p$$
$$\dot{p} = -2q$$

它是一个 Hamilton 系统, 其 Hamilton 函数为

$$H = -\frac{1}{2}p^2 + q^2$$

最后, 令

$$x_1 = a^1$$
$$x_2 = a^2$$

它是一个 Birkhoff 系统, 有

$$R_1 = a^2, \quad R_2 = 0$$
$$B = (a^1)^2 - \frac{1}{2}(a^2)^2$$

在后两个力学系统中, H, B 是积分.

例 4　已知

$$(s_{ij}) = \begin{pmatrix} -1 & 0 & 0 \\ 0 & -2 & 0 \\ 0 & 0 & -(1+x_1^2) \end{pmatrix}, \quad V = \frac{1}{2}(x_1^2 + x_2^2 + x_3^2) \tag{9.3.5}$$

试求得相应的约束力学系统.

解　方程 (9.3.1) 给出

$$\dot{x}_1 = -x_1$$
$$\dot{x}_2 = -2x_2$$
$$\dot{x}_3 = -x_3(1 + x_1^2)$$

令

$$x_1 = a^1$$

$$x_2 = a^2$$
$$x_3 = a^3$$

它可化成一个带附加项的广义 Hamilton 系统, 有

$$(J_{ij}) = \begin{pmatrix} 0 & 1 & -1 \\ -1 & 0 & 1 \\ 1 & -1 & 0 \end{pmatrix}, \quad H = \frac{1}{2}(a^1)^2$$
$$\Lambda_1 = -a^1, \quad \Lambda_2 = a^1 - 2a^2, \quad \Lambda_3 = -a^1 - a^3[1 + (a^1)^2]$$

系统的解 $a^1 = a^2 = a^3 = 0$ 是渐近稳定的.

由具有对称负定矩阵的梯度系统可以找到零解为渐近稳定的广义坐标下一般完整系统, 带附加项的 Hamilton 系统, 广义 Birkhoff 系统等约束力学系统.

9.4 具有半负定矩阵的梯度系统与约束力学系统

本节将具有半负定矩阵的梯度系统化成各类约束力学系统, 包括问题的提法、问题的解法, 以及具体应用等.

9.4.1 问题的提法

微分方程为

$$\dot{x}_i = a_{ij}(\boldsymbol{X})\frac{\partial V(\boldsymbol{X})}{\partial x_j} \quad (i, j = 1, 2, \cdots, m) \tag{9.4.1}$$

其中矩阵 $(a_{ij}(\boldsymbol{X}))$ 是半负定的. 提出如下问题: 对给定的 (a_{ij}) 和 V 来构造相应的约束力学系统.

9.4.2 问题的解法

为解上述问题, 首先由给定的矩阵 (a_{ij}) 和函数 V 来列写一阶方程组 (9.4.1). 然后, 将其与 Hamilton 系统、带附加项的 Hamilton 系统、Birkhoff 系统、广义 Birkhoff 系统等相对照, 便可求得这些约束力学系统. 最后, 将方程 (9.4.1) 化成二阶方程, 并与 Lagrange 系统、广义坐标下一般完整系统等相对照, 便可求得这些约束力学系统. 一般可取 V 为 Lyapunov 函数.

9.4.3 应用举例

例 1 已知梯度系统为

$$(a_{ij}) = \begin{pmatrix} -1 & 2 \\ 0 & -1 \end{pmatrix}, \quad V = x_1^2 + x_2^2 - x_1x_2 + x_1^3 \tag{9.4.2}$$

试将其化成约束力学系统.

解　方程 (9.4.1) 给出

$$\dot{x}_1 = -4x_1 + 5x_2 - 3x_1^2$$
$$\dot{x}_2 = x_1 - 2x_2$$

令

$$x_1 = q$$

则方程化成一个二阶方程

$$\ddot{q} = -3q - 6q^2 - 6\dot{q} - 6q\dot{q}$$

它可成为一个广义坐标下的完整系统, 其 Lagrange 函数和广义力分别为

$$L = \frac{1}{2}\dot{q}^2 - \frac{3}{2}q^2 - 2q^3$$
$$Q = -6\dot{q} - 6q\dot{q}$$

再令

$$x_1 = q$$
$$x_2 = p$$

它可成为一个带附加项的 Hamilton 系统, 有

$$H = \frac{5}{2}p^2 - 4qp - 3pq^2 - \frac{1}{2}q^2$$
$$Q = -6p - 6qp$$

最后, 令

$$x_1 = a^1$$
$$x_2 = a^2$$

它可成为一个广义 Birkhoff 系统, 有

$$R_1 = a^2, \quad R_2 = 0$$
$$B = \frac{5}{2}(a^2)^2 - \frac{1}{2}(a^1)^2 - 2a^1a^2$$
$$\Lambda_1 = -4a^2, \quad \Lambda_2 = 2a^1 + 3(a^1)^2$$

以上三个力学系统的零解都是稳定的.

例 2 已知

$$(a_{ij}) = \begin{pmatrix} 0 & 1 \\ -1 & -1 \end{pmatrix}, \quad V = x_1x_2 - \frac{1}{2}x_1^2 \tag{9.4.3}$$

试求出相应的约束力学系统.

解 方程 (9.4.1) 给出

$$\begin{aligned} \dot{x}_1 &= x_1 \\ \dot{x}_2 &= -x_2 \end{aligned}$$

令

$$\begin{aligned} x_1 &= q \\ x_2 &= p \end{aligned}$$

它可成为一个 Hamilton 系统, 有

$$H = qp$$

再令

$$\begin{aligned} x_1 &= a^1 \\ x_2 &= a^2 \end{aligned}$$

它可成为一个 Birkhoff 系统, 有

$$\begin{aligned} &R_1 = a^2, \quad R_2 = 0 \\ &B = a^1a^2 \end{aligned}$$

两个力学系统中的 H, B 是积分.

例 3 已知

$$(a_{ij}) = \begin{pmatrix} -1 & 1 \\ 1 & -1 \end{pmatrix}, \quad V = \frac{1}{2}(x_1^2 + x_2^2) \tag{9.4.4}$$

试求出相应的约束力学系统.

解 方程 (9.4.1) 给出

$$\begin{aligned} \dot{x}_1 &= -x_1 + x_2 \\ \dot{x}_2 &= x_1 - x_2 \end{aligned}$$

令

$$x_1 = q$$

则有一个二阶方程

$$\ddot{q} = -2\dot{q}$$

它可成为一个广义坐标下的完整系统, 有

$$L = \frac{1}{2}\dot{q}^2$$
$$Q = -2\dot{q}$$

再令

$$x_1 = q$$

$$x_2 = p$$

它可成为一个带附加项的 Hamilton 系统, 有

$$H = \frac{1}{2}p^2 - pq - \frac{1}{2}q^2$$
$$Q = -2p$$

最后, 令

$$x_1 = a^1$$

$$x_2 = a^2$$

它可成为一个广义 Birkhoff 系统, 有

$$R_1 = a^2, \quad R_2 = 0$$
$$B = \frac{1}{2}(a^2)^2 - a^1a^2 - \frac{1}{2}(a^1)^2$$
$$\Lambda_1 = -2a^2, \quad \Lambda_2 = 0$$

以上三个力学系统的零解都是稳定的.

注意到, 若将方程表示为

$$(\ddot{q} + 2\dot{q})\exp(2t) = 0$$

它可成为一个 Lagrange 系统, 有

$$L = \frac{1}{2}\dot{q}^2\exp(2t)$$

由具有半负定矩阵的梯度系统可以找到零解为稳定的广义坐标下一般完整系统, 带附加项的 Hamilton 系统, 广义 Birkhoff 系统等约束力学系统.

9.5 组合梯度系统与约束力学系统

本节将 6 类组合梯度系统化成各类约束力学系统, 包括问题的提法、问题的解法, 以及具体应用.

9.5.1 组合梯度系统 I 与约束力学系统

本小节将组合梯度系统 I 化成各类约束力学系统.

1) 问题的提法

组合梯度系统 I 的微分方程有形式

$$\dot{x}_i = -\frac{\partial V(\boldsymbol{X})}{\partial x_i} + b_{ij}(\boldsymbol{X})\frac{\partial V(\boldsymbol{X})}{\partial x_j} \quad (i,j=1,2,\cdots,m) \tag{9.5.1}$$

其中矩阵 $(b_{ij}(\boldsymbol{X}))$ 为反对称的. 提出如下问题: 对给定的矩阵 $(b_{ij}(\boldsymbol{X}))$ 和函数 $V=V(\boldsymbol{X})$, 来构造相应的约束力学系统.

2) 问题的解法

为解上述问题, 首先, 由已给矩阵 $(b_{ij}(\boldsymbol{X}))$ 和函数 $V=V(\boldsymbol{X})$ 来列写一阶方程组 (9.5.1). 其次, 将这个一阶方程组与 Hamilton 系统, 带附加项的 Hamilton 系统, Birkhoff 系统, 广义 Birkhoff 系统等相对照, 便可求得这些约束力学系统. 最后, 将方程组 (9.5.1) 化成二阶形式, 并与 Lagrange 系统, 广义坐标下一般完整系统等相对照, 而求得这些约束力学系统.

3) 应用举例

例 1 已知组合梯度系统 I 为

$$\begin{pmatrix} \dot{x}_1 \\ \dot{x}_2 \end{pmatrix} = \left(\begin{pmatrix} -1 & 0 \\ 0 & -1 \end{pmatrix} + \begin{pmatrix} 0 & -(1+x_1^2) \\ 1+x_1^2 & 0 \end{pmatrix}\right)\begin{pmatrix} \dfrac{\partial V}{\partial x_1} \\ \dfrac{\partial V}{\partial x_2} \end{pmatrix} \tag{9.5.2}$$

$$V=\frac{1}{2}x_1^2+\frac{1}{2}x_2^2$$

试求相应的约束力学系统.

解 方程 (9.5.1) 给出

$$\dot{x}_1 = -x_1 - x_2(1+x_1^2)$$
$$\dot{x}_2 = x_1(1+x_1^2) - x_2$$

首先, 令

$$x_1 = q$$

则方程化为一个二阶方程

$$\ddot{q} = -q[1 + (1 + q^2)^2] - 2\dot{q} + \frac{2q\dot{q}(q + \dot{q})}{1 + q^2}$$

这是一个广义坐标下的一般完整系统, 其 Lagrange 函数和广义力分别为

$$L = \frac{1}{2}\dot{q}^2 - q^2 - \frac{1}{6}(1 + q^2)^3$$

$$Q = -2\dot{q} + \frac{2q\dot{q}(q + \dot{q})}{1 + q^2}$$

其次, 令

$$x_1 = q$$

$$x_2 = p$$

它可化成一个带附加项的 Hamilton 系统, 有

$$H = -pq - \frac{1}{2}p^2(1 + q^2) - \frac{1}{2}q^2 - \frac{1}{4}q^4$$

$$Q = -2p - p^2 q$$

最后, 令

$$x_1 = a^1$$

$$x_2 = a^2$$

它可化成一个广义 Birkhoff 系统, 有

$$R_1 = a^2, \quad R_2 = 0$$

$$B = -a^1 a^2 - \frac{1}{2}(a^2)^2[1 + (a^1)^2] - \frac{1}{2}(a^1)^2 - \frac{1}{4}(a^1)^4$$

$$\Lambda_1 = -2a^2 - a^1(a^2)^2, \quad \Lambda_2 = 0$$

以上三个力学系统的零解都是渐近稳定的.

例 2　已知组合梯度系统 I 为

$$\begin{pmatrix} \dot{x}_1 \\ \dot{x}_2 \end{pmatrix} = \left(\begin{pmatrix} -1 & 0 \\ 0 & -1 \end{pmatrix} + \begin{pmatrix} 0 & 1 \\ -1 & 0 \end{pmatrix} \right) \begin{pmatrix} \dfrac{\partial V}{\partial x_1} \\ \dfrac{\partial V}{\partial x_2} \end{pmatrix} \tag{9.5.3}$$

$$V = \frac{1}{2}x_1^2 + x_1 x_2 - \frac{1}{2}x_2^2$$

试求相应的约束力学系统.

解 微分方程为

$$\dot{x}_1 = -2x_2$$
$$\dot{x}_2 = -2x_1$$

令

$$x_1 = q$$

则有一个二阶方程

$$\ddot{q} = 4q$$

这是一个 Lagrange 系统, 其 Lagrange 函数为

$$L = \frac{1}{2}\dot{q}^2 + 2q^2$$

再令

$$x_1 = q$$
$$x_2 = p$$

则它可化成一个 Hamilton 系统, 有

$$H = q^2 - p^2$$

最后, 令

$$x_1 = a^1$$
$$x_2 = a^2$$

它可化成一个 Birkhoff 系统, 有

$$R_1 = a^2, \quad R_2 = 0$$
$$B = -(a^1)^2 + (a^2)^2$$

后两个系统中的 H, B 是积分.

由组合梯度系统 I 可以找到零解为渐近稳定的广义坐标下一般完整系统, 带附加项的 Hamilton 系统, 广义 Birkhoff 系统等约束力学系统.

9.5.2　组合梯度系统Ⅱ与约束力学系统

本小节将组合梯度系统Ⅱ化成各类约束力学系统, 包括问题的提法、问题的解法, 以及具体应用.

1) 问题的提法

组合梯度系统Ⅱ的微分方程为

$$\dot{x}_i = -\frac{\partial V(\boldsymbol{X})}{\partial x_i} + s_{ij}(\boldsymbol{X})\frac{\partial V(\boldsymbol{X})}{\partial x_j} \quad (i,j=1,2,\cdots,m) \tag{9.5.4}$$

其中矩阵 $(s_{ij}(\boldsymbol{X}))$ 是对称负定的. 提出如下问题: 按给定的矩阵 (s_{ij}) 和函数 V 来构造相应的约束力学系统.

2) 问题的解法

为解上述问题, 首先, 由给定的矩阵 (s_{ij}) 和函数 V 来列写一阶方程组 (9.5.4). 其次, 将这个一阶方程组与 Hamilton 系统、带附加项的 Hamilton 系统、Birkhoff 系统、广义 Birkhoff 系统等相对照, 而求得这些约束力学系统. 最后, 将方程 (9.5.4) 化成二阶形式, 再与 Lagrange 系统、广义坐标下一般完整系统等相对照, 来求得这些约束力学系统.

3) 应用举例

例 1　已知组合梯度系统Ⅱ为

$$\begin{pmatrix} \dot{x}_1 \\ \dot{x}_2 \end{pmatrix} = \left(\begin{pmatrix} -1 & 0 \\ 0 & -1 \end{pmatrix} + \begin{pmatrix} -1 & 1 \\ 1 & -2 \end{pmatrix}\right)\begin{pmatrix} \dfrac{\partial V}{\partial x_1} \\ \dfrac{\partial V}{\partial x_2} \end{pmatrix} \tag{9.5.5}$$

$$V = x_1^2 + x_2^2 - x_1x_2 + \frac{1}{3}x_1^3$$

试求得相应的约束力学系统.

解　微分方程为

$$\dot{x}_1 = -5x_1 + 4x_2 - 2x_1^2$$
$$\dot{x}_2 = 5x_1 - 7x_2 + x_1^2$$

首先, 令

$$x_1 = q$$

则方程化成一个二阶方程

$$\ddot{q} = -15q - 10q^2 - 12\dot{q} - 4q\dot{q}$$

这是一个广义坐标下的一般完整系统, 其 Lagrange 函数和广义力分别为

$$L = \frac{1}{2}\dot{q}^2 - \frac{15}{2}q^2 - \frac{10}{3}q^3$$

$$Q = -12\dot{q} - 4q\dot{q}$$

其次, 令

$$x_1 = q$$

$$x_2 = p$$

则有

$$\begin{aligned}\dot{q} &= -5q + 4p - 2q^2\\ \dot{p} &= 5q - 7p + q^2\end{aligned}$$

这是一个带附加项的 Hamilton 系统, 其 Hamilton 函数和附加项分别为

$$\begin{aligned}H &= -5qp + 2p^2 - 2pq^2 - \frac{5}{2}q^2 - \frac{1}{3}q^3\\ Q &= -5p - 4pq\end{aligned}$$

最后, 令

$$x_1 = a^1$$

$$x_2 = a^2$$

则有

$$\begin{aligned}\dot{a}^1 &= -5a^1 + 4a^2 - 5(a^1)^2\\ \dot{a}^2 &= 5a^1 - 7a^2 + (a^1)^2\end{aligned}$$

它可化成一个广义 Birkhoff 系统, 有

$$\begin{aligned}&R_1 = a^2, \quad R_2 = 0\\ &B = 2(a^2)^2 - \frac{5}{2}(a^1)^2 - \frac{1}{3}(a^1)^3\\ &\Lambda_1 = -7a^2, \quad \Lambda_2 = 5a^1 + 5(a^1)^2\end{aligned}$$

以上三个力学系统的零解都是渐近稳定的.

例 2 已知组合梯度系统Ⅱ为

$$\begin{pmatrix}\dot{x}_1\\ \dot{x}_2\end{pmatrix} = \left(\begin{pmatrix}-1 & 0\\ 0 & -1\end{pmatrix} + \begin{pmatrix}-1 & 1\\ 1 & -2\end{pmatrix}\right)\begin{pmatrix}\dfrac{\partial V}{\partial x_1}\\ \dfrac{\partial V}{\partial x_2}\end{pmatrix} \tag{9.5.6}$$

$$V = x_1x_2 + \frac{1}{2}x_1^2$$

试求得相应的约束力学系统.

解　微分方程为

$$\dot{x}_1 = -x_1 - 2x_2$$

$$\dot{x}_2 = -2x_1 + x_2$$

令

$$x_1 = q$$

得到一个二阶方程

$$\ddot{q} = 5q$$

这是一个 Lagrange 系统, 有

$$L = \frac{1}{2}\dot{q}^2 + \frac{5}{2}q^2$$

再令

$$x_1 = q$$

$$x_2 = p$$

则可化成一个 Hamilton 系统, 有

$$H = q^2 - p^2 - pq$$

最后, 令

$$x_1 = a^1$$

$$x_2 = a^2$$

则可化成一个 Birkhoff 系统, 有

$$R_1 = a^2, \quad R_2 = 0$$

$$B = (a^1)^2 - (a^2)^2 - a^1 a^2$$

以上三个力学系统中, V 不能成为 Lyapunov 函数, 不能用 Lyapunov 直接法来判断解的稳定性, 但可用一次近似理论来研究解的稳定性.

由组合梯度系统II可以找到零解为渐近稳定的广义坐标下一般完整系统, 带附加项的 Hamilton 系统, 广义 Birkhoff 系统等约束力学系统.

9.5.3 组合梯度系统III与约束力学系统

本小节将组合梯度系统III化成相应的约束力学系统, 包括问题的提法、问题的解法, 以及具体应用.

1) 问题的提法

组合梯度系统III的微分方程为

$$\dot{x}_i = \frac{\partial V(\boldsymbol{X})}{\partial x_i} + a_{ij}(\boldsymbol{X})\frac{\partial V(\boldsymbol{X})}{\partial x_j} \quad (i, j = 1, 2, \cdots, m) \tag{9.5.7}$$

其中矩阵 $(a_{ij}(\boldsymbol{X}))$ 是半负定的. 提出如下问题：由给定的矩阵 $(a_{ij}(\boldsymbol{X}))$ 和函数 $V(\boldsymbol{X})$ 来构造相应的约束力学系统.

2) 问题的解法

将函数 V 分为 Lyapunov 的和非 Lyapunov 的. 首先, 由给定的矩阵 (a_{ij}) 和函数 V 列写一阶方程组 (9.5.7). 其次, 将这个一阶方程组与 Hamilton 系统、带附加项的 Hamilton 系统、Birkhoff 系统、广义 Birkhoff 系统等相对照, 来求得这些约束力学系统. 最后, 将方程 (9.5.7) 化成二阶形式, 再与 Lagrange 系统、广义坐标下一般完整系统等相对照, 来求得这些约束力学系统.

按方程 (9.5.7) 求 $\dot{V}$, 得

$$\dot{V} = -\frac{\partial V(\boldsymbol{X})}{\partial x_i}\frac{\partial V(\boldsymbol{X})}{\partial x_i} + \frac{\partial V(\boldsymbol{X})}{\partial x_i}a_{ij}(\boldsymbol{X})\frac{\partial V(\boldsymbol{X})}{\partial x_j} \tag{9.5.8}$$

它是小于零的. 因此, 当 V 为 Lyapunov 函数时, 解是渐近稳定的. 因此, 与之相应的约束力学系统的解也是渐近稳定的.

3) 应用举例

例 1 已知组合梯度系统III为

$$\begin{pmatrix} \dot{x}_1 \\ \dot{x}_2 \end{pmatrix} = \left(\begin{pmatrix} -1 & 0 \\ 0 & -1 \end{pmatrix} + \begin{pmatrix} -1 & 1 \\ 1 & -1 \end{pmatrix}\right)\begin{pmatrix} \dfrac{\partial V}{\partial x_1} \\ \dfrac{\partial V}{\partial x_2} \end{pmatrix}$$
$$V = \frac{1}{2}x_1^2 + \frac{1}{2}x_2^2 + \frac{1}{4}x_2^4 \tag{9.5.9}$$

试求出相应的约束力学系统.

解 微分方程为

$$\dot{x}_1 = -2x_1 + x_2 + x_2^3$$
$$\dot{x}_2 = x_1 - 2x_2 - 2x_2^3$$

首先, 令

$$x_2 = q$$

则方程化成一个二阶方程

$$\ddot{q} = -3q - 3q^3 - 4\dot{q} - 6q^2\dot{q}$$

它对应一个广义坐标下的完整系统, 有

$$\begin{aligned} &L = \frac{1}{2}\dot{q}^2 - \frac{3}{2}q^2 - \frac{3}{4}q^4 \\ &Q = -4\dot{q} - 6q^2\dot{q} \end{aligned}$$

其次, 令

$$x_1 = q$$

$$x_2 = p$$

则它可化成一个带附加项的 Hamilton 系统, 有

$$\begin{aligned} &H = \frac{1}{2}p^2 - \frac{1}{2}q^2 - 2pq + \frac{1}{4}p^4 \\ &Q = -4p - 2p^3 \end{aligned}$$

最后, 令

$$x_1 = a^1$$

$$x_2 = a^2$$

则它可化成一个广义 Birkhoff 系统, 有

$$\begin{aligned} &R_1 = a^2, \quad R_2 = 0 \\ &B = \frac{1}{2}(a^2)^2 - \frac{1}{2}(a^1)^2 + \frac{1}{4}(a^2)^2 \\ &\Lambda_1 = -2a^2 - 2(a^2)^3, \quad \Lambda_2 = 2a^1 \end{aligned}$$

以上三个力学系统的零解都是渐近稳定的.

例 2　组合梯度系统III为

$$\begin{pmatrix} \dot{x}_1 \\ \dot{x}_2 \end{pmatrix} = \left(\begin{pmatrix} -1 & 0 \\ 0 & -1 \end{pmatrix} + \begin{pmatrix} -1 & 1 \\ 1 & -1 \end{pmatrix} \right) \begin{pmatrix} \dfrac{\partial V}{\partial x_1} \\ \dfrac{\partial V}{\partial x_2} \end{pmatrix} \tag{9.5.10}$$

$$V = x_1 x_2 + \frac{1}{2}x_1^2$$

试求与之相应的约束力学系统.

解 微分方程为

$$\dot{x}_1 = -x_1 - 2x_2$$
$$\dot{x}_2 = -x_1 + x_2$$

首先, 令

$$x_1 = q$$

则可化成一个二阶方程

$$\ddot{q} = 3q$$

这是一个 Lagrange 系统, 其 Lagrange 函数为

$$L = \frac{1}{2}\dot{q}^2 + \frac{3}{2}q^2$$

其次, 令

$$x_1 = q$$
$$x_2 = p$$

则可化成一个 Hamilton 系统, 其 Hamilton 函数为

$$H = \frac{1}{2}q^2 - p^2 - pq$$

由组合梯度系统III可以找到零解为渐近稳定的广义坐标下一般完整系统, 带附加项的 Hamilton 系统, 广义 Birkhoff 系统等约束力学系统.

9.5.4 组合梯度系统IV与约束力学系统

本小节将组合梯度系统IV化成相应的约束力学系统, 包括问题的提法、问题的解法, 以及具体应用.

1) 问题的提法

组合梯度系统IV的微分方程为

$$\dot{x}_i = b_{ij}(\boldsymbol{X})\frac{\partial V(\boldsymbol{X})}{\partial x_j} + s_{ij}(\boldsymbol{X})\frac{\partial V(\boldsymbol{X})}{\partial x_j} \quad (i,j=1,2,\cdots,m) \tag{9.5.11}$$

其中 $b_{ij}(\boldsymbol{X}) = -b_{ji}(\boldsymbol{X})$, 矩阵 $(s_{ij}(\boldsymbol{X}))$ 为对称负定的. 提出如下问题: 由给定的矩阵 $(b_{ij}),(s_{ij})$ 和函数 V 来构造相应的约束力学系统.

2) 问题的解法

为解上述问题, 首先, 由给定的矩阵 $(b_{ij}),(s_{ij})$ 和函数 V 来列写一阶方程组 (9.5.11). 其次, 将这个一阶方程组与 Hamilton 系统、带附加项的 Hamilton 系统、Birkhoff 系统、广义 Birkhoff 系统等相对照, 可求得这些约束力学系统. 最后,

将方程 (9.5.11) 化成二阶形式, 再与 Lagrange 系统、广义坐标下一般完整系统等相对照, 而求得这些约束力学系统.

3) 应用举例

例 1　已知组合梯度系统Ⅳ为

$$\begin{pmatrix} \dot{x}_1 \\ \dot{x}_2 \end{pmatrix} = \left(\begin{pmatrix} 0 & 1 \\ -1 & 0 \end{pmatrix} + \begin{pmatrix} -1 & 1 \\ 1 & -2 \end{pmatrix} \right) \begin{pmatrix} \dfrac{\partial V}{\partial x_1} \\ \dfrac{\partial V}{\partial x_2} \end{pmatrix} \tag{9.5.12}$$

$$V = x_1^2 + x_2^2 - x_1 x_2$$

试求得相应的约束力学系统.

解　微分方程为

$$\dot{x}_1 = -4x_1 + 5x_2$$
$$\dot{x}_2 = 2x_1 - 4x_2$$

令

$$x_1 = q$$

则有二阶方程

$$\ddot{q} = -6q - 8\dot{q}$$

这是一个广义坐标下一般完整系统, 其 Lagrange 函数和广义力分别为

$$L = \frac{1}{2}\dot{q}^2 - 3q^2$$

$$Q = -8\dot{q}$$

再令

$$x_1 = q$$

$$x_2 = p$$

则它可成为一个带附加项的 Hamilton 系统, 有

$$H = \frac{5}{2}p^2 - 4qp - q^2$$

$$Q = -8p$$

最后, 令

$$x_1 = a^1$$

$$x_2 = a^2$$

则它可成为一个广义 Birkhoff 系统, 有

$$\begin{aligned}
&R_1 = a^2, \quad R_2 = 0 \\
&B = \frac{5}{2}(a^2)^2 - 4a^1a^2 - (a^1)^2 \\
&\Lambda_1 = -8a^2, \quad \Lambda_2 = 0
\end{aligned}$$

以上三个力学系统的零解都是渐近稳定的.

例 2 已知组合梯度系统Ⅳ为

$$\begin{pmatrix} \dot{x}_1 \\ \dot{x}_2 \end{pmatrix} = \left(\begin{pmatrix} 0 & 1 \\ -1 & 0 \end{pmatrix} + \begin{pmatrix} -1 & 1 \\ 1 & -2 \end{pmatrix} \right) \begin{pmatrix} \dfrac{\partial V}{\partial x_1} \\ \dfrac{\partial V}{\partial x_2} \end{pmatrix} \tag{9.5.13}$$

$$V = x_1^2 + x_1 x_2$$

试求得相应的约束力学系统.

解 微分方程为

$$\dot{x}_1 = -x_2$$

$$\dot{x}_2 = -2x_1$$

令

$$x_1 = q$$

则有

$$\ddot{q} = 2q$$

这是一个 Lagrange 系统, 其 Lagrange 函数为

$$L = \frac{1}{2}\dot{q}^2 + q^2$$

再令

$$x_1 = q$$

$$x_2 = p$$

则它成为一个 Hamilton 系统, 有

$$H = q^2 - \frac{1}{2}p^2$$

由组合梯度系统Ⅳ可以找到零解为渐近稳定的广义坐标下一般完整系统, 带附加项的 Hamilton 系统, 广义 Birkhoff 系统等约束力学系统.

9.5.5　组合梯度系统 V 与约束力学系统

本小节将组合梯度系统 V 化成相应的约束力学系统, 包括问题的提法、问题的解法, 以及具体应用.

1) 问题的提法

组合梯度系统 V 的微分方程为

$$\dot{x}_i = b_{ij}(\boldsymbol{X})\frac{\partial V(\boldsymbol{X})}{\partial x_j} + a_{ij}(\boldsymbol{X})\frac{\partial V(\boldsymbol{X})}{\partial x_j} \quad (i,j=1,2,\cdots,m) \tag{9.5.14}$$

提出如下问题: 由给定的矩阵 $(b_{ij}),(a_{ij})$ 和函数 V 来构造相应的约束力学系统.

2) 问题的解法

为解上述问题, 首先, 由给定的 $(b_{ij}),(a_{ij})$ 和 V 来列写一阶方程组 (9.5.14). 其次, 将这个一阶方程组与 Hamilton 系统、带附加项的 Hamilton 系统、Birkhoff 系统、广义 Birkhoff 系统等相对照, 而求得这些约束力学系统. 最后, 将一阶方程组化成二阶形式, 再与 Lagrange 系统、广义坐标下一般完整系统等相对照, 来求得这些约束力学系统.

3) 应用举例

例 1　已知组合梯度系统 V 为

$$\begin{pmatrix} \dot{x}_1 \\ \dot{x}_2 \end{pmatrix} = \left(\begin{pmatrix} 0 & -1 \\ 1 & 0 \end{pmatrix} + \begin{pmatrix} -1 & 1 \\ 1 & -1 \end{pmatrix}\right)\begin{pmatrix} \dfrac{\partial V}{\partial x_1} \\ \dfrac{\partial V}{\partial x_2} \end{pmatrix} \tag{9.5.15}$$

$$V = x_1^2 + x_2^2 - x_1 x_2$$

试求得相应的约束力学系统.

解　微分方程为

$$\dot{x}_1 = -2x_1 + x_2$$
$$\dot{x}_2 = 5x_1 - 4x_2$$

令

$$x_1 = q$$

则有一个二阶方程

$$\ddot{q} = -3q - 6\dot{q}$$

它表示一个广义坐标下完整系统, 有

$$L = \frac{1}{2}\dot{q}^2 - \frac{3}{2}q^2$$
$$Q = -6\dot{q}$$

再令

$$x_1 = q$$

$$x_2 = p$$

则它可成为一个带附加项的 Hamilton 系统, 有

$$H = \frac{1}{2}p^2 - 2pq - \frac{5}{2}q^2$$

$$Q = -6p$$

最后, 令

$$x_1 = a^1$$

$$x_2 = a^2$$

则它表示一个广义 Birkhoff 系统, 有

$$R_1 = a^2, \quad R_2 = 0$$

$$B = \frac{1}{2}(a^2)^2 - 2a^1a^2 - \frac{5}{2}(a^1)^2$$

$$\Lambda_1 = -6a^2, \quad \Lambda_2 = 0$$

以上三个力学系统的零解都是稳定的.

例 2 已知组合梯度系统V为

$$\begin{pmatrix} \dot{x}_1 \\ \dot{x}_2 \end{pmatrix} = \left(\begin{pmatrix} 0 & -1 \\ 1 & 0 \end{pmatrix} + \begin{pmatrix} -1 & 1 \\ 1 & -1 \end{pmatrix} \right) \begin{pmatrix} \dfrac{\partial V}{\partial x_1} \\ \dfrac{\partial V}{\partial x_2} \end{pmatrix} \tag{9.5.16}$$

$$V = x_1x_2$$

试求得相应的约束力学系统.

解 微分方程为

$$\dot{x}_1 = -x_2$$

$$\dot{x}_2 = -x_1$$

令

$$x_1 = q$$

则有一个二阶方程

$$\ddot{q} = q$$

它表示一个 Lagrange 系统, 其 Lagrange 函数为

$$L = \frac{1}{2}\dot{q}^2 + \frac{1}{2}q^2$$

再令

$$x_1 = q$$

$$x_2 = p$$

它表示一个 Hamilton 系统, 其 Hamilton 函数为

$$H = \frac{1}{2}q^2 - \frac{1}{2}p^2$$

最后, 令

$$x_1 = a^1$$

$$x_2 = a^2$$

它可化成一个 Birkhoff 系统, 有

$$R_1 = a^2, \quad R_2 = 0$$

$$B = \frac{1}{2}(a^1)^2 - \frac{1}{2}(a^2)^2$$

由组合梯度系统 V 可以找到零解为稳定的广义坐标下一般完整系统, 带附加项的 Hamilton 系统, 广义 Birkhoff 系统等约束力学系统.

9.5.6 组合梯度系统Ⅵ与约束力学系统

本小节将组合梯度系统Ⅵ化成各类约束力学系统, 包括问题的提法、问题的解法, 以及具体应用.

1) 问题的提法

组合梯度系统Ⅵ的微分方程为

$$\dot{x}_i = a_{ij}(\boldsymbol{X})\frac{\partial V(\boldsymbol{X})}{\partial x_j} + s_{ij}(\boldsymbol{X})\frac{\partial V(\boldsymbol{X})}{\partial x_j} \quad (i,j = 1,2,\cdots,m) \tag{9.5.17}$$

提出如下问题: 由给定的半负定矩阵 (a_{ij}), 对称负定矩阵 (s_{ij}) 和函数 V, 按方程 (9.5.17) 来构造与之相应的约束力学系统.

2) 问题的解法

首先, 列写一阶方程组 (9.5.17). 其次, 将这个一阶方程组与 Hamilton 系统、带附加项的 Hamilton 系统、Birkhoff 系统、广义 Birkhoff 系统等相对照, 而求得这些约束力学系统. 最后, 将一阶方程组 (9.5.17) 化成二阶形式, 再与 Lagrange 系统、广义坐标下一般完整系统等相对照, 来求得这些约束力学系统.

3) 应用举例

例 1 组合梯度系统Ⅵ为

$$\begin{pmatrix} \dot{x}_1 \\ \dot{x}_2 \end{pmatrix} = \left(\begin{pmatrix} -1 & 1 \\ 1 & -1 \end{pmatrix} + \begin{pmatrix} -1 & 1 \\ 1 & -2 \end{pmatrix} \right) \begin{pmatrix} \dfrac{\partial V}{\partial x_1} \\ \dfrac{\partial V}{\partial x_2} \end{pmatrix} \tag{9.5.18}$$

$$V = x_1^2 + x_1 x_2$$

试求与之相应的约束力学系统.

解 微分方程为

$$\dot{x}_1 = -2x_1 - 2x_2$$
$$\dot{x}_2 = x_1 + 2x_2$$

令

$$x_1 = q$$

则有一个二阶方程

$$\ddot{q} = 2q$$

它可成为一个 Lagrange 系统, 其 Lagrange 函数为

$$L = \frac{1}{2}\dot{q}^2 + q^2$$

其次, 令

$$x_1 = q$$
$$x_2 = p$$

它可成为一个 Hamilton 系统, 其 Hamilton 函数为

$$H = -p^2 - 2pq - \frac{1}{2}q^2$$

最后, 令

$$x_1 = a^1$$
$$x_2 = a^2$$

它可成为一个 Birkhoff 系统, 有

$$R_1 = a^2, \quad R_2 = 0$$
$$B = -(a^2)^2 - 2a^1a^2 - \frac{1}{2}(a^1)^2$$

例 2　组合梯度系统Ⅵ为

$$\begin{pmatrix} \dot{x}_1 \\ \dot{x}_2 \end{pmatrix} = \left(\begin{pmatrix} 0 & 1 \\ -1 & -1 \end{pmatrix} + \begin{pmatrix} -1 & 0 \\ 0 & -2 \end{pmatrix} \right) \begin{pmatrix} \dfrac{\partial V}{\partial x_1} \\ \dfrac{\partial V}{\partial x_2} \end{pmatrix} \tag{9.5.19}$$
$$V = \frac{1}{2}x_1^2 + \frac{1}{2}x_2^2$$

试求与之相应的约束力学系统.

解　微分方程为

$$\dot{x}_1 = -x_1 + x_2$$
$$\dot{x}_2 = -x_1 - 3x_2$$

首先, 令

$$x_1 = q$$

则有一个二阶方程

$$\ddot{q} = -4q - 4\dot{q}$$

它表示为一个广义坐标下的完整系统, 有

$$L = \frac{1}{2}\dot{q}^2 - 2q^2$$
$$Q = -4\dot{q}$$

其次, 令

$$x_1 = q$$
$$x_2 = p$$

它表示为一个带附加项的 Hamilton 系统, 有

$$H = \frac{1}{2}p^2 - pq + \frac{1}{2}q^2$$
$$Q = -4p$$

最后, 令

$$x_1 = a^1$$

$$x_2 = a^2$$

它表示为一个广义 Birkhoff 系统, 有

$$R_1 = a^2, \quad R_2 = 0$$
$$B = \frac{1}{2}(a^2)^2 - a^1a^2 + \frac{1}{2}(a^1)^2$$
$$\Lambda_1 = -4a^2, \quad \Lambda_2 = 0$$

以上三个力学系统的零解都是渐近稳定的.

由组合梯度系统Ⅵ可以找到零解为渐近稳定的广义坐标下一般完整系统, 带附加项的 Hamilton 系统, 广义 Birkhoff 系统等约束力学系统.

9.6 广义梯度系统（Ⅰ）与约束力学系统

本节由十类广义梯度系统（Ⅰ）来构造相应的约束力学系统, 包括问题的提法、问题的解法, 以及具体应用等. 因为广义梯度系统（Ⅰ）中的函数 V 包含时间, 因此, 问题较 9.1~9.5 节复杂得多.

9.6.1 广义梯度系统 Ⅰ-1 与约束力学系统

本小节将广义梯度系统 Ⅰ-1 化成各类约束力学系统, 包括问题的提法、问题的解法, 以及具体应用等.

1) 问题的提法

广义梯度系统 Ⅰ-1 的微分方程为

$$\dot{x}_i = -\frac{\partial V(t, \boldsymbol{X})}{\partial x_i} \quad (i = 1, 2, \cdots, m) \tag{9.6.1}$$

问题的提法如下: 由给定函数 $V = V(t, \boldsymbol{X})$, 按方程 (9.6.1) 来构造相应的约束力学系统.

2) 问题的解法

对给定的 $V = V(t, \boldsymbol{X})$, 列写一阶方程组 (9.6.1). 然后, 将其与 Hamilton 系统、带附加项的 Hamilton 系统、Birkhoff 系统、广义 Birkhoff 系统等相对照, 来求得这些约束力学系统. 最后, 将方程 (9.6.1) 化成二阶形式, 并与 Lagrange 系统、广义坐标下一般完整系统等相对照, 来求得这些约束力学系统.

3) 应用举例

例 1 广义梯度系统 Ⅰ-1 为

$$\begin{pmatrix} \dot{x}_1 \\ \dot{x}_2 \end{pmatrix} = \begin{pmatrix} -1 & 0 \\ 0 & -1 \end{pmatrix} \begin{pmatrix} \dfrac{\partial V}{\partial x_1} \\ \dfrac{\partial V}{\partial x_2} \end{pmatrix} \tag{9.6.2}$$
$$V = x_1^2[1+\exp(-t)] + 2x_2^2 - x_1 x_2$$

试求得相应的约束力学系统.

解　方程 (9.6.1) 给出

$$\dot{x}_1 = -2x_1[1+\exp(-t)] + x_2$$
$$\dot{x}_2 = x_1 - 4x_2$$

令

$$x_1 = q$$

则有二阶方程

$$\ddot{q} = -q[7+6\exp(-t)] - 2\dot{q}[3+\exp(-t)]$$

它可成为一个广义坐标下的一般完整系统, 有

$$L = \frac{1}{2}\dot{q}^2 - \frac{1}{2}q^2[7+6\exp(-t)]$$
$$Q = -2\dot{q}[3+\exp(-t)]$$

再令

$$x_1 = q$$
$$x_2 = p$$

则有

$$\dot{q} = -2q[1+\exp(-t)] + p$$
$$\dot{p} = q - 4p$$

则它可成为一个带附加项的 Hamilton 系统, 有

$$H = \frac{1}{2}p^2 - 2pq[1+\exp(-t)] - \frac{1}{2}q^2$$
$$Q = -2p[3+\exp(-t)]$$

最后, 令

$$x_1 = a^1$$
$$x_2 = a^2$$

则它可成为一个广义 Birkhoff 系统, 有

$$R_1 = a^2, \quad R_2 = 0$$
$$B = \frac{1}{2}(a^2)^2 - 2a^1a^2[1+\exp(-t)] - \frac{1}{2}(a^1)^2$$
$$\Lambda_1 = -2a^2[3+\exp(-t)], \quad \Lambda_2 = 0$$

以上三个力学系统的零解都是一致渐近稳定的.

例 2 已知广义梯度系统 I-1 为

$$\begin{pmatrix} \dot{x}_1 \\ \dot{x}_2 \end{pmatrix} = \begin{pmatrix} -1 & 0 \\ 0 & -1 \end{pmatrix} \begin{pmatrix} \dfrac{\partial V}{\partial x_1} \\ \dfrac{\partial V}{\partial x_2} \end{pmatrix} \tag{9.6.3}$$
$$V = x_1x_2\exp t + \frac{1}{2}x_2^2$$

试求与之相应的约束力学系统.

解 方程 (9.6.1) 给出

$$\dot{x}_1 = -x_2\exp t$$
$$\dot{x}_2 = -x_1\exp t - x_2$$

首先, 令

$$x_1 = q$$

则有二阶方程

$$\ddot{q} = q\exp(2t)$$

它可成为一个 Lagrange 系统, 有

$$L = \frac{1}{2}\dot{q}^2 + \frac{1}{2}q^2\exp(2t)$$

取

$$p = \frac{\partial L}{\partial \dot{q}}$$

则它可成为一个 Hamilton 系统, 有

$$H = \frac{1}{2}p^2 - \frac{1}{2}q^2\exp(2t)$$

其次, 令

$$x_1 = q$$

$$x_2 = p$$

则有

$$\dot{q} = -p \exp t$$

$$\dot{p} = -q \exp t - p$$

则它可成为一个带附加项的 Hamilton 系统, 有

$$H = \frac{1}{2}(q^2 - p^2) \exp t$$

$$Q = -p$$

最后, 令

$$x_1 = a^1$$

$$x_2 = a^2$$

则它可成为一个广义 Birkhoff 系统, 有

$$R_1 = a^2, \quad R_2 = 0$$

$$B = \frac{1}{2}[(a^1)^2 - (a^2)^2] \exp t$$

$$\Lambda_1 = -a^2, \quad \Lambda_2 = 0$$

由广义梯度系统 I-1 可以找到零解为一致渐近稳定的广义坐标下非定常一般完整系统, 带附加项的非定常 Hamilton 系统, 非定常广义 Birkhoff 系统等约束力学系统.

9.6.2　广义梯度系统 I-2 与约束力学系统

本小节将广义梯度系统 I-2 化成与之相应的约束力学系统, 包括问题的提法、问题的解法, 以及具体应用.

1) 问题的提法

广义梯度系统 I-2 的微分方程为

$$\dot{x}_i = b_{ij}(\boldsymbol{X}) \frac{\partial V(t, \boldsymbol{X})}{\partial x_j} \quad (i, j = 1, 2, \cdots, m) \tag{9.6.4}$$

问题的提法如下: 由给定的矩阵 (b_{ij}) 和函数 V, 按方程 (9.6.4) 来构造相应的约束力学系统.

2) 问题的解法

首先, 列写一阶方程组 (9.6.4). 然后, 将其与 Hamilton 系统、带附加项的 Hamilton 系统、Birkhoff 系统、广义 Birkhoff 系统等相对照, 而求得这些约束力学系统. 最后, 将一阶方程组化成二阶形式, 并与 Lagrange 系统、广义坐标下一般完整系统等相对照, 来求得这些约束力学系统.

3) 应用举例

例 1 已知广义梯度系统 I-2 为

$$\begin{pmatrix} \dot{x}_1 \\ \dot{x}_2 \end{pmatrix} = \begin{pmatrix} 0 & 1 \\ -1 & 0 \end{pmatrix} \begin{pmatrix} \dfrac{\partial V}{\partial x_1} \\ \dfrac{\partial V}{\partial x_2} \end{pmatrix} \tag{9.6.5}$$

$$V = x_1^2 + x_2^2[1 + \exp(-t)]$$

试求与之相应的约束力学系统.

解 方程 (9.6.4) 给出

$$\dot{x}_1 = 2x_2[1 + \exp(-t)]$$
$$\dot{x}_2 = -2x_1$$

首先, 令

$$x_1 = q$$

则有一个二阶方程

$$\ddot{q} = -4q[1 + \exp(-t)] - \dot{q}\frac{\exp(-t)}{1 + \exp(-t)}$$

它可成为一个广义坐标下一般完整系统, 其 Lagrange 函数和广义力分别为

$$L = \frac{1}{2}\dot{q}^2 - 2q^2[1 + \exp(-t)]$$
$$Q = -\dot{q}\frac{\exp(-t)}{1 + \exp(-t)}$$

其次, 令

$$x_1 = q$$
$$x_2 = p$$

则它可成为一个 Hamilton 系统, 有

$$H = q^2 + p^2[1 + \exp(-t)]$$

最后, 令

$$x_1 = a^1$$
$$x_2 = a^2$$

则它可成为一个 Birkhoff 系统, 有

$$R_1 = a^2, \quad R_2 = 0$$
$$B = (a^1)^2 + (a^2)^2[1 + \exp(-t)]$$

注意到, 上面所指广义坐标下一般完整系统, 实际上是一个 Lagrange 系统, 其 Lagrange 函数为

$$L = \frac{\dot{q}^2}{4[1 + \exp(-t)]} - q^2$$

以上三个力学系统的零解都是一致稳定的.

例 2　广义梯度系统 I-2 为

$$\begin{pmatrix} \dot{x}_1 \\ \dot{x}_2 \end{pmatrix} = \begin{pmatrix} 0 & 1 \\ -1 & 0 \end{pmatrix} \begin{pmatrix} \dfrac{\partial V}{\partial x_1} \\ \dfrac{\partial V}{\partial x_2} \end{pmatrix} \tag{9.6.6}$$
$$V = x_1 x_2 \exp(-t) + \frac{1}{2} x_2^2$$

试求得与之对应的约束力学系统.

解　方程 (9.6.4) 给出

$$\dot{x}_1 = x_1 \exp(-t) + x_2$$
$$\dot{x}_2 = -x_2 \exp(-t)$$

令

$$x_1 = q$$
$$x_2 = p$$

则它可成为一个 Hamilton 系统, 有

$$H = \frac{1}{2} p^2 + pq \exp(-t)$$

再令

$$x_1 = a^1$$

$$x_2 = a^2$$

则它可成为一个 Birkhoff 系统, 有

$$R_1 = a^2, \quad R_2 = 0$$
$$B = \frac{1}{2}(a^2)^2 + a^1 a^2 \exp(-t)$$

由广义梯度系统 I-2 可以找到零解为一致稳定的非定常 Lagrange 系统, 非定常 Hamilton 系统, 非自治 Birkhoff 系统等约束力学系统.

9.6.3 广义梯度系统 I-3 与约束力学系统

本小节将广义梯度系统 I-3 化成各类约束力学系统, 包括问题的提法、问题的解法, 以及具体应用等.

1) 问题的提法

广义梯度系统 I-3 的微分方程为

$$\dot{x}_i = s_{ij}(\boldsymbol{X})\frac{\partial V(t, \boldsymbol{X})}{\partial x_j} \quad (i, j = 1, 2, \cdots, m) \tag{9.6.7}$$

提出如下问题: 由给定的对称负定矩阵 $(s_{ij}(\boldsymbol{X}))$ 和函数 V, 按方程 (9.6.7) 来构造与之相应的约束力学系统.

2) 问题的解法

首先, 列写一阶方程组 (9.6.7). 其次, 将这个一阶方程组与 Hamilton 系统、带附加项的 Hamilton 系统、Birkhoff 系统、广义 Birkhoff 系统等相对照, 而得到这些约束力学系统. 最后, 将一阶方程组 (9.6.7) 化成二阶形式, 再与 Lagrange 系统、广义坐标下一般完整系统等相对照, 而得到这些约束力学系统.

3) 应用举例

例 1 广义梯度系统 I-3 为

$$\begin{pmatrix} \dot{x}_1 \\ \dot{x}_2 \end{pmatrix} = \begin{pmatrix} -1 & 1 \\ 1 & -2 \end{pmatrix} \begin{pmatrix} \dfrac{\partial V}{\partial x_1} \\ \dfrac{\partial V}{\partial x_2} \end{pmatrix} \tag{9.6.8}$$
$$V = x_1^2 + \frac{x_2^2}{2 + \cos t}$$

试求与之相应的约束力学系统.

解 方程 (9.6.7) 给出

$$\dot{x}_1 = -2x_1 + \frac{2x_2}{2 + \cos t}$$
$$\dot{x}_2 = 2x_1 - \frac{4x_2}{2 + \cos t}$$

首先, 令

$$x_1 = q$$

则有一个二阶方程

$$\ddot{q} = -2q\frac{2-\sin t}{2+\cos t} - \dot{q}\left(2+\frac{4-\sin t}{2+\cos t}\right)$$

它可成为一个广义坐标下一般完整系统, 有

$$L = \frac{1}{2}\dot{q}^2 - q^2\frac{2-\sin t}{2+\cos t}$$
$$Q = -\dot{q}\left(2+\frac{4-\sin t}{2+\cos t}\right)$$

再令

$$x_1 = q$$
$$x_2 = p$$

它可成为一个带附加项的 Hamilton 系统, 有

$$H = \frac{p^2}{2+\cos t} - 2pq - q^2$$
$$Q = -2p\left(1+\frac{2}{2+\cos t}\right)$$

最后, 令

$$x_1 = a^1$$
$$x_2 = a^2$$

则它可成为一个广义 Birkhoff 系统, 有

$$R_1 = a^2, \quad R_2 = 0$$
$$B = \frac{(a^2)^2}{2+\cos t} - 2a^1a^2 - (a^1)^2$$
$$\Lambda_1 = -2a^2\left(1+\frac{2}{2+\cos t}\right), \quad \Lambda_2 = 0$$

以上三个力学系统的零解都是一致渐近稳定的.

例 2　广义梯度系统 I-3 为

$$\begin{pmatrix} \dot{x}_1 \\ \dot{x}_2 \end{pmatrix} = \begin{pmatrix} -1 & 0 \\ 0 & -2 \end{pmatrix} \begin{pmatrix} \dfrac{\partial V}{\partial x_1} \\ \dfrac{\partial V}{\partial x_2} \end{pmatrix} \tag{9.6.9}$$
$$V = \left(\frac{1}{2}x_2^2 - x_1^2\right)\exp t$$

试求与之相应的约束力学系统.

解 方程 (9.6.7) 给出

$$\dot{x}_1 = 2x_1 \exp t$$
$$\dot{x}_2 = -2x_2 \exp t$$

令

$$x_1 = q$$
$$x_2 = p$$

则有

$$\dot{q} = 2q \exp t,$$
$$\dot{p} = -2p \exp t$$

它可成为一个 Hamilton 系统, 其 Hamilton 函数为

$$H = 2pq \exp t$$

其次, 令

$$x_1 = a^1$$
$$x_2 = a^2$$

则它可成为一个 Birkhoff 系统, 有

$$R_1 = a^2, \quad R_2 = 0$$
$$B = 2a^1 a^2 \exp t$$

由广义梯度系统 I-3 可以找到零解为一致渐近稳定的广义坐标下非定常一般完整系统, 带附加项的非定常 Hamilton 系统, 非自治广义 Birkhoff 系统等约束力学系统.

9.6.4 广义梯度系统 I-4 与约束力学系统

本小节将广义梯度系统 I-4 化成与之相应的约束力学系统, 包括问题的提法、问题的解法, 以及具体应用.

1) 问题的提法

广义梯度系统 I-4 的微分方程为

$$\dot{x}_i = a_{ij}(\boldsymbol{X}) \frac{\partial V(t, \boldsymbol{X})}{\partial x_j} \quad (i, j = 1, 2, \cdots, m) \tag{9.6.10}$$

其中矩阵 $(a_{ij}(\boldsymbol{X}))$ 为半负定的. 提出如下问题：由给定的矩阵 $(a_{ij}(\boldsymbol{X}))$ 和函数 V, 按方程 (9.6.10) 来构造相应的约束力学系统.

2) 问题的解法

首先, 列写一阶方程组 (9.6.10). 其次, 将这个一阶方程组与 Hamilton 系统、带附加项的 Hamilton 系统、Birkhoff 系统、广义 Birkhoff 系统等相对照, 而求得这些约束力学系统. 最后, 将一阶方程组 (9.6.10) 化成二阶形式, 再与 Lagrange 系统、广义坐标下一般完整系统等相对照, 来求得这些约束力学系统.

3) 应用举例

例 1　广义梯度系统 I-4 为

$$\begin{pmatrix} \dot{x}_1 \\ \dot{x}_2 \end{pmatrix} = \begin{pmatrix} -1 & 1 \\ 1 & -1 \end{pmatrix} \begin{pmatrix} \dfrac{\partial V}{\partial x_1} \\ \dfrac{\partial V}{\partial x_2} \end{pmatrix} \tag{9.6.11}$$

$$V = \frac{1}{2}x_1^2 + \frac{1}{2}x_2^2[1+\exp(-t)]$$

试求与之相应的约束力学系统.

解　方程 (9.6.10) 给出

$$\begin{aligned} \dot{x}_1 &= -x_1 + x_2[1+\exp(-t)] \\ \dot{x}_2 &= x_1 - x_2[1+\exp(-t)] \end{aligned}$$

首先, 令

$$x_1 = q$$

则有一个二阶方程

$$\ddot{q} = -q\frac{\exp(-t)}{1+\exp(-t)} - \dot{q}\left[2+\exp(-t)+\frac{\exp(-t)}{1+\exp(-t)}\right]$$

它可成为一个广义坐标下一般完整系统, 有

$$\begin{aligned} L &= \frac{1}{2}\dot{q}^2 - \frac{1}{2}q^2\frac{\exp(-t)}{1+\exp(-t)} \\ Q &= -\dot{q}\left[2+\exp(-t)+\frac{\exp(-t)}{1+\exp(-t)}\right] \end{aligned}$$

其次, 令

$$x_1 = q$$

$$x_2 = p$$

则有

$$\dot{q}=-q+p[1+\exp(-t)]$$
$$\dot{p}=q-p[1+\exp(-t)]$$

它可成为一个带附加项的 Hamilton 系统, 有

$$H=\frac{1}{2}p^2[1+\exp(-t)]-pq-\frac{1}{2}q^2$$
$$Q=-p[2+\exp(-t)]$$

最后, 令

$$x_1=a^1$$
$$x_2=a^2$$

则它可成为一个广义 Birkhoff 系统, 有

$$R_1=a^2,\quad R_2=0$$
$$B=\frac{1}{2}(a^2)^2[1+\exp(-t)]-a^1a^2-\frac{1}{2}(a^1)^2$$
$$\Lambda_1=-a^2[2+\exp(-t)],\quad \Lambda_2=0$$

以上三个力学系统的零解都是一致稳定的.

例 2 广义梯度系统 I-4 为

$$\begin{pmatrix}\dot{x}_1\\ \dot{x}_2\end{pmatrix}=\begin{pmatrix}0 & -1\\ 1 & -1\end{pmatrix}\begin{pmatrix}\dfrac{\partial V}{\partial x_1}\\ \dfrac{\partial V}{\partial x_2}\end{pmatrix} \tag{9.6.12}$$
$$V=\frac{1}{2}x_2^2-\frac{1}{2}x_1^2\exp t$$

试将其化成相应的约束力学系统.

解 方程 (9.6.10) 给出

$$\dot{x}_1=-x_2$$
$$\dot{x}_2=-x_1\exp t-x_2$$

令

$$x_2=q$$

则有一个二阶方程

$$\ddot{q}=q[1+\exp t]$$

它可成为一个 Lagrange 系统, 有

$$L = \frac{1}{2}\dot{q}^2 + \frac{1}{2}q^2[1 + \exp t]$$

取

$$p = \dot{q}$$

则可化成一个 Hamilton 系统, 有

$$H = \frac{1}{2}p^2 - \frac{1}{2}q^2[1 + \exp t]$$

其次, 令

$$x_1 = q$$
$$x_2 = p$$

则它可成为一个带附加项的 Hamilton 系统, 有

$$H = \frac{1}{2}q^2 \exp t - \frac{1}{2}p^2$$
$$Q = -p$$

最后, 令

$$x_1 = a^1$$
$$x_2 = a^2$$

则它可成为一个广义 Birkhoff 系统, 有

$$R_1 = a^2, \quad R_2 = 0$$
$$B = \frac{1}{2}(a^1)^2 \exp t - \frac{1}{2}(a^2)^2$$
$$\Lambda_1 = -a^2, \quad \Lambda_2 = 0$$

由广义梯度系统 I-4 可以找到零解为一致稳定的非定常 Lagrange 系统, 非定常 Hamilton 系统等约束力学系统.

9.6.5 广义梯度系统 I-5 与约束力学系统

本小节将广义梯度系统 I-5 化成相应的约束力学系统, 包括问题的提法、问题的解法, 以及具体应用等.

1) 问题的提法

广义梯度系统 I-5 的微分方程为

$$\dot{x}_i=-\frac{\partial V(t,\boldsymbol{X})}{\partial x_i}+b_{ij}(\boldsymbol{X})\frac{\partial V(t,\boldsymbol{X})}{\partial x_j}\quad(i,j=1,2,\cdots,m)\tag{9.6.13}$$

其中 $(b_{ij}(\boldsymbol{X}))$ 为反对称矩阵. 提出如下问题: 由给定的矩阵 $(b_{ij}(\boldsymbol{X}))$ 和函数 V, 按方程 (9.6.13) 来构造相应的约束力学系统.

2) 问题的解法

首先, 列写一阶方程组 (9.6.13). 然后, 将其与 Hamilton 系统、带附加项的 Hamilton 系统、Birkhoff 系统、广义 Birkhoff 系统等相对照, 而求得这些约束力学系统. 最后, 将方程 (9.6.13) 化成二阶形式, 再与 Lagrange 系统、广义坐标下一般完整系统等相对照, 而求得这些约束力学系统. 这样做, 有时可行, 有时做不到, 例如在方程 (9.6.13) 是分离的情形.

3) 应用举例

例 1 已知广义梯度系统 I-5 为

$$\begin{pmatrix}\dot{x}_1\\ \dot{x}_2\end{pmatrix}=\left(\begin{pmatrix}-1&0\\0&-1\end{pmatrix}+\begin{pmatrix}0&-1\\1&0\end{pmatrix}\right)\begin{pmatrix}\dfrac{\partial V}{\partial x_1}\\ \dfrac{\partial V}{\partial x_2}\end{pmatrix}\tag{9.6.14}$$

$$V=x_1^2+x_2^2(2+\sin t)$$

试求与之相应的约束力学系统.

解 方程 (9.6.13) 给出

$$\dot{x}_1=-2x_1-2x_2(2+\sin t)$$
$$\dot{x}_2=2x_1-2x_2(2+\sin t)$$

首先, 令

$$x_1=q$$

则有一个二阶方程

$$\ddot{q}=-2q\left[2(2+\sin t)+\frac{\cos t}{2+\sin t}\right]-\dot{q}\left(4+\sin t+\frac{\cos t}{2+\sin t}\right)$$

它可成为一个广义坐标下一般完整系统, 其 Lagrange 函数和广义力分别为

$$L=\frac{1}{2}\dot{q}^2-q^2\left[2(2+\sin t)+\frac{\cos t}{2+\sin t}\right]$$

$$Q=-\dot{q}\left(4+\sin t+\frac{\cos t}{2+\sin t}\right)$$

其次, 令

$$x_1=q$$

$$x_2=p$$

则它可成为一个带附加项的 Hamilton 系统, 有

$$H=-p^2(2+\sin t)-2pq-q^2$$

$$Q=-2p(3+\sin t)$$

最后, 令

$$x_1=a^1$$

$$x_2=a^2$$

则它可成为一个广义 Birkhoff 系统, 有

$$R_1=a^2,\quad R_2=0$$

$$B=-(a^2)^2(2+\sin t)-2a^1a^2-(a^1)^2$$

$$\Lambda_1=-2a^2(3+\sin t),\quad \Lambda_2=0$$

以上三个力学系统的零解都是一致渐近稳定的.

例 2　已知广义梯度系统 I-5 为

$$\begin{pmatrix}\dot{x}_1\\ \dot{x}_2\end{pmatrix}=\left(\begin{pmatrix}-1 & 0\\ 0 & -1\end{pmatrix}+\begin{pmatrix}0 & -1\\ 1 & 0\end{pmatrix}\right)\begin{pmatrix}\dfrac{\partial V}{\partial x_1}\\ \dfrac{\partial V}{\partial x_2}\end{pmatrix} \tag{9.6.15}$$

$$V=\frac{1}{2}x_1^2+\frac{1}{2}x_2^2\frac{\exp t}{1-\exp t}\quad (t>0)$$

试求与之相应的约束力学系统.

解　方程 (9.6.13) 给出

$$\dot{x}_1=-x_1-x_2\frac{\exp t}{1-\exp t}$$

$$\dot{x}_2=x_1-x_2\frac{\exp t}{1-\exp t}$$

首先, 令

$$x_1 = q$$

则有一个二阶方程

$$\ddot{q} = q\frac{1 - 2\exp t}{1 - \exp t}$$

它可成为一个 Lagrange 系统, 其 Lagrange 函数为

$$L = \frac{1}{2}\dot{q}^2 + \frac{1}{2}q^2\frac{1 - 2\exp t}{1 - \exp t}$$

其次, 令

$$x_1 = q$$

$$x_2 = p$$

则它可成为一个带附加项的 Hamilton 系统, 有

$$H = -pq - \frac{1}{2}p^2\frac{\exp t}{1 - \exp t} - \frac{1}{2}q^2$$

$$Q = -\frac{p}{1 - \exp t}$$

最后, 令

$$x_1 = a^1$$

$$x_2 = a^2$$

则它可成为一个广义 Birkhoff 系统, 有

$$R_1 = a^2, \quad R_2 = 0$$

$$B = -a^1a^2 - \frac{1}{2}(a^2)^2\frac{\exp t}{1 - \exp t} - \frac{1}{2}(a^1)^2$$

$$\Lambda_1 = -\frac{a^2}{1 - \exp t}, \quad \Lambda_2 = 0$$

由广义梯度系统 I-5 可以找到零解为渐近稳定的广义坐标下非定常一般完整系统, 带附加项的非定常 Hamilton 系统, 非自治广义 Birkhoff 系统等约束力学系统.

9.6.6 广义梯度系统 I-6 与约束力学系统

本小节将广义梯度系统 I-6 化成相应的约束力学系统, 包括问题的提法、问题的解法, 以及具体应用.

1) 问题的提法

广义梯度系统 I-6 的微分方程为

$$\dot{x}_i = -\frac{\partial V(t,\boldsymbol{X})}{\partial x_i} + s_{ij}(\boldsymbol{X})\frac{\partial V(t,\boldsymbol{X})}{\partial x_j} \quad (i,j=1,2,\cdots,m) \tag{9.6.16}$$

其中 $(s_{ij}(\boldsymbol{X}))$ 为对称负定矩阵. 提出如下问题: 由给定的矩阵 (s_{ij}) 和函数 V, 按方程 (9.6.16) 来构造相应的约束力学系统.

2) 问题的解法

问题的解不是唯一的, 因为同一微分方程可以对应几个约束力学系统. 为解上述问题, 首先, 由给定的 (s_{ij}) 和 V 来列写一阶方程组 (9.6.16). 然后, 将这个一阶方程组与 Hamilton 系统、带附加项的 Hamilton 系统、Birkhoff 系统、广义 Birkhoff 系统等相对照, 而得到这些约束力学系统. 最后, 将一阶方程组 (9.6.16) 化成二阶形式, 再与 Lagrange 系统、广义坐标下一般完整系统等相对照, 来求得这些约束力学系统.

3) 应用举例

例 1 已知广义梯度系统 I-6 为

$$\begin{pmatrix} \dot{x}_1 \\ \dot{x}_2 \end{pmatrix} = \left(\begin{pmatrix} -1 & 0 \\ 0 & -1 \end{pmatrix} + \begin{pmatrix} -1 & 1 \\ 1 & -2 \end{pmatrix}\right)\begin{pmatrix} \dfrac{\partial V}{\partial x_1} \\ \dfrac{\partial V}{\partial x_2} \end{pmatrix}$$

$$V = \frac{1}{2}x_1^2 + \frac{1}{2}x_2^2(2+\cos t) + \frac{1}{3}x_1^3 \tag{9.6.17}$$

试求与之相应的约束力学系统.

解 方程 (9.6.16) 给出

$$\dot{x}_1 = -2x_1 + x_2(2+\cos t) - 2x_1^2$$

$$\dot{x}_2 = x_1 - 3x_2(2+\cos t) + x_1^2$$

首先, 令

$$x_1 = q$$

则有二阶方程

$$\ddot{q} = -q\left[5(2+\cos t) + \frac{2}{2+\cos t}\right] - \dot{q}\left(8 + 3\cos t + \frac{\sin t}{2+\cos t}\right)$$

$$-2q^2\left[3(2+\cos t)+\frac{\sin t}{2+\cos t}\right]-4q\dot{q}$$

它可成为一个广义坐标下完整系统, 有

$$L=\frac{1}{2}\dot{q}^2-\frac{1}{2}q^2\left[5(2+\cos t)+\frac{2}{2+\cos t}\right]-\frac{2}{3}q^3\left[3(2+\cos t)+\frac{\sin t}{2+\cos t}\right]$$

$$Q=-4q\dot{q}-\dot{q}\left(8+3\cos t+\frac{\sin t}{2+\cos t}\right)$$

其次, 令

$$x_1=q$$
$$x_2=p$$

则它可成为一个带附加项的 Hamilton 系统, 有

$$\begin{aligned}H&=\frac{1}{2}p^2(2+\cos t)-2pq-2pq^2-\frac{1}{2}q^2-\frac{1}{3}q^3\\Q&=-p(8+3\cos t+4q)\end{aligned}$$

最后, 令

$$x_1=a^1$$
$$x_2=a^2$$

则它可成为一个广义 Birkhoff 系统, 有

$$\begin{aligned}&R_1=a^2,\quad R_2=0\\&B=\frac{1}{2}(a^2)^2(2+\cos t)-2a^1a^2-2(a^1)^2a^2-\frac{1}{2}(a^1)^2-\frac{1}{3}(a^1)^3\\&\Lambda_1=-a^2(8+3\cos t+4a^1),\quad \Lambda_2=0\end{aligned}$$

以上三个力学系统的零解都是一致渐近稳定的.

例 2 广义梯度系统 I-6 为

$$\begin{aligned}&\begin{pmatrix}\dot{x}_1\\\dot{x}_2\end{pmatrix}=\left(\begin{pmatrix}-1&0\\0&-1\end{pmatrix}+\begin{pmatrix}-1&1\\1&-2\end{pmatrix}\right)\begin{pmatrix}\dfrac{\partial V}{\partial x_1}\\\dfrac{\partial V}{\partial x_2}\end{pmatrix}\\&V=\left(2x_1x_2+\frac{1}{2}x_1^2\right)\frac{1}{2(1+t)}\end{aligned}\tag{9.6.18}$$

试求与之相应的约束力学系统.

解　方程 (9.6.16) 给出

$$\dot{x}_1 = -\frac{2x_2}{1+t}$$
$$\dot{x}_2 = (-5x_1 + 2x_2)\frac{1}{2(1+t)}$$

首先, 令

$$x_1 = q$$

则有一个二阶方程

$$\ddot{q} = \frac{5q}{(1+t)^2}$$

它可成为一个 Lagrange 系统, 有

$$L = \frac{1}{2}\dot{q}^2 - \frac{5}{2}\frac{q^2}{(1+t)^2}$$

其次, 令

$$x_1 = q$$
$$x_2 = p$$

则它可成为一个带附加项的 Hamilton 系统, 有

$$H = \frac{5q^2}{4(1+t)} - \frac{p^2}{1+t}$$
$$Q = \frac{p}{1+t}$$

最后, 令

$$x_1 = a^1$$
$$x_2 = a^2$$

则它可成为一个广义 Birkhoff 系统, 有

$$R_1 = a^2, \quad R_2 = 0$$
$$B = \frac{5(a^1)^2}{4(1+t)} - \frac{(a^2)^2}{1+t}$$
$$\Lambda_1 = \frac{a^2}{1+t}, \quad \Lambda_2 = 0$$

由广义梯度系统 I-6 可以找到零解为渐近稳定的广义坐标下非定常一般完整系统, 带附加项的非定常 Hamilton 系统, 非自治广义 Birkhoff 系统等约束力学系统.

9.6.7 广义梯度系统 I-7 与约束力学系统

本小节将广义梯度系统 I-7 化成各类约束力学系统, 包括问题的提法、问题的解法, 以及具体应用.

1) 问题的提法

广义梯度系统 I-7 的微分方程为

$$\dot{x}_i = -\frac{\partial V(t, \boldsymbol{X})}{\partial x_i} + a_{ij}(\boldsymbol{X})\frac{\partial V(t, \boldsymbol{X})}{\partial x_j} \quad (i, j = 1, 2, \cdots, m) \tag{9.6.19}$$

其中 $(a_{ij}(\boldsymbol{X}))$ 为半负定矩阵. 提出如下问题：由给定的矩阵 (a_{ij}) 和函数 V, 按方程 (9.6.19) 来构造与之相应的约束力学系统.

2) 问题的解法

首先, 由给定的矩阵 (a_{ij}) 和函数 V 来列写一阶方程组 (9.6.19). 其次, 将这个一阶方程组与 Hamilton 系统、带附加项的 Hamilton 系统、Birkhoff 系统、广义 Birkhoff 系统等相对照, 来得到这些约束力学系统. 最后, 将一阶方程组 (9.6.19) 化成二阶形式, 再与 Lagrange 系统、广义坐标下完整系统等相对照, 来求得这些约束力学系统。

3) 应用举例

例 1 广义梯度系统 I-7 为

$$\begin{pmatrix} \dot{x}_1 \\ \dot{x}_2 \end{pmatrix} = \left(\begin{pmatrix} -1 & 0 \\ 0 & -1 \end{pmatrix} + \begin{pmatrix} -1 & 1 \\ 1 & -1 \end{pmatrix} \right) \begin{pmatrix} \dfrac{\partial V}{\partial x_1} \\ \dfrac{\partial V}{\partial x_2} \end{pmatrix} \tag{9.6.20}$$

$$V = \frac{1}{2}(x_1^2 + x_2^2)[1 + \exp(-t)]$$

试求与之相应的约束力学系统.

解 方程 (9.6.19) 给出

$$\dot{x}_1 = (-2x_1 + x_2)[1 + \exp(-t)]$$
$$\dot{x}_2 = (x_1 - 2x_2)[1 + \exp(-t)]$$

首先, 令

$$x_1 = q$$

则有二阶方程

$$\ddot{q} = -3q[1 + \exp(-t)]^2 - \dot{q}\left\{4[1 + \exp(-t)] + \frac{\exp(-t)}{1 + \exp(-t)}\right\}$$

它可成为一个广义坐标下的一般完整系统, 有

$$L = \frac{1}{2}\dot{q}^2 - \frac{3}{2}q^2[1 + \exp(-t)]^2$$

$$Q=-\dot{q}\left\{4[1+\exp(-t)]+\frac{\exp(-t)}{1+\exp(-t)}\right\}$$

其次, 令

$$x_1=q$$

$$x_2=p$$

则它可成为一个带附加项的 Hamilton 系统, 有

$$\begin{aligned}H&=\left(\frac{1}{2}p^2-\frac{1}{2}q^2-2pq\right)[1+\exp(-t)]\\Q&=-4p[1+\exp(-t)]\end{aligned}$$

最后, 令

$$x_1=a^1$$

$$x_2=a^2$$

则它可成为一个广义 Birkhoff 系统, 有

$$\begin{aligned}&R_1=a^2,\quad R_2=0\\&B=\left[\frac{1}{2}(a^2)^2-\frac{1}{2}(a^1)^2-2a^1a^2\right][1+\exp(-t)]\\&\Lambda_1=-4a^2[1+\exp(-t)],\quad \Lambda_2=0\end{aligned}$$

以上三个力学系统的零解都是一致渐近稳定的.

例 2　广义梯度系统 I-7 为

$$\begin{pmatrix}\dot{x}_1\\\dot{x}_2\end{pmatrix}=\left(\begin{pmatrix}-1&0\\0&-1\end{pmatrix}+\begin{pmatrix}-1&1\\1&-1\end{pmatrix}\right)\begin{pmatrix}\dfrac{\partial V}{\partial x_1}\\\dfrac{\partial V}{\partial x_2}\end{pmatrix}\tag{9.6.21}$$

$$V=\frac{1}{2}x_1^2+x_1x_2\exp(-t)$$

试求与之相应的约束力学系统.

解　方程 (9.6.19) 给出

$$\begin{aligned}\dot{x}_1&=-2[x_1+x_2\exp(-t)]+x_1\exp(-t)\\\dot{x}_2&=x_1+x_2\exp(-t)-2x_1\exp(-t)\end{aligned}$$

令

$$x_1 = q$$
$$x_2 = p$$

则它可成为一个带附加项的 Hamilton 系统, 有

$$H = -p^2 \exp(-t) - 2pq + pq \exp(-t) - \frac{1}{2}q^2 + q^2 \exp(-t)$$
$$Q = -2p[1 + \exp(-t)]$$

其次, 令

$$x_1 = a^1$$
$$x_2 = a^2$$

则它可成为一个广义 Birkhoff 系统, 有

$$R_1 = a^2, \quad R_2 = 0$$
$$B = -(a^2)^2 \exp(-t) - 2a^1 a^2 + a^1 a^2 \exp(-t) - \frac{1}{2}(a^1)^2 + (a^1)^2 \exp(-t)$$
$$\Lambda_1 = -2a^2[1 + \exp(-t)], \quad \Lambda_2 = 0$$

由广义梯度系统 I-7 可以找到零解为渐近稳定的广义坐标下非定常一般完整系统, 带附加项的非定常 Hamilton 系统, 非自治广义 Birkhoff 系统等约束力学系统.

9.6.8 广义梯度系统 I-8 与约束力学系统

本小节将广义梯度系统 I-8 化成相应的约束力学系统, 包括问题的提法、问题的解法, 以及具体应用.

1) 问题的提法

广义梯度系统 I-8 的微分方程为

$$\dot{x}_i = b_{ij}(\boldsymbol{X})\frac{\partial V(t, \boldsymbol{X})}{\partial x_j} + s_{ij}(\boldsymbol{X})\frac{\partial V(t, \boldsymbol{X})}{\partial x_j} \quad (i, j = 1, 2, \cdots, m) \tag{9.6.22}$$

其中 $(b_{ij}(\boldsymbol{X}))$ 为反对称矩阵, $(s_{ij}(\boldsymbol{X}))$ 为对称负定矩阵. 问题的提法如下：由给定的矩阵 $(b_{ij}(\boldsymbol{X})), (s_{ij}(\boldsymbol{X}))$ 和函数 $V = V(t, \boldsymbol{X})$ 来构造相应的约束力学系统.

2) 问题的解法

首先, 列写一阶方程组 (9.6.22). 然后, 将其与 Hamilton 系统、带附加项的 Hamilton 系统、Birkhoff 系统、广义 Birkhoff 系统等相对照, 而求得这些约束力学

系统. 最后, 将一阶方程组 (9.6.22) 化成二阶形式, 再与 Lagrange 系统、广义坐标下一般完整系统等相对照, 来求得这些约束力学系统.

3) 应用举例

例 1　广义梯度系统 I-8 为

$$\begin{pmatrix} \dot{x}_1 \\ \dot{x}_2 \end{pmatrix} = \left(\begin{pmatrix} 0 & 1 \\ -1 & 0 \end{pmatrix} + \begin{pmatrix} -1 & 1 \\ 1 & -2 \end{pmatrix} \right) \begin{pmatrix} \dfrac{\partial V}{\partial x_1} \\ \dfrac{\partial V}{\partial x_2} \end{pmatrix} \tag{9.6.23}$$

$$V = x_1^2 + x_2^2(2 + \sin t) + x_1 x_2$$

试求与之相应的约束力学系统.

解　方程 (9.6.22) 给出

$$\begin{aligned} \dot{x}_1 &= 4x_2(2 + \sin t) - x_2 \\ \dot{x}_2 &= -4x_2(2 + \sin t) - 2x_1 \end{aligned}$$

首先, 令

$$x_2 = q$$

则有二阶方程

$$\ddot{q} = -4\dot{q}(2 + \sin t) - 2q[2(\cos t + 2\sin t) + 7]$$

它可成为一个广义坐标下一般完整系统, 有

$$\begin{aligned} L &= \frac{1}{2}\dot{q}^2 - q^2[2(\cos t + 2\sin t) + 7] \\ Q &= -4\dot{q}(2 + \sin t) \end{aligned}$$

其次, 令

$$\begin{aligned} x_1 &= q \\ x_2 &= p \end{aligned}$$

则它可成为一个带附加项的 Hamilton 系统, 有

$$\begin{aligned} H &= -\frac{1}{2}p^2 + 2p^2(2 + \sin t) + q^2 \\ Q &= -4p(2 + \sin t) \end{aligned}$$

最后, 令

$$x_1 = a^1$$

$$x_2 = a^2$$

则它可成为一个广义 Birkhoff 系统, 有

$$\begin{aligned}&R_1 = a^2, \quad R_2 = 0\\&B = (a^1)^2 - \frac{1}{2}(a^2)^2 + 2(a^2)^2(2+\sin t)\\&\Lambda_1 = -4a^2(2+\sin t), \quad \Lambda_2 = 0\end{aligned}$$

以上三个力学系统的零解都是一致渐近稳定的.

例 2 广义梯度系统 I-8 为

$$\begin{pmatrix}\dot{x}_1\\\dot{x}_2\end{pmatrix} = \left(\begin{pmatrix}0 & 1\\-1 & 0\end{pmatrix} + \begin{pmatrix}-1 & 1\\1 & -2\end{pmatrix}\right)\begin{pmatrix}\dfrac{\partial V}{\partial x_1}\\\dfrac{\partial V}{\partial x_2}\end{pmatrix} \tag{9.6.24}$$

$$V = (2x_1^2 - x_2^2)\cos t$$

试求与之相应的约束力学系统.

解 方程 (9.6.22) 给出

$$\begin{aligned}\dot{x}_1 &= -4(x_1 + x_2)\cos t\\\dot{x}_2 &= 4x_2\cos t\end{aligned}$$

首先, 令

$$x_1 = q$$

$$x_2 = p$$

则它可成为一个 Hamilton 系统, 有

$$H = -(4pq + 2p^2)\cos t$$

其次, 令

$$x_1 = a^1$$

$$x_2 = a^2$$

则它可成为一个 Birkhoff 系统, 有

$$\begin{aligned}&R_1 = a^2, \quad R_2 = 0\\&B = -[4a^1a^2 + 2(a^2)^2]\cos t\end{aligned}$$

由广义梯度系统 I-8 可以找到零解为渐近稳定的广义坐标下非定常一般完整系统, 带附加项的非定常 Hamilton 系统, 非自治广义 Birkhoff 系统等约束力学系统.

9.6.9 广义梯度系统 I-9 与约束力学系统

本小节将广义梯度系统 I-9 化成各类约束力学系统, 包括问题的提法、问题的解法, 以及具体应用.

1) 问题的提法

广义梯度系统 I-9 的微分方程为

$$\dot{x}_i = b_{ij}(\boldsymbol{X})\frac{\partial V(t,\boldsymbol{X})}{\partial x_j} + a_{ij}(\boldsymbol{X})\frac{\partial V(t,\boldsymbol{X})}{\partial x_j} \quad (i,j=1,2,\cdots,m) \tag{9.6.25}$$

其中 $(b_{ij}(\boldsymbol{X}))$ 为反对称矩阵, $(a_{ij}(\boldsymbol{X}))$ 为半负定矩阵. 提出如下问题：由给定的矩阵 $(b_{ij}(\boldsymbol{X}))$, $(a_{ij}(\boldsymbol{X}))$ 和函数 $V=V(t,\boldsymbol{X})$, 按方程 (9.6.25) 来构造相应的约束力学系统.

2) 问题的解法

首先, 列写一阶方程组 (9.6.25). 其次, 将这个一阶方程组与 Hamilton 系统、带附加项的 Hamilton 系统、Birkhoff 系统、广义 Birkhoff 系统等相对照, 来求得这些约束力学系统. 最后, 将一阶方程组 (9.6.25) 化成二阶形式, 再与 Lagrange 系统、广义坐标下一般完整系统等相对照, 而求得这些约束力学系统.

3) 应用举例

例 1　广义梯度系统 I-9 为

$$\begin{pmatrix} \dot{x}_1 \\ \dot{x}_2 \end{pmatrix} = \left(\begin{pmatrix} 0 & -1 \\ 1 & 0 \end{pmatrix} + \begin{pmatrix} -1 & 1 \\ 1 & -1 \end{pmatrix}\right)\begin{pmatrix} \dfrac{\partial V}{\partial x_1} \\ \dfrac{\partial V}{\partial x_2} \end{pmatrix} \tag{9.6.26}$$

$$V = x_1^2 + x_2^2[1+\exp(-t)] - x_1x_2$$

试求与之相应的约束力学系统.

解　方程 (9.6.25) 给出

$$\begin{aligned} \dot{x}_1 &= -2x_1 + x_2 \\ \dot{x}_2 &= 5x_1 - 2x_2[2+\exp(-t)] \end{aligned}$$

首先, 令

$$x_1 = q$$

则有一个二阶方程

$$\ddot{q} = -q[3+4\exp(-t)] - 2\dot{q}[3+\exp(-t)]$$

它可成为一个广义坐标下一般完整系统, 有

$$L = \frac{1}{2}\dot{q}^2 - \frac{1}{2}q^2[3+4\exp(-t)]$$

$$Q=-2\dot{q}[3+\exp(-t)]$$

其次, 令

$$x_1=q$$
$$x_2=p$$

则它可成为一个带附加项的 Hamilton 系统, 有

$$H=\frac{1}{2}p^2-2pq-\frac{5}{2}q^2$$
$$Q=-2p[3+\exp(-t)]$$

最后, 令

$$x_1=a^1$$
$$x_2=a^2$$

则它可成为一个广义 Birkhoff 系统, 有

$$R_1=a^2,\quad R_2=0$$
$$B=\frac{1}{2}(a^2)^2-2a^1a^2-\frac{5}{2}(a^1)^2$$
$$\Lambda_1=-2a^2[3+\exp(-t)],\quad \Lambda_2=0$$

以上三个力学系统的零解都是一致渐近稳定的.

例 2 广义梯度系统 I-9 为

$$\begin{pmatrix}\dot{x}_1\\ \dot{x}_2\end{pmatrix}=\left(\begin{pmatrix}0 & -1\\ 1 & 0\end{pmatrix}+\begin{pmatrix}-1 & 1\\ 1 & -1\end{pmatrix}\right)\begin{pmatrix}\dfrac{\partial V}{\partial x_1}\\ \dfrac{\partial V}{\partial x_2}\end{pmatrix}\tag{9.6.27}$$
$$V=(x_1^2-x_2^2)\exp t$$

试求与之相应的约束力学系统.

解 方程 (9.6.25) 给出

$$\dot{x}_1=-2x_1\exp t$$
$$\dot{x}_2=2(2x_1+x_2)\exp t$$

令

$$x_1=q$$

$$x_2 = p$$

则它可成为一个 Hamilton 系统, 有

$$H = -2q(q+p)\exp t$$

再令

$$x_1 = a^1$$

$$x_2 = a^2$$

则它可成为一个 Birkhoff 系统, 有

$$R_1 = a^2, \quad R_2 = 0$$

$$B = -2a^1(a^1 + a^2)\exp t$$

由广义梯度系统 I-9 可以找到零解为渐近稳定的广义坐标下非定常一般完整系统, 带附加项的非定常 Hamilton 系统, 非自治广义 Birkhoff 系统等约束力学系统.

9.6.10　广义梯度系统 I-10 与约束力学系统

本小节将广义梯度系统 I-10 化成与之相应的约束力学系统, 包括问题的提法、问题的解法, 以及具体应用.

1) 问题的提法

广义梯度系统 I-10 的微分方程为

$$\dot{x}_i = a_{ij}(\boldsymbol{X})\frac{\partial V(t,\boldsymbol{X})}{\partial x_j} + s_{ij}(\boldsymbol{X})\frac{\partial V(t,\boldsymbol{X})}{\partial x_j} \quad (i,j=1,2,\cdots,m) \tag{9.6.28}$$

其中矩阵 $(a_{ij}(\boldsymbol{X}))$ 为半负定的, 矩阵 $(s_{ij}(\boldsymbol{X}))$ 为对称负定的. 提出如下问题: 由给定的矩阵 $(a_{ij}(\boldsymbol{X})),(s_{ij}(\boldsymbol{X}))$ 和函数 $V=V(t,\boldsymbol{X})$, 按方程 (9.6.28) 来构造相应的约束力学系统.

2) 问题的解法

首先, 列写一阶方程组 (9.6.28). 其次, 将这个一阶方程组与 Hamilton 系统、带附加项的 Hamilton 系统、Birkhoff 系统、广义 Birkhoff 系统等相对照, 来求得这些约束力学系统. 最后, 将一阶方程组 (9.6.28) 化成二阶形式, 再与 Lagrange 系统、广义坐标下一般完整系统等相对照, 来求得这些约束力学系统.

3) 应用举例

例 1 广义梯度系统 Ⅰ-10 为

$$
\begin{pmatrix} \dot{x}_1 \\ \dot{x}_2 \end{pmatrix} = \left(\begin{pmatrix} -1 & 1 \\ 1 & -1 \end{pmatrix} + \begin{pmatrix} -1 & 1 \\ 1 & -2 \end{pmatrix} \right) \begin{pmatrix} \dfrac{\partial V}{\partial x_1} \\ \dfrac{\partial V}{\partial x_2} \end{pmatrix} \tag{9.6.29}
$$

$$V = x_1^2 + x_2^2[1+\exp(-t)]$$

试求与之相应的约束力学系统.

解 方程 (9.6.28) 给出

$$
\begin{aligned}
\dot{x}_1 &= -4x_1 + 4x_2[1+\exp(-t)] \\
\dot{x}_2 &= 4x_1 - 6x_2[1+\exp(-t)]
\end{aligned}
$$

首先, 令

$$x_1 = q$$

则有二阶方程

$$\ddot{q} = -4q\left\{2[1+\exp(-t)] + \frac{\exp(-t)}{1+\exp(-t)}\right\} - \dot{q}\left[10 + 6\exp(-t) + \frac{\exp(-t)}{1+\exp(-t)}\right]$$

它可成为一个广义坐标下一般完整系统, 其 Lagrange 函数和广义力分别为

$$
\begin{aligned}
L &= \frac{1}{2}\dot{q}^2 - 2q^2\left\{2[1+\exp(-t)] + \frac{\exp(-t)}{1+\exp(-t)}\right\} \\
Q &= -\dot{q}\left[10 + 6\exp(-t) + \frac{\exp(-t)}{1+\exp(-t)}\right]
\end{aligned}
$$

再令

$$
\begin{aligned}
x_1 &= q \\
x_2 &= p
\end{aligned}
$$

则它可成为一个带附加项的 Hamilton 系统, 有

$$
\begin{aligned}
H &= 2p^2[1+\exp(-t)] - 4pq + 2q^2 \\
Q &= -2p[5+3\exp(-t)]
\end{aligned}
$$

最后, 令

$$x_1 = a^1$$

$$x_2 = a^2$$

则它可成为一个广义 Birkhoff 系统, 有

$$R_1 = a^2, \quad R_2 = 0$$
$$B = 2(a^2)^2[1+\exp(-t)] - 4a^1a^2 + 2(a^1)^2$$
$$\Lambda_1 = -2a^2[5+3\exp(-t)], \quad \Lambda_2 = 0$$

以上三个力学系统的零解都是一致渐近稳定的.

例 2　广义梯度系统 I-10 为

$$\begin{pmatrix} \dot{x}_1 \\ \dot{x}_2 \end{pmatrix} = \left(\begin{pmatrix} -1 & 1 \\ 1 & -1 \end{pmatrix} + \begin{pmatrix} -1 & 1 \\ 1 & -2 \end{pmatrix}\right)\begin{pmatrix} \dfrac{\partial V}{\partial x_1} \\ \dfrac{\partial V}{\partial x_2} \end{pmatrix} \tag{9.6.30}$$
$$V = \left(\frac{1}{2}x_1^2 + x_1x_2\right)\exp t$$

试求与之相应的约束力学系统.

解　方程 (9.6.28) 给出

$$\dot{x}_1 = -2x_2\exp t$$
$$\dot{x}_2 = (-x_1+2x_2)\exp t$$

首先, 令

$$x_1 = q$$

则有二阶方程

$$\ddot{q} = 2q\exp(2t) + \dot{q}(1+2\exp t)$$

它可成为一个广义坐标下一般完整系统, 有

$$L = \frac{1}{2}\dot{q}^2 + q^2\exp(2t)$$
$$Q = \dot{q}(1+2\exp t)$$

其次, 令

$$x_1 = q$$
$$x_2 = p$$

则它可成为一个带附加项的 Hamilton 系统, 有

$$H = \left(\frac{1}{2}q^2 - p^2\right)\exp t$$

$$Q = 2p\exp t$$

最后, 令

$$x_1 = q$$

$$x_2 = p$$

则它可成为一个广义 Birkhoff 系统, 有

$$R_1 = a^2, \quad R_2 = 0$$

$$B = \left[\frac{1}{2}(a^1)^2 - (a^2)^2\right]\exp t$$

$$\Lambda_1 = 2a^2\exp t, \quad \Lambda_2 = 0$$

由广义梯度系统 Ⅰ-10 可以找到零解为渐近稳定的广义坐标下非定常一般完整系统, 带附加项的非定常 Hamilton 系统, 非自治广义 Birkhoff 系统等约束力学系统.

9.7　广义梯度系统 (Ⅱ) 与约束力学系统

本节由 9 类广义梯度系统 (Ⅱ) 来构造相应的约束力学系统. 因为广义梯度系统 (Ⅱ) 中的矩阵和函数都包含时间 t, 因此, 问题较 9.6 节还要复杂.

9.7.1　广义梯度系统 Ⅱ-1 与约束力学系统

本小节将广义梯度系统 Ⅱ-1 化成相应的约束力学系统, 包括问题的提法、问题的解法, 以及具体应用.

1) 问题的提法

广义梯度系统 Ⅱ-1 的微分方程为

$$\dot{x}_i = b_{ij}(t, \boldsymbol{X})\frac{\partial V(t, \boldsymbol{X})}{\partial x_j} \quad (i, j = 1, 2, \cdots, m) \tag{9.7.1}$$

其中矩阵 $(b_{ij}(t, \boldsymbol{X}))$ 是反对称的. 提出如下问题：由给定的矩阵 $(b_{ij}(t, \boldsymbol{X}))$ 和函数 $V = V(t, \boldsymbol{X})$, 按方程 (9.7.1) 来构造相应的约束力学系统.

2) 问题的解法

首先, 由给定的矩阵 $(b_{ij}(t, \boldsymbol{X}))$ 和函数 $V = V(t, \boldsymbol{X})$ 来列写一阶方程 (9.7.1). 其次, 将这个一阶方程组与 Hamilton 系统、带附加项的 Hamilton 系统、Birkhoff 系统、广义 Birkhoff 系统等相对照, 来求得这些约束力学系统. 最后, 将一阶方程组

(9.7.1) 化成二阶形式, 再与 Lagrange 系统、广义坐标下一般完整系统相对照, 来求得这些约束力学系统.

3) 应用举例

例 1　广义梯度系统 II-1 为

$$
\begin{pmatrix} \dot{x}_1 \\ \dot{x}_2 \end{pmatrix} = \begin{pmatrix} 0 & 1+t \\ -(1+t) & 0 \end{pmatrix} \begin{pmatrix} \dfrac{\partial V}{\partial x_1} \\ \dfrac{\partial V}{\partial x_2} \end{pmatrix} \tag{9.7.2}
$$

$$
V = x_1^2[1+\exp(-t)] + x_2^2
$$

试求与之相应的约束力学系统.

解　方程 (9.7.1) 给出

$$
\begin{aligned}
\dot{x}_1 &= 2x_2(1+t) \\
\dot{x}_2 &= -2x_1(1+t)[1+\exp(-t)]
\end{aligned}
$$

令

$$
\begin{aligned}
x_1 &= q \\
x_2 &= p
\end{aligned}
$$

则有

$$
\begin{aligned}
\dot{q} &= 2p(1+t) \\
\dot{p} &= -2q(1+t)[1+\exp(-t)]
\end{aligned}
$$

它可成为一个 Hamilton 系统, 其 Hamilton 函数为

$$
H = q^2(1+t)[1+\exp(-t)] + p^2(1+t)
$$

再令

$$
\begin{aligned}
x_1 &= a^1 \\
x_2 &= a^2
\end{aligned}
$$

则它可成为一个 Birkhoff 系统, 有

$$
\begin{aligned}
&R_1 = a^2, \quad R_2 = 0 \\
&B = (a^1)^2(1+t)[1+\exp(-t)] + (a^2)^2(1+t)
\end{aligned}
$$

将方程化成一个二阶方程, 有

$$
\ddot{x}_1 = \frac{\dot{x}_1}{1+t} - 4x_1(1+t)^2[1+\exp(-t)]
$$

令

$$x_1 = q$$

则它可成为一个 Lagrange 系统, 其 Lagrange 函数为

$$L = \frac{1}{4(1+t)}\dot{q}^2 - q^2(1+t)[1+\exp(-t)]$$

或一个广义坐标下一般完整系统, 有

$$L = \frac{1}{2}\dot{q}^2 - 2q^2(1+t)^2[1+\exp(-t)]$$

$$Q = \frac{\dot{q}}{1+t}$$

以上 4 个力学系统的零解都是一致稳定的.

例 2 广义梯度系统 II-1 为

$$\begin{pmatrix} \dot{x}_1 \\ \dot{x}_2 \end{pmatrix} = \begin{pmatrix} 0 & (1+t)(1+x_1^2) \\ -(1+t)(1+x_1^2) & 0 \end{pmatrix} \begin{pmatrix} \dfrac{\partial V}{\partial x_1} \\ \dfrac{\partial V}{\partial x_2} \end{pmatrix} \tag{9.7.3}$$

$$V = x_1^2\left(1+\frac{1}{1+t}\right) + x_2^2$$

试求与之相应的约束力学系统.

解 方程 (9.7.1) 给出

$$\dot{x}_1 = 2x_2(1+t)(1+x_1^2)$$

$$\dot{x}_2 = -2x_1(1+t)\left(1+\frac{1}{1+t}\right)(1+x_1^2)$$

首先, 令

$$x_1 = q$$

$$x_2 = p$$

则有

$$\dot{q} = 2p(1+t)(1+q^2),$$

$$\dot{p} = -2q(1+t)\left(1+\frac{1}{1+t}\right)(1+q^2)$$

它可成为一个带附加项的 Hamilton 系统, 有

$$H = \left(q^2 + \frac{1}{2}q^4\right)(1+t)\left(1+\frac{1}{1+t}\right) + p^2(1+t)(1+q^2)$$

$$Q = 2qp^2(1+t)$$

其次, 令

$$x_1 = a^1$$
$$x_2 = a^2$$

则它可成为一个广义 Birkhoff 系统, 有

$$R_1 = a^2, \quad R_2 = 0,$$
$$B = \left[(a^1)^2 + \frac{1}{2}(a^1)^4\right](1+t)\left(1+\frac{1}{1+t}\right) + (a^2)^2(1+t)[1+(a^1)^2]$$
$$\Lambda_1 = 2a^1(a^2)^2(1+t), \quad \Lambda_2 = 0$$

最后, 令

$$x_1 = q$$

则有二阶方程

$$\ddot{q} = -4q(1+t)^2\left(1+\frac{1}{1+t}\right)(1+q^2)^2 + \frac{\dot{q}}{1+t} + \frac{2q\dot{q}^2}{1+q^2}$$

它可成为一个广义坐标下一般完整系统, 有

$$L = \frac{1}{2}\dot{q}^2 - 2q^2\left(1+q^2+\frac{1}{3}q^4\right)(1+t)^2\left(1+\frac{1}{1+t}\right)$$
$$Q = \dot{q}\left(\frac{1}{1+t} + \frac{2q\dot{q}}{1+q^2}\right)$$

以上三个力学系统的零解都是一致稳定的.

由广义梯度系统 II-1 可以找到零解为稳定的各类非定常约束力学系统.

9.7.2 广义梯度系统 II-2 与约束力学系统

本小节将广义梯度系统 II-2 化成相应的约束力学系统, 包括问题的提法、问题的解法, 以及具体应用等.

1) 问题的提法

广义梯度系统 II-2 的微分方程为

$$\dot{x}_i = s_{ij}(t, \boldsymbol{X})\frac{\partial V(t, \boldsymbol{X})}{\partial x_j} \quad (i, j = 1, 2, \cdots, m) \tag{9.7.4}$$

其中矩阵 $(s_{ij}(t, \boldsymbol{X}))$ 为对称负定的. 问题的提法如下: 由给定的矩阵 $(s_{ij}(t, \boldsymbol{X}))$ 和函数 $V = V(t, \boldsymbol{X})$, 按方程 (9.7.4) 来构造相应的约束力学系统.

2) 问题的解法

首先, 由给定的矩阵 $(s_{ij}(t,\boldsymbol{X}))$ 和函数 $V=V(t,\boldsymbol{X})$, 列写一阶方程组 (9.7.4). 其次, 将这个一阶方程组与 Hamilton 系统、带附加项的 Hamilton 系统、Birkhoff 系统、广义 Birkhoff 系统等相对照, 来求得这些约束力学系统. 最后, 将这个一阶方程组化成二阶形式, 再与 Lagrange 系统、广义坐标下一般完整系统等相对照, 而求得这些约束力学系统.

3) 应用举例

例 1 已知广义梯度系统Ⅱ-2 为

$$\begin{pmatrix} \dot{x}_1 \\ \dot{x}_2 \end{pmatrix} = \begin{pmatrix} -[1+\exp(-t)] & 0 \\ 0 & -[1+\exp(-t)] \end{pmatrix} \begin{pmatrix} \dfrac{\partial V}{\partial x_1} \\ \dfrac{\partial V}{\partial x_2} \end{pmatrix} \tag{9.7.5}$$

$$V = x_1^2(1+t) + x_2^2$$

试求与之相应的约束力学系统.

解 方程 (9.7.4) 给出

$$\dot{x}_1 = -2x_1(1+t)[1+\exp(-t)]$$
$$\dot{x}_2 = -2x_2[1+\exp(-t)]$$

首先, 令

$$x_1 = q$$
$$x_2 = p$$

则它可成为一个带附加项的 Hamilton 系统, 有

$$H = -2pq(1+t)[1+\exp(-t)]$$
$$Q = -2p[1+\exp(-t)](2+t)$$

其次, 令

$$x_1 = a^1$$
$$x_2 = a^2$$

则它可成为一个广义 Birkhoff 系统, 有

$$R_1 = a^2, \quad R_2 = 0$$
$$B = -2a^1a^2(1+t)[1+\exp(-t)]$$

$$
\Lambda_1 = -2a^2[1+\exp(-t)](2+t), \quad \Lambda_2 = 0
$$

以上两个力学系统的零解都是渐近稳定的.

例 2　已知广义梯度系统 II-2 为

$$
\begin{pmatrix} \dot{x}_1 \\ \dot{x}_2 \end{pmatrix} = \begin{pmatrix} -(1+t)(1+x_1^2) & 0 \\ 0 & -(1+t)(1+x_1^2) \end{pmatrix} \begin{pmatrix} \dfrac{\partial V}{\partial x_1} \\ \dfrac{\partial V}{\partial x_2} \end{pmatrix} \tag{9.7.6}
$$

$$
V = x_1^2 + x_2^2 - x_1 x_2
$$

试求与之相应的约束力学系统.

解　方程 (9.7.4) 给出

$$
\begin{aligned}
\dot{x}_1 &= -(2x_1 - x_2)(1+t)(1+x_1^2) \\
\dot{x}_2 &= -(2x_2 - x_1)(1+t)(1+x_1^2)
\end{aligned}
$$

首先, 令

$$
x_1 = q
$$

则有二阶方程

$$
\ddot{q} = -3q(1+t)^2(1+q^2)^2 - 4\dot{q}(1+t)(1+q^2) + \frac{2q\dot{q}^2}{1+q^2} + \frac{\dot{q}}{1+t}
$$

它可成为一个广义坐标下一般完整系统, 有

$$
\begin{aligned}
L &= \frac{1}{2}\dot{q}^2 - \frac{3}{2}q^2\left(1+q^2+\frac{1}{3}q^4\right)(1+t)^2 \\
Q &= -4\dot{q}(1+t)(1+q^2) + \frac{\dot{q}}{1+t} + \frac{2q\dot{q}^2}{1+q^2}
\end{aligned}
$$

其次, 令

$$
\begin{aligned}
x_1 &= q \\
x_2 &= p
\end{aligned}
$$

则它可成为一个带附加项的 Hamilton 系统, 有

$$
\begin{aligned}
H &= \left(-2qp + \frac{1}{2}p^2\right)(1+t)(1+q^2) \\
Q &= -(4p-q)(1+t)(1+q^2) + 2q\left(-2qp + \frac{1}{2}p^2\right)(1+t)
\end{aligned}
$$

最后, 令

$$x_1 = a^1$$
$$x_2 = a^2$$

则它可成为一个广义 Birkhoff 系统, 有

$$\begin{aligned}
&R_1 = a^2, \quad R_2 = 0 \\
&B = -\frac{1}{4}(a^1)^2[2+(a^1)^2](1+t) \\
&\Lambda_1 = -2a^2(1+t)[1+(a^1)^2], \quad \Lambda_2 = (2a^1 - a^2)(1+t)[1+(a^1)^2]
\end{aligned}$$

以上三个力学系统的零解都是渐近稳定的.

由广义梯度系统 II-2 可以找到零解为渐近稳定的各类非定常约束力学系统.

9.7.3 广义梯度系统 II-3 与约束力学系统

本小节将广义梯度系统 II-3 化成相应的约束力学系统, 包括问题的提法、问题的解法, 以及具体应用等.

1) 问题的提法

广义梯度系统 II-3 的微分方程为

$$\dot{x}_i = a_{ij}(t, \boldsymbol{X})\frac{\partial V(t, \boldsymbol{X})}{\partial x_j} \quad (i, j = 1, 2, \cdots, m) \tag{9.7.7}$$

其中 $(a_{ij}(t, \boldsymbol{X}))$ 为半负定矩阵. 提出如下问题: 由给定的矩阵 $(a_{ij}(t, \boldsymbol{X}))$ 和函数 $V = V(t, \boldsymbol{X})$, 按方程 (9.7.7) 来构造相应的约束力学系统.

2) 问题的解法

首先, 列写一阶方程组 (9.7.7). 然后, 将这个一阶方程组与 Hamilton 系统、带附加项的 Hamilton 系统、Birkhoff 系统、广义 Birkhoff 系统等相对照, 而求得这些约束力学系统. 最后, 将一阶方程组 (9.7.7) 化成二阶形式, 再与 Lagrange 系统、广义坐标下一般完整系统等相对照, 来求得这些约束力学系统.

3) 应用举例

例 1 广义梯度系统 II-3 为

$$\begin{aligned}
&\begin{pmatrix} \dot{x}_1 \\ \dot{x}_2 \end{pmatrix} = \begin{pmatrix} -(1+t) & 0 \\ 2(1+t) & -(1+t) \end{pmatrix} \begin{pmatrix} \dfrac{\partial V}{\partial x_1} \\ \dfrac{\partial V}{\partial x_2} \end{pmatrix} \\
&V = x_1^2\left(1 + \frac{1}{1+t}\right) + x_2^2
\end{aligned} \tag{9.7.8}$$

试求与之相应的约束力学系统.

解 方程 (9.7.7) 给出

$$
\begin{aligned}
\dot{x}_1 &= -2x_1(1+t)\left(1+\frac{1}{1+t}\right) \\
\dot{x}_2 &= 4x_1(1+t)\left(1+\frac{1}{1+t}\right)-2x_2(1+t)
\end{aligned}
$$

首先, 令

$$
\begin{aligned}
x_1 &= q \\
x_2 &= p
\end{aligned}
$$

它可成为一个带附加项的 Hamilton 系统. 有

$$
\begin{aligned}
H &= -2q(q+p)(1+t)\left(1+\frac{1}{1+t}\right) \\
Q &= -2p(1+t)\left(2+\frac{1}{1+t}\right)
\end{aligned}
$$

其次, 令

$$
\begin{aligned}
x_1 &= a^1 \\
x_2 &= a^2
\end{aligned}
$$

则它可成为一个广义 Birkhoff 系统, 有

$$
\begin{aligned}
&R_1 = a^2, \quad R_2 = 0 \\
&B = -2a^1(a^1+a^2)(1+t)\left(1+\frac{1}{1+t}\right) \\
&\Lambda_1 = -2a^2(1+t)\left(2+\frac{1}{1+t}\right), \quad \Lambda_2 = 0
\end{aligned}
$$

以上两个力学系统的零解是一致渐近稳定的.

例 2 广义梯度系统 II-3 为

$$
\begin{aligned}
&\begin{pmatrix} \dot{x}_1 \\ \dot{x}_2 \end{pmatrix} = \begin{pmatrix} -(1+t^2) & 1+t^2 \\ 1+t^2 & -(1+t^2) \end{pmatrix} \begin{pmatrix} \dfrac{\partial V}{\partial x_1} \\ \dfrac{\partial V}{\partial x_2} \end{pmatrix} \\
&V = \frac{1}{2}x_1^2 + \frac{1}{2}x_2^2
\end{aligned} \tag{9.7.9}
$$

试求与之相应的约束力学系统.

解 方程 (9.7.7) 给出

$$\dot{x}_1 = (x_2 - x_1)(1 + t^2)$$
$$\dot{x}_2 = (x_1 - x_2)(1 + t^2)$$

首先, 令

$$x_1 = q$$

则有二阶方程

$$\ddot{q} = -2\dot{q}\left(1 + t^2 + \frac{t}{1 + t^2}\right)$$

它可成为一个广义坐标下一般完整系统, 有

$$L = \frac{1}{2}\dot{q}^2$$
$$Q = -2\dot{q}\left(1 + t^2 + \frac{t}{1 + t^2}\right)$$

其次, 令

$$x_1 = q$$
$$x_2 = p$$

则它可成为一个带附加项的 Hamilton 系统, 有

$$H = \left(\frac{1}{2}p^2 - pq - \frac{1}{2}q^2\right)(1 + t^2)$$
$$Q = -2p(1 + t^2)$$

最后, 令

$$x_1 = a^1$$
$$x_2 = a^2$$

则它可成为一个广义 Birkhoff 系统, 有

$$R_1 = a^2, \quad R_2 = 0$$
$$B = \left[\frac{1}{2}(a^2)^2 - a^1a^2 - \frac{1}{2}(a^1)^2\right](1 + t^2)$$
$$\Lambda_1 = -2a^2(1 + t), \quad \Lambda_2 = 0$$

以上三个力学系统的零解都是稳定的.

由广义梯度系统 II-3 可以找到零解为稳定的或渐近稳定的各类非定常约束力学系统.

9.7.4 广义梯度系统 II-4 与约束力学系统

本小节将广义梯度系统 II-4 化成相应的约束力学系统, 包括问题的提法、问题的解法, 以及具体应用.

1) 问题的提法

广义梯度系统 II-4 的微分方程为

$$\dot{x}_i = -\frac{\partial V(t,\boldsymbol{X})}{\partial x_i} + b_{ij}(t,\boldsymbol{X})\frac{\partial V(t,\boldsymbol{X})}{\partial x_j} \quad (i,j=1,2,\cdots,m) \tag{9.7.10}$$

其中矩阵 $(b_{ij}(t,\boldsymbol{X}))$ 是反对称的. 提出如下问题: 由给出的函数 $V=V(t,\boldsymbol{X})$ 和矩阵 $(b_{ij}(t,\boldsymbol{X}))$, 按方程 (9.7.10) 来构造与之相应的约束力学系统.

2) 问题的解法

首先, 列写一阶方程组 (9.7.10). 其次, 将这个一阶方程组与 Hamilton 系统、带附加项的 Hamilton 系统、Birkhoff 系统、广义 Birkhoff 系统等相对照, 来求得这些约束力学系统. 最后, 将这个一阶方程组化成二阶方程组, 再与 Lagrange 系统、广义坐标下一般完整系统等相对照, 来求得这些约束力学系统.

3) 应用举例

例 1 广义梯度系统 II-4 为

$$\begin{pmatrix}\dot{x}_1\\ \dot{x}_2\end{pmatrix} = \left(\begin{pmatrix}-1 & 0\\ 0 & -1\end{pmatrix} + \begin{pmatrix}0 & 1+t\\ -(1+t) & 0\end{pmatrix}\right)\begin{pmatrix}\dfrac{\partial V}{\partial x_1}\\ \dfrac{\partial V}{\partial x_2}\end{pmatrix} \tag{9.7.11}$$

$$V = \frac{1}{2}x_1^2(2+\sin t) + \frac{1}{2}x_2^2$$

试求与之相应的约束力学系统.

解 方程 (9.7.10) 给出

$$\begin{aligned}\dot{x}_1 &= -x_1(2+\sin t) + x_2(1+t)\\ \dot{x}_2 &= -x_1(1+t)(2+\sin t) - x_2\end{aligned}$$

首先, 令

$$x_1 = q$$

则有二阶方程

$$\ddot{q} = -q\left[\frac{2+\sin t}{1+t}[(1+t)^3+t]+\cos t\right] - \dot{q}\left(3+\sin t - \frac{1}{1+t}\right)$$

它可成为一个广义坐标下一般完整系统, 有

$$L = \frac{1}{2}\dot{q}^2 - \frac{1}{2}q^2\left[\frac{2+\sin t}{1+t}[(1+t)^3+t]+\cos t\right]$$

$$Q = -\dot{q}\left(3 + \sin t - \frac{1}{1+t}\right)$$

其次, 令

$$x_1 = q$$
$$x_2 = p$$

则它可成为一个带附加项的 Hamilton 系统, 有

$$H = \frac{1}{2}p^2(1+t) - pq(2+\sin t) + \frac{1}{2}q^2(1+t)(2+\sin t)$$
$$Q = -p(3+\sin t)$$

最后, 令

$$x_1 = a^1$$
$$x_2 = a^2$$

则它可成为一个广义 Birkhoff 系统, 有

$$R_1 = a^2, \quad R_2 = 0$$
$$B = \frac{1}{2}(a^2)^2(1+t) - a^1a^2(2+\sin t) + \frac{1}{2}(a^1)^2(1+t)(2+\sin t)$$
$$\Lambda_1 = -a^2(3+\sin t), \quad \Lambda_2 = 0$$

以上三个力学系统的零解都是一致渐近稳定的.

例 2 广义梯度系统Ⅱ-4 为

$$\begin{pmatrix} \dot{x}_1 \\ \dot{x}_2 \end{pmatrix} = \left(\begin{pmatrix} -1 & 0 \\ 0 & -1 \end{pmatrix} + \begin{pmatrix} 0 & 2+\sin t \\ -(2+\sin t) & 0 \end{pmatrix}\right)\begin{pmatrix} \dfrac{\partial V}{\partial x_1} \\ \dfrac{\partial V}{\partial x_2} \end{pmatrix} \tag{9.7.12}$$
$$V = \frac{1}{2}x_1^2 + \frac{1}{2}x_2^2$$

试求与之相应的约束力学系统.

解 方程 (9.7.10) 给出

$$\dot{x}_1 = -x_1 + x_2(2+\sin t)$$
$$\dot{x}_2 = -x_1(2+\sin t) - x_2$$

首先, 令

$$x_1 = q$$

则有二阶方程

$$\ddot{q} = -q\left[1 + (2+\sin t)^2 - \frac{\cos t}{2+\sin t}\right] - \dot{q}\left(2 - \frac{\cos t}{2+\sin t}\right)$$

它可成为一个广义坐标下一般完整系统, 有

$$L = \frac{1}{2}\dot{q}^2 - \frac{1}{2}q^2\left[1 + (2+\sin t)^2 - \frac{\cos t}{2+\sin t}\right]$$

$$Q = -\dot{q}\left(2 - \frac{\cos t}{2+\sin t}\right)$$

其次, 令

$$x_1 = q$$

$$x_2 = p$$

则它可成为一个带附加项的 Hamilton 系统, 有

$$H = -pq + \frac{1}{2}(p^2 + q^2)(2+\sin t)$$

$$Q = -2p$$

最后, 令

$$x_1 = a^1$$

$$x_2 = a^2$$

则它可成为一个广义 Birkhoff 系统, 有

$$R_1 = a^2, \quad R_2 = 0$$

$$B = \frac{1}{2}[(a^1)^2 + (a^2)^2](2+\sin t) - a^1 a^2$$

$$\Lambda_1 = -2a^2, \quad \Lambda_2 = 0$$

以上三个力学系统的零解都是渐近稳定的.

由广义梯度系统 II-4 可以找到零解为渐近稳定的各类非定常约束力学系统.

9.7.5　广义梯度系统Ⅱ-5 与约束力学系统

本小节将广义梯度系统Ⅱ-5 化成相应的约束力学系统, 包括问题的提法、问题的解法, 以及具体应用.

1) 问题的提法

广义梯度系统Ⅱ-5 的微分方程为

$$\dot{x}_i = -\frac{\partial V(t,\boldsymbol{X})}{\partial x_i} + s_{ij}(t,\boldsymbol{X})\frac{\partial V(t,\boldsymbol{X})}{\partial x_j} \quad (i,j=1,2,\cdots,m) \tag{9.7.13}$$

其中 $(s_{ij}(t,\boldsymbol{X}))$ 为对称负定矩阵. 提出如下问题: 由给定函数 $V=V(t,\boldsymbol{X})$ 和矩阵 $(s_{ij}(t,\boldsymbol{X}))$, 按方程 (9.7.13) 来构造与之相应的约束力学系统.

2) 问题的解法

首先, 由给定的 $V=V(t,\boldsymbol{X})$ 和 $(s_{ij}(t,\boldsymbol{X}))$, 列写一阶方程组 (9.7.13). 其次, 将这个一阶方程组与 Hamilton 系统、带附加项的 Hamilton 系统、Birkhoff 系统、广义 Birkhoff 系统等相对照, 来求得这些约束力学系统. 最后, 将一阶方程组 (9.7.13) 化成二阶形式, 再与 Lagrange 系统、广义坐标下一般完整系统等相对照, 而求得这些约束力学系统.

3) 应用举例

例 1　广义梯度系统Ⅱ-5 为

$$\begin{pmatrix}\dot{x}_1\\ \dot{x}_2\end{pmatrix}=\left(\begin{pmatrix}-1 & 0\\ 0 & -1\end{pmatrix}+\begin{pmatrix}-(2+\sin t) & 0\\ 0 & -2(2+\sin t)\end{pmatrix}\right)\begin{pmatrix}\dfrac{\partial V}{\partial x_1}\\ \dfrac{\partial V}{\partial x_2}\end{pmatrix} \tag{9.7.14}$$

$$V=\frac{1}{2}x_1^2(1+t)+\frac{1}{2}x_2^2$$

试求与之相应的约束力学系统.

解　方程 (9.7.13) 给出

$$\begin{aligned}\dot{x}_1 &= -x_1(3+\sin t)(1+t)\\ \dot{x}_2 &= -x_2(5+2\sin t)\end{aligned}$$

首先, 令

$$x_1=q$$

$$x_2=p$$

它可成为一个带附加项的 Hamilton 系统, 有

$$H=-pq(3+\sin t)(1+t)$$

$$Q = -p[(3+\sin t)(1+t)+5+2\sin t]$$

其次, 令

$$x_1 = a^1$$
$$x_2 = a^2$$

则它可成为一个广义 Birkhoff 系统, 有

$$R_1 = a^2, \quad R_2 = 0$$
$$B = a^1 a^2 (5+2\sin t)$$
$$\Lambda_1 = 0, \quad \Lambda_2 = -a^1[(3+\sin t)(1+t)+5+2\sin t]$$

以上两个力学系统的零解都是渐近稳定的.

例 2　广义梯度系统 II-5 为

$$\begin{pmatrix} \dot{x}_1 \\ \dot{x}_2 \end{pmatrix} = \left(\begin{pmatrix} -1 & 0 \\ 0 & -1 \end{pmatrix} + \begin{pmatrix} -(2+\cos t) & 1 \\ 1 & -(3+\cos t) \end{pmatrix}\right) \begin{pmatrix} \dfrac{\partial V}{\partial x_1} \\ \dfrac{\partial V}{\partial x_2} \end{pmatrix} \tag{9.7.15}$$
$$V = \frac{1}{2}x_1^2 + \frac{1}{2}x_2^2 + \frac{1}{3}x_1^3$$

试求与之相应的约束力学系统.

解　方程 (9.7.13) 给出

$$\dot{x}_1 = -(x_1 + x_1^2)(3+\cos t) + x_2$$
$$\dot{x}_2 = x_1 + x_1^2 - x_2(4+\cos t)$$

首先, 令

$$x_1 = q$$

则有一个二阶方程

$$\ddot{q} = -\dot{q}(7+2\cos t) - (q+q^2)[(3+\cos t)(4+\cos t)-1-\sin t] - 2q\dot{q}(3+\cos t)$$

它可成为一个广义坐标下一般完整系统, 有

$$L = \frac{1}{2}\dot{q}^2 - \left(\frac{1}{2}q^2 + \frac{1}{3}q^3\right)[(3+\cos t)(4+\cos t)-1-\sin t]$$
$$Q = -\dot{q}(7+2\cos t) - 2q\dot{q}(3+\cos t)$$

其次, 令

$$x_1 = q$$
$$x_2 = p$$

则它可成为一个带附加项的 Hamilton 系统, 有

$$H = \frac{1}{2}p^2 - \frac{1}{2}q^2 - \frac{1}{3}q^3 - p(q + q^2)(3 + \cos t)$$
$$Q = -p[4 + \cos t + (1 + 2q)(3 + \cos t)]$$

最后, 令

$$x_1 = a^1$$
$$x_2 = a^2$$

则可成为一个广义 Birkhoff 系统, 有

$$R_1 = a^2, \quad R_2 = 0$$
$$B = \frac{1}{2}(a^2)^2 - \frac{1}{2}(a^1)^2 - \frac{1}{3}(a^1)^3 - a^2[a^1 + (a^1)^2](3 + \cos t)$$
$$\Lambda_1 = -a^2[4 + \cos t + (1 + a^1)(3 + \cos t)], \quad \Lambda_2 = 0$$

以上三个力学系统的零解都是渐近稳定的.

由广义梯度系统 Ⅱ-5 可以找到零解为渐近稳定的各类非定常约束力学系统.

9.7.6 广义梯度系统 Ⅱ-6 与约束力学系统

本小节将广义梯度系统 Ⅱ-6 化成与之相应的约束力学系统, 包括问题的提法、问题的解法, 以及具体应用.

1) 问题的提法

广义梯度系统 Ⅱ-6 的微分方程为

$$\dot{x}_i = -\frac{\partial V(t, \boldsymbol{X})}{\partial x_i} + a_{ij}(t, \boldsymbol{X})\frac{\partial V(t, \boldsymbol{X})}{\partial x_j} \quad (i, j = 1, 2, \cdots, m) \tag{9.7.16}$$

其中矩阵 $(a_{ij}(t, \boldsymbol{X}))$ 是半负定的. 提出如下问题：由给定的函数 $V = V(t, \boldsymbol{X})$ 和矩阵 $(a_{ij}(t, \boldsymbol{X}))$, 按方程 (9.7.16) 来求与之相应的约束力学系统.

2) 问题的解法

首先, 由给定的 $V = V(t, \boldsymbol{X})$ 和 $(a_{ij}(t, \boldsymbol{X}))$, 列写一阶方程组 (9.7.16). 其次, 将这个一阶方程组与 Hamilton 系统、带附加项的 Hamilton 系统、Birkhoff 系统、广

义 Birkhoff 系统等相对照, 来求得这些约束力学系统. 最后, 将一阶方程组化成二阶形式, 再与 Lagrange 系统、广义坐标下一般完整系统等相对照, 来求得这些约束力学系统.

3) 应用举例

例 1　广义梯度系统 II-6 为

$$\begin{pmatrix} \dot{x}_1 \\ \dot{x}_2 \end{pmatrix} = \left(\begin{pmatrix} -1 & 0 \\ 0 & -1 \end{pmatrix} + \begin{pmatrix} -(1+t) & 1+t \\ 1+t & -(1+t) \end{pmatrix} \right) \begin{pmatrix} \dfrac{\partial V}{\partial x_1} \\ \dfrac{\partial V}{\partial x_2} \end{pmatrix} \tag{9.7.17}$$

$$V = \frac{1}{2}x_1^2(1+t) + \frac{1}{2}x_2^2$$

试求与之相应的约束力学系统.

解　方程 (9.7.16) 给出

$$\dot{x}_1 = -x_1(1+t)(2+t) + x_2(1+t)$$
$$\dot{x}_2 = x_1(1+t)^2 - x_2(2+t)$$

首先, 令

$$x_1 = q$$

则有一个二阶方程

$$\ddot{q} = -2q(1+t)(2+t) - \dot{q}(2+t)^2 + \frac{\dot{q}}{1+t}$$

它可成为一个广义坐标下一般完整系统, 有

$$L = \frac{1}{2}\dot{q}^2 - q^2(1+t)(2+t)$$
$$Q = -\dot{q}(2+t)^2 + \frac{\dot{q}}{1+t}$$

注意到, 上述二阶方程也可成为一个 Chetaev 型非完整系统中的一个方程. 这个非完整系统的 Lagrange 函数, 广义力和约束方程分别为

$$L = \frac{1}{2}(\dot{q}_1^2 + \dot{q}_2^2)$$
$$Q_1 = -4q_1(1+t)(2+t) - 2\dot{q}_1(2+t)^2 + \frac{2\dot{q}_1}{1+t}, \quad Q_2 = -\dot{q}_2$$
$$f = \dot{q}_1 + \dot{q}_2 + q_2 = 0$$

实际上, 可找到关于 $\dot{q}_1$ 的方程为

$$\ddot{q}_1 = -2q_1(1+t)(2+t) - \dot{q}_1(2+t)^2 + \frac{\dot{q}_1}{1+t}$$

其次, 令

$$x_1 = q$$
$$x_2 = p$$

它可成为一个带附加项的 Hamilton 系统, 有

$$H = -pq(1+t)(2+t) + \frac{1}{2}p^2(1+t) - \frac{1}{2}q^2(1+t)^2$$
$$Q = -p(2+t)^2$$

最后, 令

$$x_1 = a^1$$
$$x_2 = a^2$$

则它可成为一个广义 Birkhoff 系统, 有

$$R_1 = a^2, \quad R_2 = 0$$
$$B = -a^1a^2(1+t)(2+t) + \frac{1}{2}(a^2)^2(1+t) - \frac{1}{2}(a^1)^2(1+t)^2$$
$$\Lambda_1 = -a^2(2+t)^2, \quad \Lambda_2 = 0$$

以上力学系统的零解都是渐近稳定的.

例 2 广义梯度系统 Ⅱ-6 为

$$\begin{pmatrix} \dot{x}_1 \\ \dot{x}_2 \end{pmatrix} = \left(\begin{pmatrix} -1 & 0 \\ 0 & -1 \end{pmatrix} + \begin{pmatrix} -(2+\sin t) & 2+\sin t \\ 2+\sin t & -(2+\sin t) \end{pmatrix} \right) \begin{pmatrix} \dfrac{\partial V}{\partial x_1} \\ \dfrac{\partial V}{\partial x_2} \end{pmatrix} \tag{9.7.18}$$
$$V = \frac{1}{2}x_1^2 + \frac{1}{2}x_2^2$$

试求与之相应的约束力学系统.

解 方程 (9.7.16) 给出

$$\dot{x}_1 = -x_1(3+\sin t) + x_2(2+\sin t)$$
$$\dot{x}_2 = x_1(2+\sin t) - x_2(3+\sin t)$$

首先, 令

$$x_1 = q$$

则有二阶方程

$$\ddot{q} = -q\left(5 + 2\sin t - \frac{\cos t}{2 + \sin t}\right) - 2\dot{q}(3 + \sin t) + \dot{q}\frac{\cos t}{2 + \sin t}$$

则它可成为一个广义坐标下一般完整系统, 有

$$L = \frac{1}{2}\dot{q}^2 - \frac{1}{2}q^2\left(5 + 2\sin t - \frac{\cos t}{2 + \sin t}\right)$$

$$Q = -2\dot{q}(3 + \sin t) + \dot{q}\frac{\cos t}{2 + \sin t}$$

其次, 令

$$x_1 = q$$

$$x_2 = p$$

则它可成为一个带附加项的 Hamilton 系统, 有

$$H = \frac{1}{2}(p^2 - q^2)(2 + \sin t) - pq(3 + \sin t)$$

$$Q = -2p(3 + \sin t)$$

最后, 令

$$x_1 = a^1$$

$$x_2 = a^2$$

则它可成为一个广义 Birkhoff 系统, 有

$$R_1 = a^2, \quad R_2 = 0$$

$$B = \frac{1}{2}[(a^2)^2 - (a^1)^2](2 + \sin t) - a^1a^2(3 + \sin t)$$

$$\Lambda_1 = -2a^2(3 + \sin t), \quad \Lambda_2 = 0$$

以上三个力学系统的零解都是渐近稳定的.

由广义梯度系统 II-6 可以找到零解为渐近稳定的各类非定常约束力学系统.

9.7.7　广义梯度系统 II-7 与约束力学系统

本小节将广义梯度系统 II-7 化成相应的约束力学系统, 包括问题的提法、问题的解法, 以及具体应用.

1) 问题的提法

广义梯度系统II-7 的微分方程为

$$\dot{x}_i = b_{ij}(t,\boldsymbol{X})\frac{\partial V(t,\boldsymbol{X})}{\partial x_j} + s_{ij}(t,\boldsymbol{X})\frac{\partial V(t,\boldsymbol{X})}{\partial x_j} \quad (i,j=1,2,\cdots,m) \tag{9.7.19}$$

其中矩阵 $(b_{ij}(t,\boldsymbol{X}))$ 是反对称的, 而 $(s_{ij}(t,\boldsymbol{X}))$ 是对称负定的. 问题的提法如下: 由给定的矩阵 $(b_{ij}(t,\boldsymbol{X})),(s_{ij}(t,\boldsymbol{X}))$ 和函数 $V=V(t,\boldsymbol{X})$, 按方程 (9.7.19) 来构造相应的约束力学系统.

2) 问题的解法

首先, 由给定的 $(b_{ij}(t,\boldsymbol{X})),(s_{ij}(t,\boldsymbol{X}))$ 和 $V(t,\boldsymbol{X})$, 列写一阶方程组 (9.7.19). 其次, 将这个一阶方程组与 Hamilton 系统、带附加项的 Hamilton 系统、Birkhoff 系统、广义 Birkhoff 系统相对照, 来求得这些约束力学系统. 最后, 将一阶方程组 (9.7.19) 化成二阶形式, 再与 Lagrange 系统、广义坐标下一般完整系统相对照, 来求得这些约束力学系统.

3) 应用举例

例 1 广义梯度II-7 为

$$\begin{pmatrix} \dot{x}_1 \\ \dot{x}_2 \end{pmatrix} = \left(\begin{pmatrix} 0 & 1 \\ -1 & 0 \end{pmatrix} + \begin{pmatrix} -(1+t) & 1 \\ 1 & -(1+t) \end{pmatrix}\right)\begin{pmatrix} \dfrac{\partial V}{\partial x_1} \\ \dfrac{\partial V}{\partial x_2} \end{pmatrix} \tag{9.7.20}$$

$$V = \frac{1}{2}x_1^2\left(1+\frac{1}{1+t}\right)+\frac{1}{2}x_2^2$$

试求与之相应的约束力学系统.

解 方程 (9.7.19) 给出

$$\begin{aligned} \dot{x}_1 &= -x_1(1+t)\left(1+\frac{1}{1+t}\right)+2x_2 \\ \dot{x}_2 &= -x_2(1+t) \end{aligned}$$

首先, 令

$$\begin{aligned} x_1 &= q \\ x_2 &= p \end{aligned}$$

它可成为一个带附加项的 Hamilton 系统, 有

$$\begin{aligned} H &= p^2 - pq(1+t)\left(1+\frac{1}{1+t}\right) \\ Q &= -p(1+t)\left(2+\frac{1}{1+t}\right) \end{aligned}$$

其次, 令

$$x_1 = a^1$$
$$x_2 = a^2$$

则它可成为一个广义 Birkhoff 系统, 有

$$R_1 = a^2, \quad R_2 = 0$$
$$B = (a^2)^2 - a^1 a^2 (1+t)\left(1 + \frac{1}{1+t}\right)$$
$$\Lambda_1 = -a^2(1+t)\left(2 + \frac{1}{1+t}\right), \quad \Lambda_2 = 0$$

以上两个力学系统的零解都是一致渐近稳定的.

例 2　广义梯度系统 II-7 为

$$\begin{pmatrix} \dot{x}_1 \\ \dot{x}_2 \end{pmatrix} = \left(\begin{pmatrix} 0 & 1+t \\ -(1+t) & 0 \end{pmatrix} + \begin{pmatrix} -(1+t) & 1 \\ 1 & -(1+t) \end{pmatrix} \right) \begin{pmatrix} \dfrac{\partial V}{\partial x_1} \\ \dfrac{\partial V}{\partial x_2} \end{pmatrix} \tag{9.7.21}$$

$$V = \frac{1}{2}x_1^2 + \frac{1}{2}x_2^2$$

试求与之相应的约束力学系统.

解　方程 (9.7.19) 给出

$$\dot{x}_1 = -x_1(1+t) + x_2(2+t)$$
$$\dot{x}_2 = -x_1 t - x_2(1+t)$$

首先, 令

$$x_1 = q$$

则有一个二阶方程

$$\ddot{q} = -2\dot{q}(1+t) + \frac{\dot{q}}{2+t} - q\left[t(2+t) + (1+t)^2 + \frac{1}{2+t}\right]$$

它可成为一个广义坐标下一般完整系统, 有

$$L = \frac{1}{2}\dot{q}^2 - \frac{1}{2}q^2\left[t(2+t) + (1+t)^2 + \frac{1}{2+t}\right]$$
$$Q = -2\dot{q}(1+t) + \frac{\dot{q}}{2+t}$$

其次, 令

$$x_1 = q$$
$$x_2 = p$$

则它可成为一个带附加项的 Hamilton 系统, 有

$$H = \frac{1}{2}q^2 t + \frac{1}{2}p^2(2+t) - pq(1+t)$$
$$Q = -2p(1+t)$$

最后, 令

$$x_1 = a^1$$
$$x_2 = a^2$$

则它可成为一个广义 Birkhoff 系统, 有

$$R_1 = a^2, \quad R_2 = 0$$
$$B = -a^1 a^2(1+t) + \frac{1}{2}(a^2)^2(2+t) + \frac{1}{2}(a^1)^2 t$$
$$\Lambda_1 = -2a^2(1+t), \quad \Lambda_2 = 0$$

以上三个力学系统的零解都是渐近稳定的.

由广义梯度系统 II-7 可以找到零解为渐近稳定的各类非定常约束力学系统.

9.7.8 广义梯度系统 II-8 与约束力学系统

本小节将广义梯度系统 II-8 化成相应的约束力学系统, 包括问题的提法、问题的解法, 以及具体应用.

1) 问题的提法

广义梯度系统 II-8 的微分方程为

$$\dot{x}_i = b_{ij}(t, \boldsymbol{X})\frac{\partial V(t, \boldsymbol{X})}{\partial x_j} + a_{ij}(t, \boldsymbol{X})\frac{\partial V(t, \boldsymbol{X})}{\partial x_j} \quad (i, j = 1, 2, \cdots, m) \tag{9.7.22}$$

其中矩阵 $(b_{ij}(t, \boldsymbol{X}))$ 是反对称的, 而 $(a_{ij}(t, \boldsymbol{X}))$ 为半负定的. 问题的提法如下: 由给定的矩阵 $(b_{ij}(t, \boldsymbol{X})), (a_{ij}(t, \boldsymbol{X}))$ 和函数 $V = V(t, \boldsymbol{X})$, 按方程 (9.7.22) 来求与之相应的约束力学系统.

2) 问题的解法

首先, 由给定的 $(b_{ij}(t, \boldsymbol{X}))$, $(a_{ij}(t, \boldsymbol{X}))$ 和 $V(t, \boldsymbol{X})$, 列写一阶方程组 (9.7.22). 其次, 将这个一阶方程组与 Hamilton 系统、带附加项的 Hamilton 系统、Birkhoff

系统、广义 Birkhoff 系统等相对照, 来求得这些约束力学系统. 最后, 将一阶方程组 (9.7.22) 化成二阶形式, 再与 Lagrange 系统、广义坐标下一般完整系统相对照, 来求得这些约束力学系统.

3) 应用举例

例 1 广义梯度系统 II-8 为

$$\begin{pmatrix} \dot{x}_1 \\ \dot{x}_2 \end{pmatrix} = \left(\begin{pmatrix} 0 & 1+t \\ -(1+t) & 0 \end{pmatrix} + \begin{pmatrix} -(1+t) & 1+t \\ 1+t & -(1+t) \end{pmatrix} \right) \begin{pmatrix} \dfrac{\partial V}{\partial x_1} \\ \dfrac{\partial V}{\partial x_2} \end{pmatrix} \tag{9.7.23}$$

$$V = \frac{1}{2}x_1^2\left(1+\frac{1}{1+t}\right)+\frac{1}{2}x_2^2$$

试求与之相应的约束力学系统.

解 方程 (9.7.22) 给出

$$\begin{aligned} \dot{x}_1 &= -x_1(1+t)\left(1+\frac{1}{1+t}\right)+2x_2(1+t) \\ \dot{x}_2 &= -x_2(1+t) \end{aligned}$$

首先, 令

$$x_1 = q$$
$$x_2 = p$$

它可成为一个带附加项的 Hamilton 系统, 有

$$\begin{aligned} H &= p^2(1+t) - pq(1+t)\left(1+\frac{1}{1+t}\right) \\ Q &= -p(1+t)\left(2+\frac{1}{1+t}\right) \end{aligned}$$

其次, 令

$$x_1 = a^1$$
$$x_2 = a^2$$

则它可成为一个广义 Birkhoff 系统, 有

$$\begin{aligned} &R_1 = a^2, \quad R_2 = 0 \\ &B = (a^2)^2(1+t) \end{aligned}$$

$$\Lambda_1 = -a^2(1+t), \quad \Lambda_2 = a^1(1+t)\left(1+\frac{1}{1+t}\right)$$

以上两个力学系统的零解都是一致渐近稳定的.

例 2 广义梯度系统II-8 为

$$\begin{pmatrix} \dot{x}_1 \\ \dot{x}_2 \end{pmatrix} = \left(\begin{pmatrix} 0 & 1 \\ -1 & 0 \end{pmatrix} + \begin{pmatrix} -(2+\sin t) & 2+\sin t \\ 2+\sin t & -(2+\sin t) \end{pmatrix}\right) \begin{pmatrix} \dfrac{\partial V}{\partial x_1} \\ \dfrac{\partial V}{\partial x_2} \end{pmatrix}$$

$$V = \frac{1}{2}x_1^2 + \frac{1}{2}x_2^2 \tag{9.7.24}$$

试求与之相应的约束力学系统.

解 方程 (9.7.22) 给出

$$\dot{x}_1 = -x_1(2+\sin t) + x_2(3+\sin t)$$
$$\dot{x}_2 = x_1(1+\sin t) - x_2(2+\sin t)$$

首先, 令

$$x_1 = q$$

则有二阶方程

$$\ddot{q} = -2\dot{q}(2+\sin t) + \dot{q}\frac{\cos t}{3+\sin t} - q(1+\cos t) + q\frac{2+\sin t}{3+\sin t}\cos t$$

它可成为一个广义坐标下一般完整系统, 有

$$L = \frac{1}{2}\dot{q}^2 - \frac{1}{2}q^2(1+\cos t) + \frac{1}{2}q^2\frac{2+\sin t}{3+\sin t}\cos t$$
$$Q = -2\dot{q}(2+\sin t) + \dot{q}\frac{\cos t}{3+\sin t}$$

其次, 令

$$x_1 = q$$
$$x_2 = p$$

则它可成为一个带附加项的 Hamilton 系统, 有

$$H = \frac{1}{2}p^2(3+\sin t) - pq(2+\sin t) - \frac{1}{2}q^2(1+\sin t)$$
$$Q = -2p(2+\sin t)$$

若令

$$x_1 = q$$

$$x_2 = \dot{q} = p$$

则有

$$\begin{aligned} H &= \frac{1}{2}p^2 + \frac{1}{2}q^2(1+\cos t) - \frac{1}{2}q^2\frac{2+\sin t}{3+\sin t}\cos t \\ Q &= -2p(2+\sin t) + p\frac{\cos t}{3+\sin t} \end{aligned}$$

最后, 令

$$\begin{aligned} x_1 &= a^1 \\ x_2 &= a^2 \end{aligned}$$

则它可化成一个广义 Birkhoff 系统, 有

$$\begin{aligned} &R_1 = a^2, \quad R_2 = 0 \\ &B = \frac{1}{2}(a^2)^2(3+\sin t) - a^1a^2(2+\sin t) - \frac{1}{2}(a^1)^2(1+\sin t) \\ &\Lambda_1 = -2a^2(2+\sin t), \quad \Lambda_2 = 0 \end{aligned}$$

以上三个力学系统的零解都是渐近稳定的.

由广义梯度系统 II-8 可以找到零解为渐近稳定的各类非定常约束力学系统.

9.7.9 广义梯度系统 II-9 与约束力学系统

本小节将广义梯度系统 II-9 化成相应的约束力学系统, 包括问题的提法、问题的解法, 以及具体应用.

1) 问题的提法

广义梯度系统 II-9 的微分方程为

$$\dot{x}_i = a_{ij}(t,\boldsymbol{X})\frac{\partial V(t,\boldsymbol{X})}{\partial x_j} + s_{ij}(t,\boldsymbol{X})\frac{\partial V(t,\boldsymbol{X})}{\partial x_j} \quad (i,j=1,2,\cdots,m) \tag{9.7.25}$$

其中矩阵 $(a_{ij}(t,\boldsymbol{X}))$ 是半负定的, 而矩阵 $(s_{ij}(t,\boldsymbol{X}))$ 为对称负定的. 问题的提法如下: 由给定的矩阵 $(a_{ij}(t,\boldsymbol{X})),(s_{ij}(t,\boldsymbol{X}))$ 和函数 $V(t,\boldsymbol{X})$, 按方程 (9.7.25) 求出与之相应的约束力学系统.

2) 问题的解法

首先, 由给定的 $(a_{ij}(t,\boldsymbol{X})),(s_{ij}(t,\boldsymbol{X})),V(t,\boldsymbol{X})$, 列写一阶方程组 (9.7.25). 其次, 将这个一阶方程组与 Hamilton 系统、带附加项的 Hamilton 系统、Birkhoff 系统、广义 Birkhoff 系统等相对照, 来求得这些约束力学系统. 最后, 将这个一阶方程组化成二阶形式, 再与 Lagrange 系统、广义坐标下一般完整系统等相对照, 来求得这些约束力学系统.

3) 应用举例

例 1 广义梯度系统 II-9 为

$$\begin{pmatrix}\dot{x}_1\\ \dot{x}_2\end{pmatrix}=\left(\begin{pmatrix}-(1+t) & 1+t\\ 1+t & -(1+t)\end{pmatrix}+\begin{pmatrix}-2(1+t) & 1+t\\ 1+t & -(1+t)\end{pmatrix}\right)\begin{pmatrix}\dfrac{\partial V}{\partial x_1}\\ \dfrac{\partial V}{\partial x_2}\end{pmatrix} \tag{9.7.26}$$

$$V=\frac{1}{2}x_1^2+\frac{1}{2}x_2^2+\frac{1}{3}x_1^3$$

试求与之相应的约束力学系统.

解 方程 (9.7.25) 给出

$$\begin{aligned}\dot{x}_1&=-3(x_1+x_1^2)(1+t)+2x_2(1+t)\\ \dot{x}_2&=2(x_1+x_1^2)(1+t)-2x_2(1+t)\end{aligned}$$

首先, 令

$$x_1=q$$

则有二阶方程

$$\ddot{q}=-2\dot{q}(1+t)-3(\dot{q}+2q\dot{q})(1+t)+\frac{\dot{q}}{1+t}-2(q+q^2)(1+t)^2$$

它可成为一个广义坐标下一般完整系统, 有

$$\begin{aligned}L&=\frac{1}{2}\dot{q}^2-2\left(\frac{1}{2}q^2+\frac{1}{3}q^3\right)(1+t)^2\\ Q&=-2\dot{q}(1+t)-3(\dot{q}+2q\dot{q})(1+t)+\frac{\dot{q}}{1+t}\end{aligned}$$

其次, 令

$$\begin{aligned}x_1&=q\\ x_2&=p\end{aligned}$$

则它可成为一个带附加项的 Hamilton 系统, 有

$$\begin{aligned}H&=p^2(1+t)-3p(q+q^2)(1+t)-\left(q^2+\frac{2}{3}q^3\right)(1+t)\\ Q&=-p(1+t)[2+3(1+2q)]\end{aligned}$$

最后, 令

$$x_1=a^1$$

$$x_2 = a^2$$

则它可成为一个广义 Birkhoff 系统, 有

$$\begin{aligned}
&R_1 = a^2, \quad R_2 = 0\\
&B = (a^2)^2(1+t) - 3a^2[a^1 + (a^1)^2](1+t) - \left[(a^1)^2 + \frac{2}{3}(a^1)^3\right](1+t)\\
&\Lambda_1 = -a^2(1+t)[2+3(1+2a^1)], \quad \Lambda_2 = 0
\end{aligned}$$

以上三个力学系统的零解都是渐近稳定的.

例 2　广义梯度系统 II-9 为

$$\begin{pmatrix}\dot{x}_1\\ \dot{x}_2\end{pmatrix} = \left(\begin{pmatrix}-(1+t) & 1+t\\ 1+t & -(1+t)\end{pmatrix} + \begin{pmatrix}-(1+t) & 0\\ 0 & -(1+t)\end{pmatrix}\right)\begin{pmatrix}\dfrac{\partial V}{\partial x_1}\\ \dfrac{\partial V}{\partial x_2}\end{pmatrix} \tag{9.7.27}$$

$$V = \frac{1}{2}x_1^2\left(1 + \frac{1}{1+t}\right) + \frac{1}{2}x_2^2$$

试求与之相应的约束力学系统.

解　方程 (9.7.25) 给出

$$\begin{aligned}
\dot{x}_1 &= -2x_1(1+t)\left(1+\frac{1}{1+t}\right) + x_2(1+t)\\
\dot{x}_2 &= x_1(1+t)\left(1+\frac{1}{1+t}\right) - 2x_2(1+t)
\end{aligned}$$

首先, 令

$$x_1 = q$$

则有二阶方程

$$\ddot{q} = -\dot{q}\left[2(1+t)\left(2+\frac{1}{1+t}\right) - \frac{1}{1+t}\right] - q\left[3\left(1+\frac{1}{1+t}\right)(1+t)^2 + \frac{2}{1+t}\right]$$

它可成为一个广义坐标下一般完整系统, 有

$$\begin{aligned}
L &= \frac{1}{2}\dot{q}^2 - \frac{1}{2}q^2\left[3\left(1+\frac{1}{1+t}\right)(1+t)^2 + \frac{2}{1+t}\right]\\
Q &= -\dot{q}\left[2(1+t)\left(2+\frac{1}{1+t}\right) - \frac{1}{1+t}\right]
\end{aligned}$$

其次, 令

$$x_1 = q$$

$$x_2 = p$$

则它可成为一个带附加项的 Hamilton 系统, 有

$$H = \frac{1}{2}p^2(1+t) - \frac{1}{2}q^2(1+t)\left(1+\frac{1}{1+t}\right) - 2qp(1+t)\left(1+\frac{1}{1+t}\right)$$
$$Q = -2p(1+t)\left(2+\frac{1}{1+t}\right)$$

最后, 令

$$x_1 = a^1$$
$$x_2 = a^2$$

则它可成为一个广义 Birkhoff 系统, 有

$$R_1 = a^2, \quad R_2 = 0$$
$$B = \frac{1}{2}(a^2)^2(1+t) - \frac{1}{2}(a^1)^2(1+t)\left(1+\frac{1}{1+t}\right) - 2a^1a^2(1+t)\left(1+\frac{1}{1+t}\right)$$
$$\Lambda_1 = -2a^2(1+t)\left(2+\frac{1}{1+t}\right), \quad \Lambda_2 = 0$$

以上三个力学系统的零解都是一致渐近稳定的.

由广义梯度系统Ⅱ-9 可以找到零解为渐近稳定的各类非定常约束力学系统.

研究约束力学系统与梯度系统之间的关系, 可分为两类问题: 正问题和逆问题. 将约束力学系统化成梯度系统, 称为正问题. 第 2~第 8 章研究了正问题. 反之, 将梯度系统化成约束力学系统, 称为逆问题. 显然, 正问题比逆问题要困难得多. 本章研究了逆问题. 将约束力学系统分成两类: 一类是用一阶方程描述的, 包括 Hamilton 系统, Birkhoff 系统, 带附加项的 Hamilton 系统, 广义 Birkhoff 系统等; 另一类是用二阶方程描述的, 包括 Lagrange 系统, 广义坐标下一般完整系统等. 将梯度系统分成四大类. 第一大类包括通常梯度系统, 斜梯度系统, 具有对称负定矩阵的梯度系统, 以及具有半负定矩阵的梯度系统等四类. 第二大类为由第一大类组合而成的六类组合梯度系统. 第一大类和第二大类中的矩阵和函数都不包含时间. 第三大类是函数包含时间的情形, 共十类. 第四大类是矩阵也包含时间的情形, 共九类. 将梯度系统化成前一类约束力学系统较易, 化成后一类约束力学系统较难; 将梯度系统化成带附加项的 Hamilton 系统较易, 化成 Hamilton 系统较难; 将梯度系统化成广义 Birkhoff 系统较易, 化成 Birkhoff 系统较难; 将梯度系统化成广义坐标下一般完整系统较易, 化成 Lagrange 系统较难. 本章的例子限于两个一阶方程的情形. 对于更高阶的情形也可做类似讨论, 当然要复杂得多.

习　　题

9-1　已知 $V = x_1^2 + x_2^2[1 + \exp(-x_2)]$ 以及基本矩阵

$$\begin{pmatrix} -1 & 0 \\ 0 & -1 \end{pmatrix},\quad \begin{pmatrix} 0 & -1 \\ 1 & 0 \end{pmatrix},\quad \begin{pmatrix} -1 & 1 \\ 1 & -1 \end{pmatrix},\quad \begin{pmatrix} -1 & 1 \\ 1 & -2 \end{pmatrix}$$

试求相应的约束力学系统, 并研究解的稳定性.

9-2　已知 $V = x_1^2 + x_2^2(2 + \sin x_2) - x_1 x_2$ 以及组合矩阵

$$\begin{pmatrix} -1 & -1 \\ 1 & -1 \end{pmatrix},\quad \begin{pmatrix} -2 & 1 \\ 1 & -3 \end{pmatrix},\quad \begin{pmatrix} -2 & 1 \\ 1 & -2 \end{pmatrix},\quad \begin{pmatrix} -1 & 2 \\ 0 & -2 \end{pmatrix},\quad \begin{pmatrix} -1 & 0 \\ 2 & -1 \end{pmatrix},$$
$$\begin{pmatrix} -2 & 2 \\ 2 & -3 \end{pmatrix}$$

试求相应的约束力学系统, 并研究解的稳定性.

9-3　已知广义梯度系统

$$\begin{pmatrix} \dot{x}_1 \\ \dot{x}_2 \end{pmatrix} = \begin{pmatrix} -1 & 0 \\ 0 & -1 \end{pmatrix} \begin{pmatrix} \dfrac{\partial V}{\partial x_1} \\ \dfrac{\partial V}{\partial x_2} \end{pmatrix}$$
$$V = x_1^2 + x_2^2\left(1 + \frac{1}{1+t}\right)$$

试求相应的约束力学系统, 并研究解的稳定性.

9-4　已知广义梯度系统

$$\begin{pmatrix} \dot{x}_1 \\ \dot{x}_2 \end{pmatrix} = \begin{pmatrix} -1 & 0 \\ 0 & -2 \end{pmatrix} \begin{pmatrix} \dfrac{\partial V}{\partial x_1} \\ \dfrac{\partial V}{\partial x_2} \end{pmatrix}$$
$$V = x_1^2(2 + \cos t) + x_2^2$$

试求相应的约束力学系统, 并研究解的稳定性.

9-5　广义梯度系统为

$$\begin{pmatrix} \dot{x}_1 \\ \dot{x}_2 \end{pmatrix} = \begin{pmatrix} 0 & 2 + \sin t \\ -(2 + \sin t) & 0 \end{pmatrix} \begin{pmatrix} \dfrac{\partial V}{\partial x_1} \\ \dfrac{\partial V}{\partial x_2} \end{pmatrix}$$
$$V = x_1^2 + x_2^2[1 + \exp(-t)] + \frac{1}{3}x_1^3$$

试求相应的约束力学系统, 并研究解的稳定性.

9-6 广义梯度系统为

$$\begin{pmatrix} \dot{x}_1 \\ \dot{x}_2 \end{pmatrix} = \begin{pmatrix} -(1+t^2) & 0 \\ 0 & -(1+x_1^2) \end{pmatrix} \begin{pmatrix} \dfrac{\partial V}{\partial x_1} \\ \dfrac{\partial V}{\partial x_2} \end{pmatrix}$$

$$V = x_1^2(1+t) + x_2^2$$

试求相应的约束力学系统, 并研究解的稳定性.

参 考 文 献

[1] 梅凤翔. 关于梯度系统. 力学与实践, 2012, 34(1): 89–90

[2] 梅凤翔. 关于斜梯度系统. 力学与实践, 2013, 35(5): 79–81

[3] 梅凤翔, 吴惠彬. 广义 Birkhoff 系统的梯度表示. 动力学与控制学报, 2012, 10(4): 289–292

[4] 梅凤翔, 吴惠彬. 广义 Hamilton 系统与梯度系统. 中国科学: 物理学 力学 天文学, 2013, 43(4): 538–540

[5] 梅凤翔, 崔金超, 吴惠彬. Birkhoff 系统的梯度表示和分数维梯度表示. 北京理工大学学报, 2012, 32(12): 1298–1300

[6] 梅凤翔. 分析力学Ⅱ. 北京: 北京理工大学出版社, 2013

[7] 梅凤翔, 吴惠彬. 一阶 Lagrange 系统的梯度表示. 物理学报, 2013, 62(21): 214501

[8] 梅凤翔, 吴惠彬. 广义 Birkhoff 系统与一类组合梯度系统. 物理学报, 2015, 64(18): 184501

[9] 吴惠彬, 梅凤翔. 事件空间中完整力学系统的梯度表示. 物理学报, 2015, 64(23): 234501

[10] Mei Fengxiang, Wu Huibin. Skew-gradient representation of generalized Birkhoffian system. Chin. Phys. B, 2015, 24(10): 104502

[11] Mei Fengxiang, Wu Huibin. Bifurcation for the generalized Birkhoffian system. Chin. Phys. B, 2015, 24(5): 054501

[12] 梅凤翔, 吴惠彬. Birkhoff 系统的广义斜梯度表示. 动力学与控制学报, 2015, 13(5): 329–331

[13] Mei Fengxiang, Wu Huibin. Two kinds of generalized gradient representations for holonomic mechanical systems. Chin. Phys. B, 2016, 25(1): 014502

索引